유클리드의 창 :

기하학 이야기

유클리드의 창 :
기하학 이야기

레오나르드 믈로디노프

전대호 옮김

EUCLID'S WINDOW:
The Story of Geometry from Parallel Lines to Hyperspaces
by Leonard Mlodinow

Copyright © 2001 by Leonard Mlodinow
All rights reserved.
This Korean edition was published by Kachi Publishing Co., Ltd. in 2002 by arrangement with Alexei Nicolai, Inc. c/o Writers House LLC through KCC(Korea Copyright Center Inc.), Seoul.

이 책의 한국어 판권은 한국저작권센터(KCC)를 통한 저작권자와의 독점 계약에 의해서 까치글방에 있습니다. 신저작권법에 의하여 한국 내에서 보호를 받는 저작물이므로 무단전재 및 무단복제를 금합니다.

역자 전대호(全大虎)
서울대학교 물리학과 졸업. 같은 대학교 철학과 대학원 석사. 독일 쾰른에서 철학 수학. 서울대학교 철학과 박사과정 수료. 1993년 조선일보 신춘문예 시 당선. 시집으로 『가끔 중세를 꿈꾼다』, 『성찰』이 있고, 번역서로 『짧고 쉽게 쓴 '시간의 역사'』, 『수학의 사생활』, 『우주생명 오디세이』, 『당신과 지구와 우주』, 『위대한 설계』, 『우주는 수학이다』, 『나, 스티븐 호킹의 역사』, 『완벽한 이론』, 『인터스텔라의 과학』 등이 있다.

유클리드의 창 : 기하학 이야기
저자/레오나르드 믈로디노프
역자/전대호
발행처/까치글방
발행인/박후영
주소/서울시 용산구 서빙고로 67, 파크타워 103동 1003호
전화/02 · 735 · 8998, 736 · 7768
팩시밀리/02 · 723 · 4591
홈페이지/www.kachibooks.co.kr
전자우편/kachibooks@gmail.com
등록번호/1-528
등록일/1977. 8. 5
초판 1쇄 발행일/2002. 6. 5
   14쇄 발행일/2024. 5. 30

값/뒤표지에 쓰여 있음

ISBN 978-89-7291-334-4 03410

알렉세이와 니콜라이, 시몬과 이렌에게

차례

서론 9

**제1부
유클리드
이야기**

1. 첫 번째 혁명　15
2. 세금의 기하학　16
3. 7인의 현자들 중 한 사람으로서　24
4. 비밀집단　30
5. 유클리드의 선언　43
6. 아름다운 여인, 도서관, 문명의 종말　54

**제2부
데카르트
이야기**

7. 위치의 혁명　69
8. 위도와 경도의 기원　71
9. 폐허가 된 로마의 유산　77
10. 그래프의 은은한 매력　88
11. 어느 군인의 이야기　98
12. 눈의 여왕에 의해서 얼음 속에 갇히다　110

**제3부
가우스
이야기**

13. 휘어진 공간의 혁명 115

14. 프톨레마이오스의 실수 118

15. 나폴레옹의 영웅 128

16. 제5공리의 몰락 138

17. 쌍곡선 공간에 빠져서 145

18. 인류라고 부르는 어떤 곤충들 152

19. 두 외계인의 전설 162

20. 2,000년 후의 재건축 170

**제4부
아인슈타인
이야기**

21. 광속의 혁명 181

22. 상대성 이론과 또 한 명의 알베르트 186

23. 공간의 재료 193

24. 임시직 3급 기술 전문가 208

25. 상대적으로 유클리드적인 접근 216

26. 아인슈타인의 사과 230

27. 영감에서 노력으로 244

28. 파란 머리의 승리 249

제5부
위튼
이야기

29. 이상한 혁명   257

30. 내가 당신의 이론에서 싫어하는 것 열 가지   260

31. 존재의 필연적인 불확정성   265

32. 거장들의 충돌   271

33. 칼루차-클라인 병에 담긴 편지   275

34. 끈의 탄생   279

35. 입자들, 흔해빠진 입자들!   283

36. 끈 이론의 문제점   295

37. 과거에 끈 이론이라고 부르던 이론   302

에필로그   311
주   315
감사의 말   336
역자 후기   337
인명 색인   339

서론

2,400여 년 전 한 그리스인이 바닷가에 서서 멀리 배가 사라지는 모습을 지켜보고 있었다. 마침내 독창적인 생각을 얻게 되기까지, 아리스토텔레스는 오랜 세월 동안 그렇게 조용히 수많은 배들을 관찰했을 것이다. 모든 배들은 먼저 선체가 사라진 후에 돛대와 돛이 사라지는 것처럼 보였다. 왜 그렇게 되는 것일까? 그는 의문을 품었다. 지구가 평평하다면 배들이 점차 작아져 미세한 점이 되면서 사라져야 한다. 아리스토텔레스는 천재적인 직관력을 발휘하여 선체가 돛대와 돛보다 먼저 사라지는 것은 지구가 둥글다는 사실을 보여주는 증거라는 것을 간파했다. 우리가 사는 행성의 거시적 구조를 관찰하기 위해서 아리스토텔레스는 기하학의 창을 통해서 내다보았던 것이다.

오늘날 우리는 수천 년 전 지구를 탐험했던 것처럼 우주를 탐험한다. 소수의 사람들은 달에 다녀오기도 했다. 무인 우주선들은 태양계의 외곽까지 나아갔다. 앞으로 1,000년 안에 인류가 가장 가까운 항성에 도달하게 되리라고 예상할 수 있다. 언젠가 가능해질 것으로 보이는 광속의 10분의 1의 속도로 여행한다면, 약 50년이 걸려서 항성에 도착할 것이다. 그러나 켄타우루스 알파 항성까지의 거리를 단위로 하여 측정해도 우주의 외곽은 그보다 수십억 배나 멀리 떨어져 있다. 아리스토텔레스가 지구 위에서 보았던 것처럼 우주선이 우주의 수평선에 다가가는 모습을 우리가 보는 일은 이루어지지 않을 것이다. 그러나 우리는 아리스토텔레스처럼 관찰하고 논리를 적용하고 오랜 시간 동안 하늘을 관측함으로써 우주의 성질과 구조에 관해서 많은 것을 알게 되었다. 수백 년에 걸쳐서 천재들과 기하학의 도움을 받은 우리는 우리의 지평 너머를 볼 수 있게 되었다. 당신은 우주에 관해서 무엇을 증명할 수 있는가? 당신은 당신이 어디에 있는지 어떻게 아는가? 공간이 휘어져 있을 수 있는가? 얼마나 많은 차원이 있는가? 기하학은 조화로운 우주의 통일성과 질서를 어떻게 설명하는가? 이 질문들은 세계사에서 일어난 다섯 차례의 기하학 혁명의 배후에 있었던 물음이다.

기하학 혁명은 피타고라스가 고안한 간단한 기획에서 시작되었다. 추상적 법칙체계인 수학을 적용하여 물리적 우주를 모형화하는 것이 그것이다. 이 기획에 따르자 우리가 딛고 있는 바닥과 혹은 우리가 헤엄쳐 건너는 바다와 분리된 공간 개념이 등장했다. 그것은 추상화와 증명의 탄생이었다. 그리스인들은 곧 지렛대의 원리에서부터 천체의 궤도에 이르기까지 모든 과학적 문제를 기하학적으로 해결할 수 있을 듯이 보였다. 그러나 그리스 문명은 기울고 로마인들이 서양 세계를 정복했다. 기원후 415년 부활절 하루 전날 한 여인이 마차에 끌려다니다가 무지한 군중에 의해서 살해되었다. 기하학과 피타고라스에 심취했던 이 여성 학자는 알렉산드리아에 있던 도서관에서 연구한 최후의 중요한 학자였다. 그후 문명은 1,000년 동안의 암흑시대를 맞는다.

문명이 다시 등장하자 기하학도 곧 다시 등장했다. 그러나 다시 등장한 기하학은 새로운 종류의 것이었다. 새로운 기하학은 매우 문명화된 한 사람에게서 나왔다—그는 도박과 늦잠을 좋아하고, 그리스인들의 기하학적 증명이 너무 번거롭다는 비판을 즐겼다. 르네 데카르트는 정신적인 노동을 덜기 위해서 기하학과 수를 결합했다. 그의 착상인 좌표를 통해서 과거에는 불가능했던 방식으로 위치와 도형을 다룰 수 있게 되었고, 수를 기하학적으로 시각화할 수 있게 되었다. 이 기술로 인해서 미적분학과 현대적인 과학기술의 발전이 가능해졌다. 좌표와 그래프, 사인과 코사인, 벡터와 텐서, 각과 곡률 등의 기하학적인 개념들이, 고체 상태 전기학에서부터 시공간의 거시적 구조에 이르기까지, 또한 트랜지스터와 컴퓨터 기술에서부터 레이저와 우주여행에 이르기까지 모든 물리학 분야에 등장하는 것은 데카르트의 공헌이다. 하지만 데카르트의 연구는 보다 추상적인 — 또한 혁명적인 — 발상, 즉 휘어진 공간에 대한 발상도 가능하게 했다. 정말로 모든 삼각형의 내각의 합이 180도일까? 아니면 삼각형이 평평한 종이 위에 있을 때에만 그럴까? 이것은 장난스럽고 무의미한 질문이 아니다. 휘어진 공간의 수학은 기하학뿐만 아니라 수학 전체의 논리적 토대에 혁명을 가져왔다. 아인슈타인의 상대성 이론도 휘어진 공간의 수학에 의해서 가능했다. 공간 그리고 또 하나의 차원인 시간에 관한 아인슈타인의 기하학적 이론, 그리고 공간-시간과 물질 및 에너지의 관계에 대한 아인슈타인의 기하학적 이론은 뉴턴 이래 전례가 없는 거대한 패러다임의 변화를 대표한다. 아인슈타인의 이론은 정말 혁명적으로 *보였다*. 그러나 최근에 일어난 혁명에 비교하면 아인슈타인의 혁명은 보잘것없다고 할 수 있다.

 1984년 6월의 어느 날, 한 과학자가 원자를 구성하는 입자들이 왜 존재하고 어떻게 상호작용을 하는지에서부터, 공간-시간의 거시적 구조 및 블랙홀의 성질에 이르기까지 모든 것을 설명하는 이론을 위한 핵심적인 진보를 이루었다고 선언했다. 그는 우주의 통일성과 질서를 이해하는 열쇠가 기하학 — 새롭고 기괴하기까지 한 기하학 — 이라고 믿었다. 흰 옷을 입은 사람들이 달려나와 그를 단상에서 끌어내렸다.

이 사건은 조작되었다는 것이 밝혀졌다. 그러나 열정과 천재성만은 진실이었다. 존 슈워츠는 15년에 걸쳐서 소위 끈 이론(string theory)을 연구했다. 대부분의 물리학자들은 길거리에서 구걸하는 실성한 사람을 대하는 것과 거의 마찬가지 방식으로 끈 이론을 대했다. 그러나 오늘날에는 대부분의 물리학자들이 끈 이론의 타당성을 믿는다. 공간 안에 존재하는 것들을 지배하는 물리적 법칙들의 근원은 그 공간의 기하학이라는 것을 믿게 된 것이다.

기하학 혁명의 씨앗이 된 선언은 유클리드라는 미지의 인물에 의해서 쓰였다. 여러분이 지금 소위 유클리드 기하학이라고 부르는 어려운 과목에서 배운 것들을 거의 기억하지 못한다면, 그것은 아마도 당신이 수업시간에 졸았기 때문일 것이다. 흔한 수업 방식대로 기하학을 배우는 것은 젊은 정신을 돌덩어리로 만드는 탁월한 방법이다. 그러나 유클리드 기하학은 실제로 흥미로운 과목이다. 유클리드의 업적은 『성서』와 경쟁할 만큼 아름답고 마르크스와 엥겔스의 작품만큼이나 혁명적이다. 유클리드는 그의 저서 『기하학 원본(Stoicheia)』을 통해서 하나의 창을 열었고, 우리의 우주는 그 창을 통해서 자신의 본성을 드러내왔다. 또한 그의 기하학이 네 번의 혁명을 더 겪는 동안, 과학자들과 수학자들은 종교인들의 신앙을 산산이 부수고 철학자들의 고귀한 세계관을 파괴하고 우리로 하여금 우주 속에서의 우리의 자리를 다시 생각하고 검토하도록 만들었다. 이 책의 주제는 이 혁명들과 선각자들 그리고 그들의 배후에 있는 이야기들이다.

제1부

유클리드 이야기

당신은 공간에 관해서
무엇을 말할 수 있는가?
기하학이 어떻게
우주를 기술하기 시작했고
어떻게 현대 문명을 예고했는가

1. 첫 번째 혁명

유클리드는 기하학의 중요한 법칙을 단 하나도 스스로 발견하지 못한 사람일 수도 있다. 그러나 그는 유사 이래 가장 잘 알려진 기하학자이며, 그럴 만한 타당한 이유가 있다. 수천 년 동안 사람들은 가장 먼저 그의 창을 통해서 기하학을 보아왔다. 우리의 논의 속에서 유클리드는 공간의 개념에 일어난 첫 번째 커다란 혁명―추상화와 증명의 탄생―을 대변하는 인물이다.

  공간 개념은 자연스럽게 장소 개념, 우리가 머무는 장소인 땅의 개념에서 시작되었다. 이집트인들과 바빌로니아인들이 "토지 측량"이라고 불렀던 것이 발전하면서 공간 개념이 시작되었다. 토지 측량을 그리스어로 표현하면 기하학(geometry)이 된다. 물론 기하학이 다루는 것은 토지 측량과는 전혀 다르지만 말이다. 그리스인들은 수학을 적용함으로써 자연을 이해할 수 있다는 것을 깨달은 최초의 사람들이다. 그들은 기하학을 단지 기술하기 위해서뿐만 아니라 감추어진 것을 밝혀내기 위해서도 사용할 수 있다는 것을 간파했다. 그리스인들은 돌멩이나 모래를 단순히 표현하는 수준에 있던 기하학을 발전시켜서 이상적인 점, 선, 평면의 개념을 추출했다. 그들은 창을 가리는 물질들을 제거하고 문명이 이제껏 경험하지 못한 아름다움을 지닌 구조를 밝혀냈다. 수학의 발명을 위한 이러한 노력의 정점에 유클리드가 있다. 유클리드의 이야기는 혁명의 이야기이다. 공리와 정리와 증명에 관한 이야기이며, 이성 자체의 탄생에 관한 이야기이다.

2. 세금의 기하학

그리스인들이 이룬 성취의 뿌리는 바빌로니아와 이집트의 고대 문명에 있다. 예이츠는 바빌로니아인들의 무관심이 그들이 수학에서 위대한 업적을 이루는 것을 막았다고 언급한 적이 있었다.[1] 그리스 이전의 인류는 계산과 공학을 위한 수많은 공식과 기법을 알고 있었지만, 우리의 정치가들이 그러한 것처럼, 때때로 대단한 능력을 발휘하면서도 그들이 무엇을 하고 있는지를 놀랍게도 거의 이해하지 못했다. 또한 그들은 이것을 이해하는 일에 관심이 없었다. 그들은 건설하는 사람들이었다. 어둠 속에서 길을 더듬어 찾고 여기저기 건물들을 세우고 포장된 길을 닦음으로써 그들은 목적에 도달했을 뿐, 이해에 도달하지는 못했다.

이집트인들과 바빌로니아인들이 처음은 아니었다. 인류는 이미 역사 이전부터 수를 세고 계산을 하고 세금을 매기고 거스름돈을 주고받았을 것이 분명하다. 기원전 3만 년의 것으로 추정되는 어떤 계산도구들은, 수학적인 직관적 감수성을 지닌 누군가가 치장했던 막대기에 불과할지도 모른다. 그러나 다른 도구들은 그렇게 보이지 않아서 호기심을 자극한다. 고고학자들은 오늘날의 콩고민주공화국에 있는 에드워드 호수 주변에서 8,000년 전의 것으로 보이는 뼈 조각을 발견했다. 그 뼈 조각에는 한쪽 끝에 홈이 파여 있고, 그 홈에는 작은 광물이 붙어 있다. 이 도구를 만든 수학자 혹은 기술자 — 누구인지 영원히 알 수 없겠지만 — 는 뼈의 옆면에 세 줄로 금을 새겨놓았다. 이 도구는 이상고뼈(Ishango bone)[2]라고 불리며, 과학자들의 견해에 따르면 지금까지 발견된 것들 중에서 가장 오래된 숫자 기록용 도구이다.

수로 연산을 한다는 생각[3])은 훨씬 더 늦게 생겨났는데, 이는 계산을 위해서는 어느 정도의 추상능력이 요구되기 때문이다. 인류학자들의 보고에 따르면, 많은 부족들의 경우 예를 들면, 두 사냥꾼이 두 마리의 사슴을 향해서 두 발의 화살을 쏘고, 마을로 사슴을 운반하는 동안 두 번 사슴의 내장이 빠져나왔다면, 이때 각각의 "둘"을 가리키는 말[4])이 매번 다를 수 있다고 한다. 이런 문명들에서는 실제로 사과와 오렌지를 덧셈할 수 없다. 이들이 모두 동일한 개념, 즉 추상적인 수 2의 경우들이라는 것을 깨닫기까지 인류는 수천 년의 세월이 필요했던 것으로 보인다.

추상적인 수를 향한 첫걸음은 기원전 6000년에서 5000년 사이[5]) 나일 강 주위의 사람들이 유목생활을 버리고 계곡을 경작하는 데에 주력하면서 이루어졌다. 북부 아프리카의 사막은 지구에서 가장 황량하고 척박한 지역들 중의 하나이다. 오직 아비시니아 고원의 눈이 녹은 물과 적도 지방의 비를 가득 담은 나일 강만이 마치 신처럼 사막에 생명을 가져오고 유지할 수 있다.[6]) 고대에는 매년 6월 중순에 강물이 솟아올라 강 바닥을 채운 후에 비옥한 토양을 계곡 전역에 퍼뜨렸다. 그리스의 고전적 역사가 헤로도토스가 이집트를 "나일 강의 선물"이라고 묘사하기 훨씬 이전에 이미 람세스 3세가 이집트인들이 하피(Hapi)라고 부르는 나일 강이 어떻게 신으로 숭배되었는지를 보여주는 기록을 남겼다. 이집트인들은 나일 강에 꿀, 포도주, 황금, 터키석 등 그들이 소중히 여기는 것들을 바쳤다. "이집트"라는 이름조차도 콥트어로 "검은 흙"을 뜻한다.[7])

● ■ ▲

나일 강의 범람은 매년 4개월 동안 지속되었다. 10월이면 강물이 줄고 폭이 좁아지기 시작하여 이듬해 여름이 되면 땅이 다시 건조해졌다. 이 8개월간의 건기는 경작기인 페리트(perit)와 추수기인 세무(shemu)로 나누어진다. 이집트인들은 구릉 위에 마을을 이루고 정착하기 시작했는데, 범람기 동안 그곳은 둑길로 연결되는 작은 섬이 되었다. 그들은 관개시설과 곡물 저장시설을 건설했다. 농경생활은 이집트인들의 생활과 달력의 기반이 되었다. 그들의 주요 생산물은 빵과 맥주였다. 기원전 3500년경에 이르면, 이집트인들은 소형선박 제조나 금속세공 같은 간단한 공업기술을 터득한다. 또한 같은 시기에 그들은 문자를 발명했다.[8]

  이집트인들의 삶에 생물학적인 변화는 없었지만, 정착하고 부가 축적되면서 세금이 생겨났다. 세금은 아마도 기하학의 발전을 추진한 첫 번째 동력이었을 것이다.[9] 이집트의 모든 토지와 소유물은 원칙적으로 파라오의 소유였지만, 실제로는 사원과 개인도 사유재산을 소유하고 있었다. 정부는 그해의 범람 높이와 소유한 토지의 면적을 기준으로 해서 세금을 부과했다. 납부를 거부하는 사람은 즉시 현장에서 매를 맞고 굴복해야만 했다. 돈을 빌리는 것도 가능했는데, 이자율은 "간단 명료"의 철학에 따라서 연이율 100퍼센트였다.[10] 과세는 매우 중요한 일이었으므로 이집트인들은 정사각형, 직사각형, 사다리꼴 등의 면적을 계산하는 방법을 개발했다. 그 방법들은 비록 복잡하지만 옳은 결과를 산출한다. 원의 면적을 계산하기 위해서는 근사적으로 지름의 8/9을 한 변으로 하는 정사각형의 면적을 계산했다. 이는 $256/81$, 즉 3.16을 π 값으로 보고 원의 면적을 계산하는 것과 같아서 실제보다 큰 값이 나오지만 오차는 단 0.6퍼센트에 불과하다. 납세자가 이 오차를 지적했다는 기록은 없다.

이집트인들은 수학 지식을 특별히 인상적인 일에 사용했다. 기원전 2580년 모래바람이 부는 황량한 사막을 상상해보라. 건축가는 설계도가 그려진 파피루스를 펼친다. 그의 임무는 간단하다. 밑면이 정사각형이고 옆면은 삼각형인 건축물을 세우는 것이다. 그리고, 아니 이럴 수가, 그 건축물은 높이가 146미터이며 개당 무게가 2톤 이상인 돌들을 쌓아 지어야 한다. 이 건축물의 완성을 감독하는 임무를 당신이 맡았다고 상상해보라. 유감스럽게도 당신에게는 레이저 조준기도 세련된 관측장비도 없고 나뭇조각과 밧줄뿐이다.

많은 주택 소유자들이 알고 있듯이, 목수용 직각자와 줄자만을 써서 건물의 지반이나 작은 뜰의 면적을 측정하는 일은 힘든 작업이다. 피라미드 건설에서 단 1도의 오차가 발생하면, 수천 톤의 바위 덩어리와 수천 명의 노동으로 건축물이 공중으로 100미터 이상 쌓아진 후, 피라미드의 옆면들이 서로 빗나가서 정점이 제대로 만들어지지 않게 된다. 죽은 적의 수를 세기 위해서 시체에서 음경을 잘라내는 군사들[11]을 거느린 사람이 바로 파라오였다. 그런 막강한 파라오를 기우뚱한 피라미드로 상징한다는 것은 있을 수 없는 일이다. 그리하여 이집트의 응용기하학은 매우 발전된 분야가 되었다.

이집트인들은 관측을 위해서 하페도놉타(harpedonopta), 즉 말 그대로 "밧줄을 당기는 사람"을 이용했다. 하페도놉타는 세 명의 노예를 고용해서 밧줄을 다루도록 했다. 밧줄에는 미리 정한 간격으로 매듭들이 있어서 매듭이 꼭짓점이 되도록 밧줄을 팽팽하게 당기면 주어진 길이의 변을 가지는 — 따라서 주어진 크기의 각을 가지는 — 삼각형을 만들 수 있었다. 예를 들면 30, 40, 50미터 길이만큼 서로 떨어진 매듭들을 꼭짓점으로 해서 밧줄을 당기면 30미터인 변과 40미터인 변 사이에서 직각을 얻을 수 있다(빗변을 뜻하는 그리스어 히포테누세[hypotenuse]의 원래 의미는 "건너편에 잡아당겨진 것"이다). 이 방법은 기발하며 겉보기보다 정교하다. 오늘날 우리는 밧줄을 드리우는 사람이 만드는 선은 직선이 아니라 지구 표면과 나란한 측지 곡선(geodesic curve)이라는 것을 말할 수 있다. 나중에 보게 되겠지만, 우리는 미분기하학이라는 수학의 분야에서 공간의 국지적인 성질을 분석할 때, 이집트인들과 정확히 같은 방법을 사용한다. 물론 가상적이고 극도로 작은(전문용어로는 "무한소[infinitesimal]") 형태로 사용하지만 말이다. 우리는 또한 피타고라스 정리가 성립하는지의 여부를 통해서 공간이 휘어 있는지를 판별한다.

이집트인들이 나일 강가에 정착할 즈음에 페르시아 만과 팔레스타인 사이의 지역에 또 하나의 정착 문명이 발생했다.[12] 그 문명은 티그리스 강과 유프라테스 강 사이의 메소포타미아 지역에서 기원전 4000년에서 3000년 사이에 시작되었다. 기원전 2000년에서 1700년 사이의 어느 시기에 페르시아 만 북부에서 살던 비(非)-셈족 사람들이 남쪽의 이웃 부족들을 정복했다. 승리를 거둔 지배자 함무라비는 도시 바빌론의 이름을 따서 통일 왕국을 명명했다. 바빌로니아인들은 이집트인들보다 훨씬 더 정교한 수학체계를 남겨놓았다.[13]

지구에서 37,700,000,000,000킬로미터 떨어진 외계인이 초고성능 망원경으로 지구를 바라본다면, 바빌로니아인과 이집트인의 생활을 지금 관찰할 수 있을 것이다. 그러나 지구에 붙어 있는 우리로서는 조각 그림을 맞추어 그들의 삶을 추정하는 일이 약간 더 어려울 수밖에 없다. 우리는 주로 두 가지 자료에서 이집트의 수학을 알 수 있다. 하나는 고고학자 린드의 이름을 따서 "린드 파피루스"라고 명명되고 영국

박물관에 기증된 자료이고, 다른 하나는 모스크바의 푸시킨 미술관에 있는 "모스크바 파피루스"이다. 바빌로니아인들에 관한 최상의 지식은 1,500여 개의 점토판이 발굴된 니네베 유적에서 얻을 수 있다. 그러나 불행히도 이곳에서 발굴된 점토판에는 수학적 내용이 담긴 것이 없다. 대신에 다행스럽게도 아시리아 지역, 특히 니푸르와 키스 유적에서 수백 개의 점토판이 발굴되었다.[14] 유적을 발굴하는 일을 서점을 살피는 것에 비유한다면, 아시리아 지역은 수학 분야의 책들이 진열된 코너라고 할 수 있다. 그 지역의 유물에는 참고표나 교과서를 비롯한 많은 것들이 있어서 바빌로니아의 수학적 사고를 알 수 있게 해준다.

예를 들면, 우리는 바빌로니아의 기술자가 무턱대고 인력을 동원하지 않았다는 것을 안다. 예를 들면 운하를 판다고 가정하면, 바빌로니아의 기술자는 운하의 단면이 사다리꼴임을 생각하여 파내야 하는 흙의 양을 계산하고, 하루 동안 한 사람이 파낼 수 있는 양을 염두에 두어, 몇 사람이 며칠 동안 일해야 하는지를 결론내렸다. 바빌로니아의 금융업자들은 심지어 복리계산을 했다.[15]

바빌로니아인들은 방정식을 사용하지 않았다. 그들의 모든 계산은 말로 기록되어 있다. 예를 들면 한 점토판에 기록된 문자열의 내용은 다음과 같다. "길이가 4이고 대각선이 5이다. 폭은 얼마인가? 크기는 모른다. 4 곱하기 4는 16이다. 5 곱하기 5는 25이다. 25에서 16을 빼면 9가 남는다. 9를 얻으려면 몇 곱하기 몇을 해야 하는가? 3 곱하기 3이 9이다. 폭은 3이다."[16] 오늘날 우리는 같은 문제를 "$x^2 = 5^2 - 4^2$"으로 표기할 것이다. 문제를 언어적으로 기술하는 것이 불리하다는 사실 — 간략하지 않다는 사실 — 은 그다지 큰 단점이 아니라고 할지라도, 방정식에 적용할 수 있는 연산을 어구에는 적용할 수 없다는 것은 매우 큰 단점이다. 이 고유한 단점이 극복되기까지는 수천 년의 세월이 걸렸다. 덧셈 기호는 1481년에 쓰인 독일의 문서에서 최초로 사용되었다.[17]

위에 인용한 내용은, 바빌로니아인들이 피타고라스 정리를, 즉 직각삼각형의 빗변의 제곱은 다른 두 변의 제곱의 합과 같음을 알고 있었다는 것을 말해준다. 밧줄 당기기 기술에서 알 수 있듯이 이집트인들도 이 관계를 알았던 것으로 보이지만, 바빌로니아인들은 직각삼각형의 세 변을 이루는 수들을 점토판에 표로 기록하기까지 했다. 그 표에는 3, 4, 5 또는 5, 12, 13 같은 작은 수들뿐만 아니라 3456, 3367, 4825처럼 큰 수들도 있다. 임의로 수를 선택해서 조사하는 방식으로 피타고라스 관계가 성립하는 세 수를 찾아낼 가능성은 희박하다. 예를 들면 처음 열두 개의 수인 1, 2, ……, 12에서 서로 다른 세 가지 수를 선택하는 방법은 수백 가지가 있지만, 그중 오직 3, 4, 5만이 피타고라스 정리를 만족시키는 세 수이다. 바빌로니아인들이 계산만을 임무로 수행하는 군대를 동원했을 리는 없으므로, 그들이 최소한 피타고라스 정리를 만족시키는 세 수를 찾아낼 만큼의 기초적인 수 이론은 알고 있었다고 결론지을 수 있다.

이집트인들의 성취와 바빌로니아인들의 지혜에도 불구하고 그들의 수학에 대한 기여는 후대의 그리스인들에게 여러 가지 수학적 사실들과 실용적 기술들을 전해준 것에 국한된다. 그들은 생명체가 어떻게 발달하고 기능하는지를 이해하려고 노력하는 현대의 유전학자보다는 끈기 있게 종들의 목록을 작성하는 전통적인 관찰생물학자에 더 가깝다. 예를 들면 두 문명이 모두 피타고라스 정리를 알고 있었지만, 어느 문명도 우리가 오늘날 $a^2 + b^2 = c^2$(c는 직각삼각형의 빗변의 길이, a와 b는 나머지 두 변의 길이를 나타낸다)으로 표현하는 일반적인 법칙을 분석하지 않았다. 왜 이런 관계가 성립하는지에 대해서, 또는 어떻게 이 관계를 응용해서 더 많은 앎을 얻을지에 대해서 그들은 생각하지 않았던 것으로 보인다. 이 관계는 정확한가, 아니면 근사적으로만 성립하는가? 이 질문은 원리적으로 매우 중요하다. 그러나 순전히 실용적인 측면만 고려한다면, 이 문제는 중요하지 않을 것이다. 고대 그리스인들이 등장하기까지 누구도 이 문제를 고민하지 않았다.

  이집트인들에게도 바빌로니아인들에게도 문제가 되지 않았지만, 고대 그리스의 기하학에서 가장 큰 골칫거리가 된 문제를 살펴보자. 그 문제는 놀랍도록 간단하다. 변의 길이가 1인 단위 정사각형의 대각선의 길이는 얼마인가? 바빌로니아인들은 그 길이를 (10진법으로 표현하면) 1.4142129로 계산했다. 이 계산값은 60진법의 소수점 아래 셋째 자리까지 정확하다(바빌로니아인들은 60진법을 썼다). 피타고라스 시대의 그리스인들은 그 길이를 정수나 분수로 나타낼 수 없다는 것을 깨달았다. 오늘날 우리는 그 길이가 무한히 규칙 없이 계속되는 소수(1.414213562……)임을 안다. 그리스인들에게 이 사실은 커다란 정신적 충격을 일으켰다. 종교적 신앙의 대상인 비율이 위기를 맞게 되었고, 최소한 한 명의 학자가 이 사건에 휘말려 살해되었다. 2의 제곱근의 값에 대해서 발설했기 때문에 살해되다니, 어떻게 그럴 수 있을까? 이 질문에 대한 답은 그리스인의 위대함의 핵심을 이해한 이후에 할 수 있다.

3. 7인의 현자들 중 한 사람으로서

수학은 흙의 양이나 세금의 규모를 계산하기 위한 순차적인 방법 이상의 어떤 것이라는 발견은 2,500년 전의 외로운 그리스 철학자(원래는 상인) 탈레스의 업적이다.[1] 피타고라스주의자들의 위대한 발견들, 더 나아가 유클리드의 『기하학 원본』을 위한 장을 연 사람이 바로 탈레스였다. 그는 세계 곳곳에서 다양한 형태로 자명종이 울려 인류의 정신을 깨우던 시대에 살았다. 인도에서는 기원전 560년경에 태어난 붓다가 불교를 전파하기 시작했다. 중국에서는 노자와 보다 어린 동시대인인 공자(기원전 551년 출생)가 엄청난 파급효과를 일으킨 지적인 발전을 이루었다. 그리스에서도 황금시대가 시작되고 있었다.

 멘데레스라는 이름의 강("곡류[曲流]"를 뜻하는 영어 meander[메안더]의 어원이 바로 이 강의 이름이다)은 오늘날의 터키 지역인 황량한 습지에서 출발해서 소아시아의 서해안 부근으로 흘러나간다. 그 습지 한가운데에 당대의 가장 발달된 그리스인들의 도시인 밀레투스가 있었다. 밀레투스는 오늘날은 퇴적물에 의해서 메워진 만에 인접했던 이오니아 지역의 해안도시였다. 도시는 바다와 산으로 둘러싸여, 내륙 쪽으로는 단 하나의 통로만 있었지만, 최소한 네 개의 항구가 있어서 에게 해 동부의 해상교역의 중심지 역할을 했다. 선박들은 이곳으로부터 남쪽으로 섬들과 반도들을 따라서 키프로스, 페니키아, 이집트로 항해하거나, 서쪽으로 유럽 지역의 그리스 도시들로 나아갔다.

 기원전 7세기에 이 도시에서 사유의 혁명이 시작되었다. 그 혁명은 억압과 비합리에 대한 반발로서 이후 거의 1,000년에 걸쳐서 발전하여 현대적 사유의 토대를 이루었다. 당시의 위대한 사상가들에 대한 우리의 지식은 불확실하다. 우리가 아는 것들은 주로 아리스토텔레스나 플라톤 같은 후대의 학자들이 남긴 편향된 기록에 의존하는데, 그들의 기록들은 때때로 서로 모순되기도 한다. 이 전설적인 인물들은 대부분 그리스식 이름을 가지고 있었지만, 그리스의 신화를 받아들이지 않았다. 그들은 자주 박해를 받고, 유배되고, 심지어 궁지에 몰려서 자살하기도 했다 — 최소한 전해지는 이야기에 따르면 그러하다.

여러 상이한 기록들에도 불구하고 일반적으로 인정되는 한 가지 사실은 기원전 640년경 밀레투스에서 탈레스라는 이름의 남자아이가 태어났다는 것이다. 밀레투스의 탈레스는 최초의 과학자 혹은 수학자로 가장 많이 언급되는 영광을 누리고 있다. 이렇게 오랜 옛날에 수학자나 과학자 같은 직업이 있었다고 말한다고 하더라도, 가장 오래된 산업인 성(性) 산업의 권위를 위협하게 될 것 같지는 않다. 여성의 성적 만족을 위해서 고안된 것으로 가죽을 덧대어 만든 작은 판이 있었는데, 이것이 밀레투스의 특산품 중의 하나였다.[2] 탈레스가 이 물건을 취급했는지, 아니면 절인 생선이나 양털 혹은 그밖의 특산품을 취급했는지, 우리는 알지 못한다. 어쨌든 그는 부유한 상인이었고, 벌어들인 재산을 그가 원하는 일에 썼다. 그는 상업에서 손을 떼고 연구와 여행에 전념했던 것이다.

고대 그리스는 정치적으로 독립된 여러 작은 단위들, 즉 도시국가들로 이루어졌다. 어떤 도시국가들은 민주적이었으며, 다른 도시국가들은 소수의 권력층이나 전제적인 왕에 의해서 다스려졌다. 그리스인들의 일상생활에 관해서 우리는 아테네인들의 삶을 가장 많이 알고 있다. 그러나 시민들의 생활은 헬레네 지역 전체에 걸쳐서 매우 유사했으며,

탈레스 이후 200-300년의 기간 동안 기근과 전쟁의 시기를 제외하면 거의 변함없이 유지되었다. 그리스인들은 이발소나 신전이나 시장에서 서로 어울리기를 좋아했던 것으로 보인다. 디오게네스 라에르티우스의 기록에 따르면, 시몬이라는 이름의 구두 수선공이 처음으로 소크라테스적 대화법을 도입했다고 한다. 기원전 5세기의 상점 유적에서 "시몬"이라는 이름이 새겨진 포도주 잔의 조각이 발굴되기도 했다.[3]

고대 그리스인들은 또한 잔치도 즐겼다. 아테네에서는 저녁 식사 후에 심포지엄 ― 말 그대로의 뜻은 "함께 마시기" ― 을 벌이곤 했다. 참석한 사람들은 희석된 포도주를 마시고, 철학을 논하고, 노래를 부르고, 농담과 수수께끼를 주고받았다. 수수께끼를 풀지 못하거나 멍청한 소리를 하는 사람에게는 발가벗고 방 안을 돌아다니며 춤을 추는 등의 벌칙이 주어졌다. 그러나 그리스인들이 벌인 잔치의 핵심은 지식에 있었다. 그들은 탐구에 큰 가치를 두었다.

탈레스는 황금시대를 형성한 많은 그리스인들과 마찬가지로 앎을 향한 지칠 줄 모르는 욕구를 가지고 있었던 것으로 보인다. 바빌론 여행 중에 그는 천체에 관련된 수학과 과학을 연구하여 이를 그리스에 전하면서 명성을 얻기도 했다. 탈레스가 이룬 전설적인 업적 중의 하나는 기원전 585년의 일식을 예언한 것이다. 헤로도토스에 따르면, 그 일식은 전투 중에 일어났고, 전쟁의 종결과 지속적인 평화의 계기가 되었다고 한다.

또한 탈레스는 오랜 시간을 이집트에서 보냈다. 이집트인들은 피라미드를 건설하는 전문적인 기술을 가지고 있었지만, 피라미드의 높이를 측정하는 데에 필요한 지식은 없었다. 탈레스는 이집트인들이 경험적으로 발견한 사실을 이론적으로 설명하려고 노력했다. 이렇게 사실들을 이해함으로써 탈레스는 하나의 기하학적 기술로부터 다른 기술을 **도출**할 수 있었다. 다시 말해서 그는 특수한 실용적인 적용으로부터 추상적인 원리를 추출함으로써 한 문제의 해답으로부터 다른 문제의 해답을 얻을 수 있었다. 탈레스는 닮은 삼각형의 성질을 이용해서 피라미드의 높이를 측정하는[4] 방법을 보여주어 이집트인들을 놀라게 했다. 훗날 탈레스는 이와 유사한 방법으로 바다에 있는 선박까지의 거리를 측정했다. 그는 고대 이집트에서 환영받는 인물이 되었다.

　탈레스는 그리스의 동시대인들에 의해서 7인의 현자, 즉 세상에서 가장 지혜로운 일곱 사람들 중의 한 명으로 일컬어졌다. 당대를 살았던 평균적인 사람들의 원시적인 수학적 직관력을 고려해볼 때, 탈레스의 재능은 매우 괄목할 만하다. 예를 들면, 수백 년 이후의 사람인 그리스 사상가 에피쿠로스는 태양이 거대한 불덩어리가 아니라 다만 "우리 눈에 보이는 크기만큼 크다"고 주장했다.[5]

　탈레스는 기하학의 체계화를 향한 첫걸음을 내디뎠다. 그는 수백 년 후 유클리드가 집대성한 종류의 기하학 정리들을 증명한 최초의 사람이다. 그는 또한 무엇에서 무엇이 타당하게 도출되는지를 규정할 규칙들이 필요함을 의식하고 최초로 논리적 추론의 체계를 발명하기도 했다. 그는 공간도형의 합동 개념을, 즉 만일 한 평면에 있는 두 도형에서 한 도형을 이동하고 회전하여 다른 도형과 완전히 겹치게 할 수 있으면, 그 두 도형이 같다고 간주할 수 있음을 최초로 생각해냈다. 수에 대해서 이야기되는 같음의 개념을 공간적 대상에도 확장하는 것은 공간을 수학화하는 작업에서 커다란 도약이었다. 또한 이 확장은 일찍이 학생시절부터 이를 주입받은 우리가 생각하는 것만큼 자명한 것이 아니다. 나중에 보게 되겠지만, 이 개념 확장은 공간의 균질성(homogeneity)을, 즉 움직일 때에 도형이 접히지도 않고 크기가 변하지도 않는다는 것을 전제하는데, 이 전제는 우리의 물리적 공간을 비롯한 여러 공간에서 타당하지 않다. 탈레스는 이집트식 이름을 유지하여 자신의 수학을 "토지 측량"이라고 명명했다.[6] 물론 그는 그리스인이므로 그리스어로 게오메트리(geometry, 기하학)라고 명명했다.

탈레스는 물리적 공간에 대해서도 언급한다. 그는 세계 안에 있는 모든 물질들이 매우 다양함에도 불구하고 내적으로는 모두 동일한 물질이어야 함을 의식했다. 이는 어떤 증거도 없는 가운데 이루어진 놀라운 직관적 도약이다. 이제 자연스럽게 제기되는 다음 질문은 그 근본적인 물질이 무엇인가이다. 탈레스는 항구도시의 사람답게[7] 직관에 의존해서 그 근본물질은 물이라고 대답한다. 탈레스의 제자이며 같은 밀레투스 사람인 아낙시만드로스도 탈레스에 견줄 만한 직관적 도약을 통해서 진화를 생각했으며, 사람의 조상인 하등동물로 물고기를 주장하기도 했다.[8]

탈레스는 노망을 걱정할 만큼 늙고 허약해진 이후에 유클리드의 길을 예비하는, 가장 중요한 선각자인 사모스의 피타고라스를 만났다. 사모스는 밀레투스에서 멀지 않은 에게 해에 있는 같은 이름의 커다란 섬에 위치한 도시였다. 오늘날에도 그 섬에는 고대의 항구가 굽어 보이는 곳에 무대의 유적과 허물어진 객석이 있다. 피타고라스의 시대는 사모스의 전성기였다. 피타고라스가 18세가 되던 해에 그의 아버지가 사망했다. 피타고라스의 삼촌은 피타고라스를 약간의 은과 소개장과 함께 인근의 레스보스 섬에 사는 철학자 페레시데스에게 보냈다. 레스보스 섬은 **레즈비언**이라는 말의 기원이 된 섬이기도 하다.

전설에 따르면, 페레시데스는 페니키아인들의 밀교를 연구하고, 영혼

불멸과 환생의 사상을 그리스에 소개했다고 한다. 피타고라스는 이 두 사상을 받아들여서 자신의 종교철학의 주춧돌로 삼았다. 피타고라스와 페레시데스는 평생의 친구가 되었지만, 피타고라스가 레스보스 섬에 오래 머문 것은 아니다. 20세가 된 피타고라스는 밀레투스로 가서 탈레스를 만났다.

역사적으로 귀중한 한 그림[9]에는, 거칠고 긴 머리를 한 젊은이가 그리스 전통의상이 아닌 바지(고대의 히피라고 말할 만한 옷차림이다)를 입고, 유명한 늙은 현자를 만나는 모습이 그려져 있다. 당시 탈레스는 과거의 지적 능력이 상당히 바랬다고 평가되는 노인이었다. 아마도 젊은이에게서 잊었던 자신의 청년시절이 반짝이는 것을 보았을 탈레스는 자신의 정신상태가 퇴보한 것을 사과했다.

탈레스가 피타고라스에게 실제로 무슨 말을 했는지는 모르지만, 그가 젊은 천재에게 커다란 영향을 미쳤다는 것은 분명하다. 탈레스가 죽고 여러 해가 지난 후에도 피타고라스는 종종 집 안에 앉아 고인이 된 몽상가를 찬양하곤 했다. 둘의 만남에 관한 고대의 모든 기록들은 한 가지 점에서 일치한다. 탈레스는 젊은 피타고라스에게 이집트로 갈 것을 권했다.

4. 비밀집단

피타고라스는 탈레스가 권한 대로[1] 이집트로 갔지만, 이집트의 수학에서 시(詩)적인 묘미를 느끼지 못했다. 이집트에서 기하학적 대상은 물리적인 것이었다. 직선은 하페도놉타가 당기는 밧줄이거나 토지의 경계선이었다. 직사각형은 밭의 윤곽이거나 벽돌의 표면이었다. 공간은 진흙, 토양 그리고 공기였다. 수학에 낭만과 은유를 도입한 공로는 이집트인들이 아닌 그리스인들에게 돌아가야 한다. 공간이 수학적 추상물일 수 있다는 것, 그리고 마찬가지로 중요한 것으로, 추상적인 것을 여러 다양한 상황에 적용할 수 있다는 것은 그리스인에게서 유래한 생각이다. 선은 다만 선일 뿐인 경우도 있다. 그러나 같은 선이 피라미드의 모서리나 토지의 경계나 까마귀의 비행 궤적을 나타낼 수도 있다. 어떤 하나에 대한 지식은 다른 것에 대한 지식으로 옮겨진다.

전해오는 이야기에 따르면, 어느 날 피타고라스가 대장간 앞을 지나다가 쇠를 두드리는 여러 종류의 망치소리를 들었다고 한다. 피타고라스는 생각에 잠겼다. 곧이어 그는 현(絃)을 이용한 몇 번의 실험을 거쳐서 조화수열을 발견했고, 진동하는 현의 길이와 그 현이 내는 음의 높이 사이의 관계를 발견했다. 예를 들면 현의 길이를 두 배로 하면 음 높이는 한 옥타브 낮아진다. 단순한 관찰이지만 심오하고 혁명적인 행동이기도 한 이 연구는 흔히 역사상 최초로 자연의 법칙을 실험적으로 발견한 사례로 언급된다.

수백만 년 전 어느 원시인이 동물에 가까운 소리를 내자,[2] 이를 들은 다른 원시인이 역시 동물에 가까운 소리로, 하지만 불멸의 가치를 지니는 말로 대답한다. 오늘날에는 사라졌지만, 그의 대답은 "네가 무슨 말을 하는지 나도 알아" 정도의 의미를 지닌 말이었을 것이다. 상상 속의 이 장면이 바로 언어의 탄생을 알리는 장면이다. 화음에 관한 피타고라스의 법칙은 과학에서 최초의 언어에 비길 만큼 획기적인 업적이다. 그것은 물리적 세계를 수학적으로 기술한 최초의 사례이기 때문이다. 피타고라스 당시에는 수에 관한 단순한 수학조차 없었음을 상기할 필요가 있다. 예를 들면, 피타고라스주의자들에게는 직사각형의 두 변의 길이를 곱해서 면적을 얻을 수 있다는 사실이 신비로운 계시로 여겨졌다.

피타고라스는 자신과 추종자들이 발견한 여러 수의 법칙으로부터 다양한 수학적 기법을 개발했다. 피타고라스주의자들은 정수를, 특정한 기하학적 모양을 이루도록 배열한 조약돌 혹은 점으로 나타냈다. 그들은 어떤 수들의 경우, 조약돌을 같은 간격으로 두 개씩 두 줄로, 또는 세 개씩 세 줄 등으로 정사각형 모양을 이루도록 배열함으로써 얻을 수 있다는 것을 발견했다. 그들은 이런 식으로 조약돌을 배열하여 얻는 수를 "제곱수(square number)"라고 불렀다. 4, 9, 16 등이 제곱수이다. 피타고라스주의자들은 또한 조약돌을 각각의 가로줄에 하나, 둘, 셋 등 하나씩 늘려가면서 놓아 전체가 삼각형이 되도록 할 때에 얻을 수 있는 수도 발견했다. 3, 6, 10 등이 그런 삼각수들이다.

제곱수와 삼각수의 성질들은 피타고라스를 매혹시켰다. 예를 들면 두 번째 제곱수 4는 처음 두 개의 홀수를 합한 1 + 3과 같다. 세 번째 제곱수 9는 처음 세 개의 홀수의 합 1 + 3 + 5이며, 다음 제곱수들에 대해서도 마찬가지이다(첫 번째 제곱수에 대해서도 같은 관계가 성립한다. 1 = 1). 제곱수들이 연속하는 홀수들의 합과 같은 반면에, 삼각수들은 짝수, 홀수에 관계 없이 연속하는 수를 모두 합한 것과 같다는

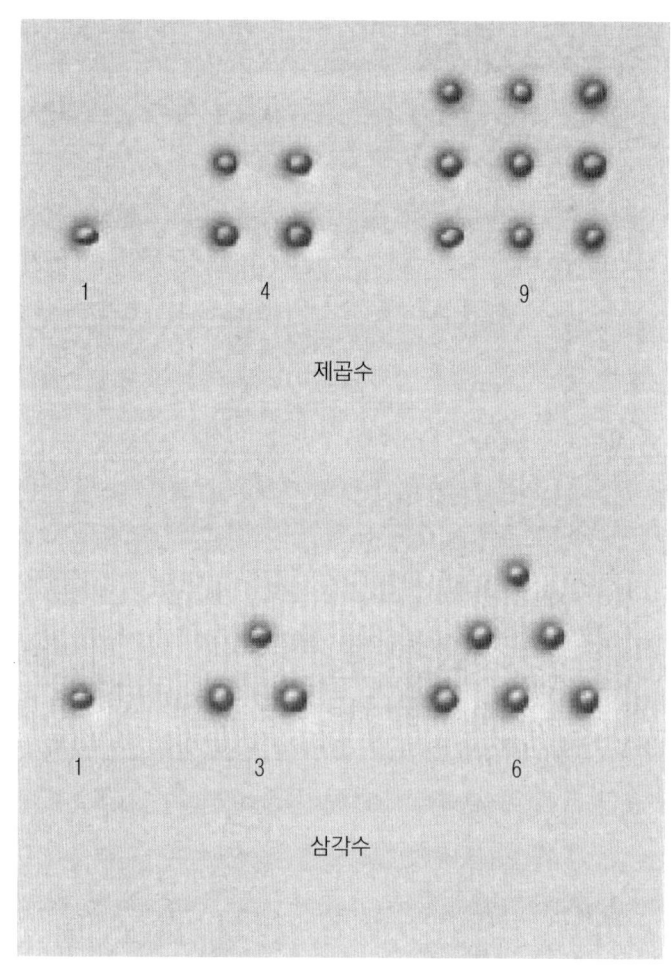

피타고라스의 조약돌 패턴

것을 피타고라스는 발견했다. 또한 제곱수와 삼각수 사이에도 일정한 관계가 성립한다. 한 삼각수를 인접한 앞이나 뒤의 삼각수와 합하면 제곱수가 된다.

 피타고라스 정리 또한 신비로운 마술로 여겨졌을 것이다. 직각삼각형뿐만 아니라 온갖 종류의 삼각형을 세심히 연구하면서 각과 길이를 재고, 삼각형들을 움직이고 비교하는 고대의 학자들을 상상해보라. 그만큼의 투자가 오늘날 이루어진다면, 대학에 이것을 전공하는 학과가 생겨날 것이다. 한 어머니가 뽐내며 이렇게 말한다. "내 아들은 버클리 대학교 수학과에 근무해요. 삼각형 교수랍니다." 그녀의 아들은 어느 날 독특한 규칙성을 발견한다. 모든 직각삼각형에서 빗변의 제곱은 다른 두 변의 제곱의 합과 같다. 이 규칙은 큰 삼각형, 작은 삼각형, 두툼한 삼각형, 짧은 삼각형 등등 모든 직각삼각형을 측정해본 결과 성립함이 밝혀진다. 반면에 직각삼각형이 아닌 삼각형의 경우에는 규칙이 성립하지 않는다는 것도 밝혀진다. 이 발견은 확실히 「뉴욕 타임스」의 전면 머릿기사로 실릴 만하다. "직각삼각형에서 발견된 놀라운 규칙성", 그리고 이어지는 작은 활자의 대표문구 ― "실용화는 몇 년 후에나."

왜 모든 직각삼각형들의 변들이 항상 그런 관계를 지켜야 할까? 피타고라스 정리는 피타고라스가 종종 사용했던 일종의 기하학적 곱셈을 이용하여 증명될 수 있다. 피타고라스 자신이 정리의 증명에 그 방법을 썼는지는 알 수 없다. 그러나 그 방법은 순전히 기하학적이기 때문에 매우 흥미롭다. 오늘날에는 대수학이나 삼각함수를 이용한 보다 간단한 증명들이 있지만, 대수학도 삼각함수도 피타고라스 시대에는 개발되어 있지 않았다. 기하학적 증명도 난해하지는 않다. 따지고 보면 그 증명은 줄긋기 놀이를 수학적으로 약간 변형한 것에 지나지 않는다.

피타고라스의 정리를 기하학적으로 증명하기 위해서 알아야 하는 유일한 계산적 사실은 정사각형의 면적이 변의 길이의 제곱과 같다는 것뿐이다. 이 사실은 피타고라스의 조약돌 배열의 의미를 현대적인 말로 바꾼 것에 불과하다. 주어진 직각삼각형으로부터 세 개의 정사각형을 만드는 것이 증명의 관건이다. 빗변의 길이를 변으로 하는 정사각형 하나, 그리고 다른 두 변의 길이를 각각 변으로 하는 정사각형 두 개를 만들면 된다. 이렇게 만든 세 정사각형의 면적은 삼각형의 변들의 길이의 제곱과 같다. 이제 빗변 정사각형의 면적이 다른 두 정사각형의 면적의 합과 같음을 보이면 증명은 완료된다.

간단히 하기 위해서 삼각형의 세 변에 이름을 붙이자. 빗변에는 이미 빗변이라는 이름이 있으므로 그대로 부르자. 한편 다른 두 변은 각각 알렉세이와 니콜라이라고 명명하자. 이 두 이름은 저자의 아들들의 이름인데, 이 글을 쓰는 지금 알렉세이의 키가 더 크니 삼각형의 두 변 중에서 더 긴 쪽을 알렉세이라고 부르겠다(두 변의 길이가 같을 때에도 증명은 이루어진다). 먼저 알렉세이와 니콜라이를 합한 길이를 한 변으로 하는 커다란 정사각형을 그린다. 다음 각 변을 알렉세이 길이의 부분과 니콜라이 길이의 부분으로 나누는 위치에 점을 찍고, 그렇게 해서 얻은 네 점을 연결한다. 점을 연결하는 방법은 여러 가지가 있다. 35쪽의 그림은 증명에 필요한 두 가지 방법을 보여준다. 첫 번째 방법으로 연결해서 얻은 결과는, 빗변과 길이가 같은 변으로 된 정사각형과 네 개의 나머지 삼각형이다. 두 번째 방법으로 연결하면 변의 길이가 각각 알렉세이, 니콜라이인 정사각형 두 개와 나머지 직사각형 두 개가 얻어지는데, 이 두 직사각형을 대각선을 따라서 나누면 첫 번째 방법으로 얻었던 것과 같은 네 개의 나머지 정사각형이 된다.

이제 남은 일은 세는 것뿐이다. 여러 조각으로 나눈 두 개의 커다란 정사각형의 면적은 서로 같다. 따라서 네 개의 나머지 삼각형을 제하고 남는 면적도 서로 같다. 그런데 첫 번째 모양에서 나머지 삼각형들을 제하면 빗변을 변으로 하는 정사각형이 남고, 두 번째 모양에서는 알렉

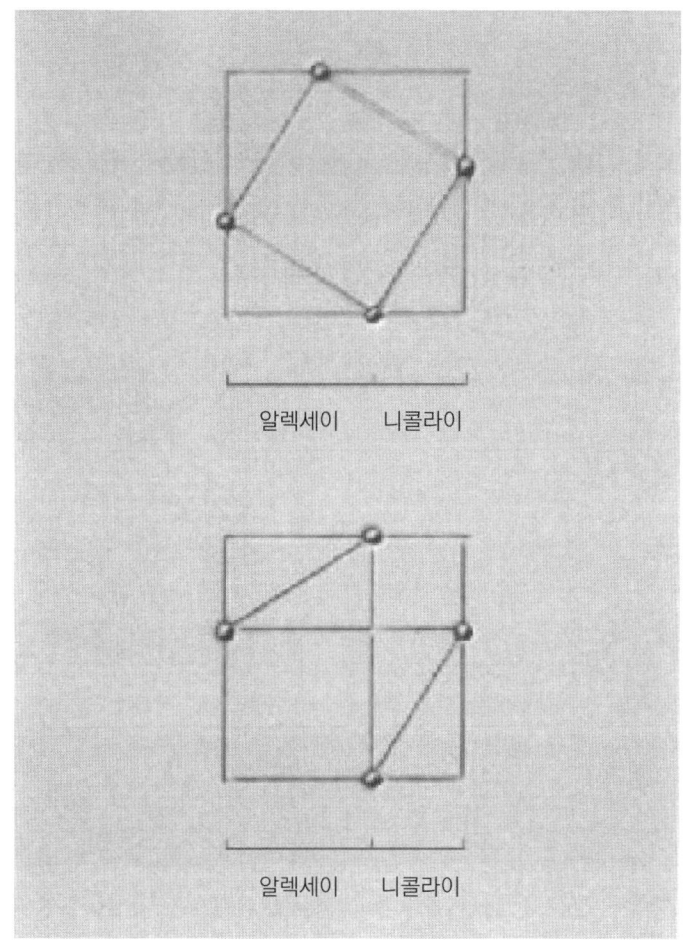

피타고라스의 정리

세이를 변으로 하는 정사각형과 니콜라이를 변으로 하는 정사각형이 남는다. 따라서 피타고라스 정리가 증명되었다.

  이러한 새롭고 성공적인 앎에 고무된 피타고라스의 한 제자는 이렇게 말했다.[3] "수와 수의 성질이 없다면, 존재하는 것들을 분명히 알 수 없을 것이다." 이 말은 피타고라스주의자들의 근본적인 철학의 반영이다. 그들은 "과학"을 뜻하는 그리스어 마테마(mathema)로부터 수학(mathematics)이라는 단어를 만들었다. 이 어원은 수학과 과학이 밀접한 관계임을 보여준다. 그러나 오늘날 수학과 과학은 엄밀히 구분된다. 나중에 보게 되겠지만, 19세기에 이를 때까지도 이 구분이 분명하지 않았다.

이성적인 말과 허튼소리 역시 엄밀히 구분되어야 하는데, 때때로 피타고라스는 이 둘을 구분하지 않았다. 수적인 관계에 대한 피타고라스의 경외심은 그로 하여금 수에 관한 여러 가지 신비적 믿음을 가지게 했다. 그는 최초로 수를 "짝수"와 "홀수"로 나누었으며, 그 둘을 의인화했다. 그는 홀수를 "남성", 짝수를 "여성"이라고 불렀다. 피타고라스는 특정한 수와 관념을 결합시켰다. 예를 들면 1은 이성, 2는 의견, 4는 정의와 결합된다. 그의 사상 체계 안에서 4는 정사각형과 관련되므로, 정사각형은 정의와 연결된다. 우리가 오늘날에도 쓰는 영어 표현, "square deal(정사각형 거래=공정한 거래)"은 이 연결에서 유래했다. 피타고라스의 입장을 고려한 공정한 거래를 하려면, 우리가 수천 년 이후의 입장에서 보기 때문에 천재성과 허튼소리를 구분하기가 쉬워졌다는 사실을 잊어서는 안 될 것이다.

피타고라스는 지도력과 천재성뿐만 아니라 자기 계발 능력도 갖춘 인물이었다. 그는 이집트에서 기하학뿐만 아니라 그리스인으로는 최초로 상형문자를 배웠고, 마침내 종교적 의식에 참여할 자격이 있는 사제가 되었다. 그는 이집트의 모든 신비로운 가르침을 접하고 심지어 신전 안의 지성소에도 들어갈 수 있었다. 피타고라스는 이집트에 최소한 13년 동안 머물렀다. 그가 이집트를 떠난 것은 자발적인 의사가 아니었다 — 이집트를 침략한 페르시아인들이 그를 포로로 잡아갔다. 바빌론에 도착해서 비로소 자유를 얻은 피타고라스는 그들의 수학을 충분히 습득했다. 마침내 그는 50세의 나이에 사모스로 돌아왔다. 귀향할 때의 피타고라스는 그가 가르치기로 결심한 수학과 공간의 철학을 이미 완성한 상태였다. 그에게 필요한 것은 추종자들뿐이었다.

많은 그리스인들은 피타고라스의 상형문자에 대한 지식 때문에 그가 특별한 능력을 가지고 있다고 믿었다. 피타고라스는 자신을 보통 시민들과 다른 존재로 만드는 소문들을 조장했다. 어떤 기이한 이야기에 따르면, 피타고라스가 독사를 물어 죽였다고 한다. 또다른 이야기에 의하면, 도둑이 피타고라스의 집에 들어갔다가 기괴한 광경을 보고는, 본 것을 아무에게도 말하지 않겠다고 다짐하면서 빈 손으로 달아났다고 한다.[4] 피타고라스는 허벅지에 금빛 점이 있었는데, 그는 그 점을 자신의 신성함의 증거로 과시했다. 사모스 사람들은 피타고라스의 설교에 급격히 빠져들지는 않았다. 그리하여 피타고라스는 보다 소박한 지역을 찾아 그리스 식민지인 이탈리아의 도시 크로토네로 이주했다. 그곳에서 그는 추종자들과 함께 자신의 "집단"을 건설했다.

피타고라스를 둘러싼 많은 전설들은 여러 가지 측면에서 훗날의 지도자적 인물인 예수에 관한 전설들과 유사하다. 예수에 관한 몇몇 전설은 피타고라스의 전설에서 영향을 받아 만들어졌다는 사실을 의심할 수 없을 정도이다. 예를 들면 많은 사람들은 피타고라스가 신의 아들 — 아폴론 신의 아들 — 이라고 믿었다.[5] 피타고라스의 어머니는 "파르테니스(Parthenis)"라고 불렸는데, 이 말은 "처녀"를 뜻한다. 이집트로 떠나기 전에 피타고라스는, 예수가 산에서 홀로 철야기도를 했던 것처럼, 카르멜 산에서 은둔생활을 했다. 유대교의 한 분파인 에세네파는 이 전설을 자신들의 이야기로 만들었는데, 이 분파는 훗날의 세례 요한과 연결된다고 전해진다. 또한 피타고라스가 죽음에서 부활했다는 전설도 있는데, 이에 관해서 전하는 다른 이야기에 따르면, 피타고라스가 비밀 지하실에 숨는 속임수를 쓴 것에 불과하다고 한다. 예수가 행했다는 기적과 능력의 많은 부분은 원래 피타고라스의 능력과 기적으로 전해오는 것들이다. 피타고라스는 같은 시각에 두 장소에서 나타나기도 하고, 신적인 목소리로부터 인사를 받기도 하고, 물 위를 걷기도 했다고 전해진다.[6]

피타고라스의 철학 또한 예수의 철학과 유사하다. 예를 들면, 피타고라스도 원수를 사랑하라고 설교했다. 그러나 철학적인 측면에서 피타고라스와 더 유사한 인물은 그의 동시대인인 붓다(기원전 약 560-480)이다. 피타고라스와 붓다는 모두 환생을 믿었다.[7] 이 두 인물은 모두 경우에 따라서 환생이 동물로 이루어질 수도 있다고, 즉 동물 속에 사람의 영혼이 들어갈 수 있다고 믿었다. 따라서 두 사람은 모든 생물에 높은 가치를 부여하여 동물을 제물로 바치는 관습에 반대하고 철저한 채식을 주장했다. 한번은 피타고라스가 개를 때리는 사람을 보고서, 그 개는 그 사람의 옛 친구가 환생한 것이라고 말하면서 말렸다[8]는 이야기가 전해진다.

피타고라스는 소유가 신성한 진리의 추구에 방해가 된다고 생각했다. 당대의 그리스인들은 양털옷을 입기도 했고, 흔히 다채로운 색상으로 물들인 외투를 착용했다. 부유한 사람들은 어깨 위에 망토를 두르고 황금 핀이나 브로치로 고정시켜 부를 과시했다. 피타고라스는 사치를 배격하고, 그의 추종자들이 아마포로 만든 간소한 흰 옷 외에는 어떤 것도 입지 못하도록 했다. 피타고라스주의자들은 돈을 벌지 않고, 크로토네 시민의 기부금이나 집단 구성원이 공동체에 헌납한 재산에 의존하여 생활했다. 피타고라스 집단의 본성을 규정하는 것은 어려운 일이다. 왜냐하면 그 시대, 그 장소의 사람들은 태도와 관습에서 우리와 너무도 다르기 때문이다. 예를 들면, 피타고라스 집단의 사람들이 일반인과 자신들을 구분하는 여러 방법들 중에는, 공공장소에서 소변을 보지 않는 것과 타인들 앞에서 성행위를 하지 않는 것도 있었다.[9]

비밀을 지키는 것은 피타고라스 집단 내에서 중요한 의미가 있었는데, 이는 아마도 피타고라스 자신이 이집트의 사제들에게서 비밀스러운 의식을 경험한 것에서 기인하는 것 같다. 혹은, 반발을 일으킬 수 있는 혁명적 사상을 노출함으로써 생길지도 모르는 문제를 피하려는 의도에서 기인한 것일 수도 있다. 피타고라스의 발견 중의 하나는 지켜야 할 비밀이 되었는데, 전하는 이야기에 따르면, 피타고라스는 죽음을 벌로 내걸어 그 비밀의 누설을 금했다고 한다.

단위 정사각형의 대각선의 길이[10]를 묻는 문제를 회상해보라. 바빌로니아인들은 소수점 여섯째 자리까지의 값을 계산했다. 그러나 피타고라스주의자들은 그 계산으로 만족할 수 없었다. 그들은 정확한 값을 원했다. 그 값도 모른다면, 정사각형 내부의 공간에 관해서 무엇을 안다고 주장할 수 있겠는가? 점점 더 나은 근사값을 얻었지만 그 어떤 값도 정확한 답이 아니라는 것이 문제였다. 하지만 피타고라스주의자들은 쉽게 단념하지 않았다. 그들은 그 수가 도대체 존재하는가라는 질문을 던질 만큼의 상상력을 가지고 있었다. 그들은 그 수가 존재하지 않는다는 결론을 내리고, 뛰어난 독창성으로 이를 증명했다.

오늘날 우리는 그 값이 2의 제곱근이며 무리수라는 것을 안다. 이는 그 수를 유한한 소수점 이하 자릿수를 가지는 십진수 형태로 표기할 수 없다는 뜻이다. 다시 말해서, 그 수는 피타고라스주의자들이 알고 있는 유일한 수인 정수나 분수로 나타낼 수 없다. 대각선의 길이를 나타내는 수가 존재하지 않는다는 피타고라스주의자들의 증명은 실제로 그 수를 분수로 나타낼 수 없다는 증명이었다.

 피타고라스는 명백히 문제에 부딪혔다. 정사각형의 대각선의 길이를 어떤 수로도 나타낼 수 없다는 것은, 모든 것은 수라고 설교한 선지자에게 매우 난처한 일일 수밖에 없다. 피타고라스는 그의 철학을 바꾸어야 하는 것일까? 참으로 불가사의한 몇몇 기하학적 크기는 예외이고 나머지 것들만이 수라고 주장해야 할까?

 만일 그 대각선의 길이에 이름을 붙였다면, 예를 들면 d라고, 또는 더 훌륭하게 $\sqrt{2}$라고 명명하기만 했다면, 피타고라스는 실수(real number) 체계의 발명을 여러 세기 앞당길 수 있었을 것이다. 또한 데카르트의 좌표혁명도 선취할 수 있었을 것이다. 왜냐하면 새로운 종류의 수를 나타내기 위해서 수직선을 발명해야 했을 것이기 때문이다. 그러나 피타고라스는 기하학적 도형과 수를 결합하는 전도가 유망한 작업을 시도하지 않고, 어떤 길이는 수로 표현될 수 없다고 결론지었다. 피타고라스주의자들은 그런 길이를 알로곤("비율이 아님[not a ratio]")이라고 불렀다. 우리는 오늘날 이 말을 "무리(irrational)(무리수 = irrational number)"로 번역한다. 그런데 알로곤이라는 단어에는 "말할 수 없음"이라는 뜻도 있다. 피타고라스는 자신이 처한 곤경을 벗어나기 위해서 정당화하기 힘든 독단을 폈다. 그는 그의 추종자들이 이 끔찍한 역설을 누설하는 것을 금지했다.[11] 그러나 모든 사람이 그의 명령을 따른 것은 아니다. 전하는 바에 따르면, 그의 추종자 히파수스가 역설을 누설했다. 오늘날에도 많은 사람들이 여러 가지 이유들 — 사랑, 정치, 돈, 종교 ― 로 살해되기는 하지만, 2의 제곱근에 관해서 떠들었다는 이유로 살해되는 일은 없다. 그러나 피타고라스주의자들에게 수학은 종교였다. 침묵의 언약을 어긴 히파수스는 영원히 침묵하게 되었다.

무리수에 반대하는 저항은 수천 년간 지속되었다. 19세기 후반에 독일의 천재 수학자 칸토어가 무리수를 보다 튼튼한 기반 위에 세우자, 그의 옛 스승이자 무리수의 "반대자"인 늙은 고집쟁이 크로네커는 격렬하게 칸토어를 반박했고, 이후 기회가 있을 때마다 칸토어의 앞길을 막았다. 이를 참아낼 수 없었던 칸토어는 실성하여 생의 마지막을 정신치료기관에서 보냈다.[12]

피타고라스의 말년도 불행했다. 기원전 510년경 피타고라스주의자 몇 명이 아마도 동료들을 찾기 위해서 시바리스라는 이웃 도시로 갔다. 어떤 이유인지는 알 수 없지만 그들은 살해되었다. 얼마 후에 시바리스 사람들의 한 무리가 최근 집권한 폭군 텔리스를 피해서 크로토네로 피난해왔다. 텔리스는 그들의 송환을 요구했다. 이때 피타고라스는 그가 지켜온 근본원칙 중 하나를, 즉 정치에 관여하지 않는다는 원칙을 깨뜨렸다. 그는 난민들을 송환하지 않도록 크로토네 사람들을 설득했다. 전쟁이 일어났고, 크로토네가 승리했다. 그러나 피타고라스의 실수는 되돌릴 수 없게 되었다. 이제 그는 정적(政敵)을 가지게 된 것이다. 기원전 500년경 정적들이 피타고라스 집단을 공격했고, 피타고라스는 도피했다. 도피 이후 피타고라스의 삶은 불분명하다. 대부분의 자료는 그가 자살했다고 전하지만, 어떤 자료에 의하면 그가 조용히 여생을 보내고 100세가량에 눈을 감았다고 한다.

피타고라스 집단은 그 공격 이후에도 얼마간 유지되다가 기원전 460년경 두 번째 공격을 받아서 소수만을 제외하고 전원이 몰살당했다.

피타고라스의 가르침은 여러 형태로 기원전 300년경까지 전승되었다. 그의 가르침은 기원전 1세기 로마인에 의해서 부활되어 초기 로마 제국의 주도적인 힘이 된다. 피타고라스주의는 알렉산드리아의 유대교, 저무는 고대 이집트의 종교, 그리고 이미 언급했듯이 기독교 등, 당대의 여러 종교에 중대한 영향을 미쳤다. 기원후 2세기에 피타고라스의 수학은 플라톤이 세운 학교인 아카데미와 결합하면서 새로운 활력을 얻었다. 피타고라스의 지적 후예들은 기원후 4세기에 동로마의 유스티니아누스 황제에 의해서 다시 억압을 받았다. 로마인들은 피타고라스의 철학자 후예들이 기른 긴 머리와 수염을, 그들이 쓰는 아편 등의 약물을, 그리고 당연히 그들의 비기독교 신앙을 싫어했다.[13] 유스티니아누스는 플라톤의 아카데미를 폐쇄하고 철학 교육을 금지했다. 피타고라스주의는 이후에도 몇 세기 더 희미한 빛을 발하다가, 기원후 600년을 전후하여 암흑시대 속으로 사라졌다.

5. 유클리드의 선언

기원전 300년경 지중해 남쪽 해안 나일 강 서쪽 인근에 있는 알렉산드리아에 한 사람이 살고 있었다. 그 사람이 남긴 업적은 『성서』와 경쟁할 만큼의 영향력을 지녔다. 19세기에 이르기까지도 그의 연구는 철학을 일깨우고 수학의 본성을 정의했다. 그 오랜 기간의 대부분 동안 그의 업적은 고등교육의 필수적인 내용이었으며 오늘날에도 여전히 그러하다. 중세 유럽 문명의 부활에 열쇠가 된 것 역시 그의 업적의 재발견이었다. 스피노자가 그를 모방했고, 링컨이 그를 공부했으며, 칸트가 그를 변호했다.[1)]

그 사람의 이름은 유클리드이다. 그의 삶에 관해서는 사실상 아무것도 전해지는 것이 없다. 그가 올리브를 먹었을까? 연극을 관람했을까? 키가 컸을까? 역사는 이런 질문들에 대해서 침묵한다. 우리가 아는 것은, 그가 알렉산드리아에 학교를 세웠으며, 뛰어난 학생들을 가르쳤으며, 유물론을 비웃었고, 꽤 멋진 남자였고, 최소한 두 권의 책을 썼다는 것이 전부이다.[2)] 오늘날 사라지고 없는 한 권은 원추곡선, 즉 평면과 원뿔이 만날 때에 생기는 곡선에 관한 것으로 훗날 천문학과 항해술을 획기적으로 발전시킨 아폴로니우스의 기념비적 연구[3)]의 토대가 되었다.

또 한 권의 유명한 책 『기하학 원본』은 세상에서 가장 널리 읽힌 "책들" 중 하나이다. 『기하학 원본』이 겪은 역사[4)]는 대하소설이 되기에 충분하다. 우선 『기하학 원본』이 책이 아니라 13개의 양피지 두루말이라는 사실을 언급해야 한다. 남아 있는 원본은 전혀 없지만, 후대에 편집

된 여러 가지 사본이 있다. 그러나 이 사본들도 암흑시대 동안에는 거의 완전히 자취를 감추었다. 그런데 처음 4개의 두루말이는 유클리드의 『기하학 원본』 이전에도 있었던 내용이다. 기원전 400년경 히포크라테스라는 학자(의사 히포크라테스와는 다른 사람)가 『기하학 원본』이라는 제목의 작품을 썼는데, 유클리드의 처음 두루말이 4개에 있는 내용들은 거의 대부분 이 작품을 그대로 인용한 것이라고 믿어진다. 『기하학 원본』에 담긴 어떤 내용도 유클리드의 독창적인 창작이라고 보장할 수 없다. 유클리드는 어떤 정리에 관해서도 자신의 창작임을 주장하지 않았다. 그는 자신의 역할이 그리스인들의 기하학 지식을 조직화하고 체계화하는 것이라고 생각했다. 유클리드는 물리적 세계에 기대지 않고 순수한 사유만으로 2차원 공간의 성질을 포괄적으로 설명한 최초의 종합적 기획자이다.

유클리드의 『기하학 원본』이 이룬 가장 중요한 업적은 혁신적인 논리적 방법이다. 첫째, 명시적인 정의를 만들어 용어들을 분명히 함으로써 사람들이 모든 단어와 기호를 서로 동일하게 이해할 수 있도록 한다. 다음으로, 공리 혹은 전제(이 두 용어는 서로 바꾸어 쓸 수 있다)를 명시적으로 밝힘으로써 진술되지 않은 이해나 가정이 사용되지 않도록 한다. 마지막으로, 공리와 앞서서 증명된 정리에 허용된 논리적 규칙만을 적용하여 귀결을 도출한다.

까다롭기 그지없는 방법이다. 왜 모든 세세한 진술을 증명할 것을 고집하는 것일까? 수학은 고층건물과는 달리 단 하나의 수학적 벽돌만 잘못되어도 전체가 무너지는 수직적 구조물이다. 체계 안에서 아주 미미한 오류라도 발견되면, 아무것도 신뢰할 수 없게 된다. 만일 논리적 체계 안에 거짓 문장 하나가 허용되면, 그 문장이 무슨 내용이든 상관없이 그 문장을 이용하여 1이 2와 같음을 증명할 수 있음을 말하는 논리학의 정리가 실제로 있다.[5] 어떤 일화에 의하면, 어느 회의주의자가 논리학자 러셀을 추궁하면서 지금 언급한 치명적인 정리를 반박하려고 했다고 한다. 그 회의주의자가 말했다, "좋아요, 1이 2와 같다고 칠 테니, 이제 당신이 교황이라는 것을 증명해보시오." 러셀은 아주 잠깐 생각하더니 이렇게 답했다. "교황과 나는 둘이다. 그러므로 교황과 나는 하나이다."

모든 진술을 증명해야 한다는 것은, 직관이 비록 값진 길잡이이기는 하지만 증명의 관문을 통해서 걸러져야 함을 뜻한다고 할 수 있다. "직관적으로 당연하다"라는 말은 증명과정에서 용납될 수 없는 정당화이다. 그런 식으로 증명을 진행하기에는, 우리는 너무나도 오류를 범하기 쉬운 존재들이다. 지구의 적도 40,000킬로미터를 털실을 펼쳐서 감는다고 해보자. 그 다음에는 적도의 30센티미터 상공에서 같은 일을 한다. 30센티미터 상공에서 털실을 펼쳐서 지구를 한 바퀴 감으려면 얼마나 많은 실이 더 필요할까? 152미터? 1,520미터? 더 쉽게 생각해보자. 실뭉치를 더 가져다가, 하나는 태양의 표면에 드리우고 하나는 표면 30센티미터 위에 드리워서 태양의 적도를 감는다고 하자. 30센티미터 상공에서 실을 두를 때, 어느 쪽에서 더 많은 실이 필요할까? 지구 위에서 30센티미터 올릴 때일까, 태양 위에서 30센티미터 올릴 때일까? 직관적으로 대부분의 사람들은 태양 위에서 더 많은 실이 필요하다고 생각할 것이다. 그러나 정답은 양쪽에 똑같은 만큼의 실이 더 필요하다는 것이다. $2\pi \times 30$센티미터, 대략 1.9미터가 더 필요하다.

오래 전에 "거래합시다(Let's Made a Deal)"라는 제목의 텔레비전 쇼가 있었다. 도전자 앞에는 커튼으로 가려진 세 개의 무대가 있는데, 그중

한 무대에는 자동차 같은 고가의 상품이 있고, 나머지 두 무대에는 값싼 물건이 있다. 도전자는 한 커튼을 선택하는데, 예를 들면 커튼 2를 선택했다고 해보자. 그러면 사회자는 다른 커튼 중 하나를, 예를 들면 커튼 3을 젖힌다. 커튼 3을 걷자 값싼 물건이 나타났다고 해보자. 그렇다면 상품은 커튼 1이나 커튼 2 뒤에 있는 것이다. 이때 사회자는 도전자에게 선택을 바꿀 — 이 경우 커튼 2에서 커튼 1로 — 의향이 있는지 묻는다. 당신이라면 선택을 바꾸겠는가? 직관적으로 생각하면 선택을 바꾸든 말든 확률은 50 대 50으로 같아 보인다. 만약 당신이 가진 정보가 아무것도 없다면 실제로 그럴 것이다. 그러나 당신은 이미 정보를 가지고 있다. 당신은 당신이 앞에서 무엇을 선택했고 사회자가 어떻게 반응했는지 알고 있다. 첫 선택에서부터 차례대로 모든 가능성을 면밀히 분석하거나, 베이스의 정리(Bayes' Theorem)[6]라고 불리는 공식을 적용하면, 선택을 바꾸는 것이 확률적으로 더 유리함을 알 수 있다. 직관은 실패하고 오직 꼼꼼한 형식적 추론만이 진실을 밝혀주는 사례들은 수학에서 많이 있다.

정확성은 수학적 증명에 요구되는 또 하나의 특성이다. 관측자는 단위 정사각형의 대각선의 길이를 1.4로 측정할 수도 있고, 더 개량된 도구로 1.41이나 1.414로 측정할 수도 있다. 우리는 그 정도면 충분하다고 인정하고 싶어질지도 모른다. 그러나 이런 근사적 측정으로는 그 길이가 무리수라는 것을 영원히 알아낼 수 없을 것이다.

미세한 양적 변화가 커다란 질적 변화를 가져올 수 있다. 복권을 생각해보자. 당첨을 바라는 사람들은 흔히 "하늘을 봐야 별을 따지"라고 말하면서 복권을 산다. 물론 옳은 말이다. 그러나 복권을 사든 사지 않든 당신이 당첨될 확률은 거의 같다는 것도 마찬가지로 옳다. 그런

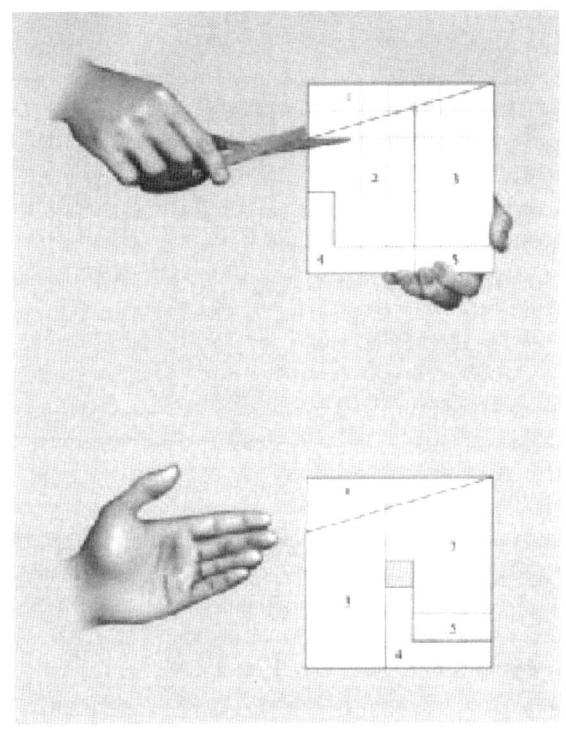

폴 커리의 속임수

데 당신이 당첨될 확률이 0.00001퍼센트에서 0퍼센트로 하향조정되었다고 복권 사업자가 발표한다면 어떤 일이 생길까? 확률의 변화는 아주 미세하지만, 복권 수입에 미치는 영향은 엄청날 것이다.

뉴욕에 사는 아마추어 마술사 커리가 개발한 속임수[7](위의 그림 참조)는 양적으로 미세한 변화가 일으키는 커다란 효과를 보여주는 좋은 기하학적 실례이다. 7×7개의 작은 정사각형 격자 무늬가 있는 커다란 정사각형 종이가 있다. 이 정사각형을 그림과 같이 다섯 조각으로 자른 후에 재배열한다. 결과는 원래의 것과 같은 크기이면서 한가운데 격자 하나가 빈 "정사각형 도넛"이다. 사라진 격자는 어떻게 된 것일까? 정사각형과 정사각형 도넛의 면적이 같다는 증명이 이루어진 것일까?

자른 조각들을 재배열할 때에 약간씩 겹쳐졌다는 것이 해답이다. 그러니까 새 도형은 일종의 속임수, 또는 더 좋은 말로 근사값이라고 할 수 있다. 새 도형의 맨 위에서 두 번째 격자열은 실제로 약간 더 길어서 새 도형의 높이는 원래 도형보다 $1/49$ 더 크다 — 이것은 사라진 격자를 설명할 수 있는 정확한 크기이다. 그러나 우리가 2퍼센트의 오차를 감수하면서 측정할 수밖에 없다면, 두 도형의 차이를 알 수 없을 것이고, 따라서 정사각형과 "정사각형 도넛"의 면적이 같다는 마술적인 결론을 받아들일 수밖에 없을 것이다.

이런 작은 편차는 실제 공간 이론에서도 중요한 역할을 할까? 고전적 뉴턴 이론으로 설명할 수 없는 수성의 근일점 편차[8]는, 아인슈타인이 휘어진 공간의 이론인 혁명적인 일반 상대성 이론을 만들게 된 결정적인 계기였다. 뉴턴 이론에 따르면 행성들은 완벽한 타원 궤도를 움직인다. 행성이 태양에 가장 가깝게 다가가는 지점을 **근일점**(perihelion point)이라고 부르는데, 만일 뉴턴 이론이 정확하다면 행성의 근일점은 매년 동일할 것이다. 1859년 파리에서 르베리에는 수성의 근일점이 미세하게 — 실질적인 효과가 없을 만큼 — 100년에 38초만큼 이동한다는 사실을 발견했다고 발표했다. 아무리 작다고 할지라도 편차의 원인을 찾아야만 했다. 르베리에는 그 편차가 "천문학자들이 주목해야 할 중대한 문제"라고 말했다. 1915년 아인슈타인은 수성의 궤도를 계산하기에 충분할 만큼 자신의 이론을 발전시켰고, 그 이론이 근일점 편차를 설명한다는 것을 발견했다. 전기작가 페이스에 의하면, 그것은 "그가 과학자로서 경험한 생애의 절정이었다. 그는 너무 감격하여 3일 동안 일을 할 수 없었다." 아주 작은 것이었는데도 그 편차는 고전 물리학의 몰락을 요구했던 것이다.

유클리드의 목표는 자신의 체계에서 직관에 근거한 무의식적인 가정이나 추측이나 부정확성을 추방하는 것이었다. 그는 23개의 정의와 5개의 공리와, 그가 "일반 관념"이라고 부른 5개의 부가적인 공리를 제시했다.[9] 이들을 토대로 그는 465개의 정리 ― 실질적으로 당대의 기하학적 지식 전부이다 ― 를 증명했다.

유클리드가 정의한 용어들 중에는 점, 선(그의 정의에서는 곡선일 수도 있다), 직선, 원, 직각, 표면, 평면 등이 들어 있다. 이 용어들 중 일부를 그는 매우 정확하게 정의한다. 유클리드에 따르면, 평행선들은 "한 평면에 있으면서 양쪽 방향으로 무제한 연장되며 어느 방향에서도 서로 만나지 않는 직선들"이다.

원은 "한 선(즉 곡선)으로 이루어진 평면도형으로, 원의 내부에 있는 한 점 ― 그 점을 중심이라고 부른다 ― 에서 원 위로 그은 모든 직선들이 서로 같다." 직각의 정의는 이러하다. "직선과 직선이 만나서 이루어진 인접한 두 각의 크기가 서로 같다면, 두 각은 직각과 같다."

유클리드의 다른 몇 가지 정의들, 예를 들면 점이나 선의 정의는 불분명하고 거의 무용하다. 직선은 "점들로 이루어진 곧은 선"이라고 정의되었다. 이 정의는 건설업계에서 유래한 것이 아닌가 생각된다. 건설 현장에서 사람들이 한 눈을 감고 선의 끝에 서서 선이 곧은지 바라보는 모습을 연상시킨다. 이 정의를 이해하려면 이미 직선을 직관적으로 알고 있어야만 한다. 점은 "부분이 없는 것"이라는 정의 역시 거의 무의미한 정의들 중의 하나이다.

유클리드가 제시한 일반 관념들은 보다 훌륭하다. 이들은 기하학적 명제들이 아니라[10] 논리적 명제들로, 유클리드는 이들이 전형적인 기하학 명제인 공리와는 다른 상식이라고 생각했던 것으로 보인다. 이보다 앞서서 아리스토텔레스도 같은 구분을 했다. 이 직관적인 가정들을 명시적으로 밝힘으로써 유클리드는 사실상 공리를 더 도입하고 있지만, 그는 아마도 이들을 순수한 기하학 명제와 구분해야 한다고 느꼈던 것 같다. 이런 명제들을 진술할 필요가 있음을 생각했다는 것 자체가 유클리드의 생각의 깊이를 보여준다.

1. 둘 다 세 번째 것과 같은 두 개의 것은 서로 같다.
2. 같은 것에 같은 것을 더하면 합은 같다.
3. 같은 것에서 같은 것을 빼면 나머지는 같다.
4. 서로 일치하는 것들은 서로 같다.
5. 전체는 부분보다 크다.

이 예비적인 명제들 외에 5개의 공리들이 유클리드 기하학의 기초가 되는 기하학적 내용을 이룬다. 처음 4개의 공리들은 간단하고 충분히 명쾌하게 표현된다.

1. 임의의 두 점이 있으면, 그 두 점을 끝점으로 하는 한 개의 선분을 그을 수 있다.
2. 임의의 선분은 어느 방향으로나 무제한으로 연장될 수 있다.
3. 임의의 점에 대해서, 그 점을 중심으로 해서 임의의 반지름으로 원을 그릴 수 있다.
4. 모든 직각은 같다.

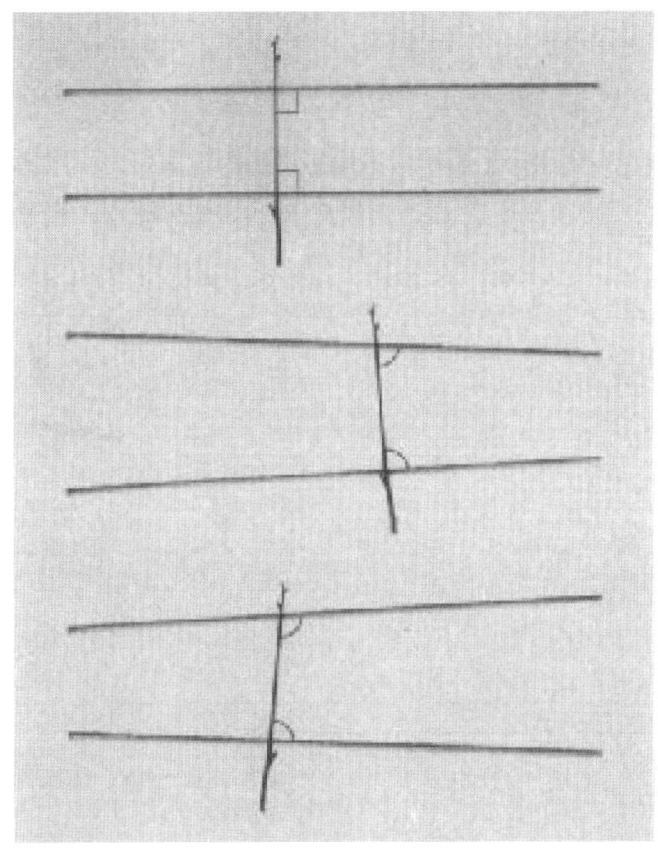

유클리드의 평행선 공리

공리 1과 2는 우리의 경험과 일치하는 듯이 보인다. 우리는 한 점에서 다른 점까지 선분을 그을 줄 안다고 느끼며, 공간의 끝에서 장벽에 도달하여 직선을 더 이상 연장할 수 없는 경험을 해본 적이 없다. 유클리드의 세 번째 공리는 약간 더 미묘하다—이 공리는, 원을 그리기 위해서 반지름을 나타내는 선분을 움직여도 그 선분의 길이가 변하지 않도록 공간상의 거리가 정의되었다는 것을 함축한다. 네 번째 공리는 간단하고 자명해 보인다. 그러나 직각의 정의를 회상해보면 이 공리 역시 미묘함을 알 수 있다. 직각은, 한 직선이 다른 직선과 만나면서 교차점에서의 인접각이 서로 같도록 만날 때에 만들어지는 각이다. 우리는 물론 두 직선이 그렇게 만나는 것을 많이 보아왔다. 한 직선이 다른 직선과 수직으로 만날 때에 교차각은 양쪽 모두 90도인 것이다. 그러나 정의만 보면 반드시 그렇다고 할 수 없다. 심지어 정의에는 각이 항상 같은 수가 된다는 것조차 명시되어 있지 않다. 두 직선이 어떤 특정 지점에서 만나면 교차각이 90도이고, 다른 지점에서 만나면 다른 값이 되는 세상을 우리는 상상할 수 있다. 그러므로 모든 직각은 같다는 공리는 이런 일이 생길 수 없음을 단언하는 것이다. 다시 말해서 이 공리는 직선이 어느 부분에서나 같은 모양이라는 것을, 즉 일종의 곧음 (straightness) 조건을 말하고 있는 것이다.

유클리드의 다섯 번째 공리는 **평행선 공리**라고 부르며 다른 공리들과는 달리 직관적이지도 자명하지도 않다. 이 공리는 유클리드가 수집한 기존의 것이 아니라 그 자신의 창작이다. 그러나 되도록이면 이 공리를 사용하지 않으려고 애썼던 것으로 보아 그가 이 공리를 좋아하지 않았다는 것을 추측할 수 있다. 후대의 수학자들도 이 공리를 좋아하지 않았다. 그들은 이 공리가 공리로서는 너무 복잡하다고, 증명 가능한 정리가 되어야 한다고 생각했다. 유클리드의 원래 표현과 유사하게 표현하면 그 공리는 다음과 같다.

5. 두 직선을 가로지르는 선분이 있어서, 선분을 기준으로 같은 쪽에 있는 교차각 내각의 합이 두 직각보다 작으면, 두 직선은 결국 (그쪽에서) 만난다.

평행선 공리는 한 평면에 있는 두 직선이 서로 가까워지는지, 평행한지, 혹은 멀어지는지를 알 수 있게 해준다. (51쪽의) 그림을 보면 쉽게 이해할 수 있다.

평행선 공리와 동치인 다양한 명제들을 만들 수 있다. 그중 이 공리가 우주에 관해서 무엇을 말하는지를 특히 분명하게 보여주는 명제로 다음을 들 수 있다.

한 직선과 한 외부점(직선 위에 있지 않은 점)이 있을 때, 그 외부점을 지나면서 주어진 직선에 평행인 직선은 (같은 평면 위에) 오직 한 개 있다.

평행선 공리를 위반하는 방법은 두 가지이다. 평행선이 전혀 없는 경우, 그리고 한 외부점을 통과하는 평행선이 하나 이상인 경우이다.

● ■ ▲

종이에 직선을 그리고 직선 외부에 점 하나를 찍어보라. 그 점을 통과하는 평행선을 그을 수 없는 경우가 있을까? 하나 이상의 평행선을 그릴 수 있을까? 평행선 공리는 우리의 세계를 기술하는 것일까? 평행선 공리를 위반하는 기하학이 수학적으로 일관적일 수 있을까? 마지막 두 질문은 결국 이성적 사고의 혁명을 가져왔다. 앞의 질문은 우리의 우주관을, 뒤의 질문은 수학의 의미와 본성에 관한 우리의 앎을 혁명적으로 바꾸었다. 하지만 2,000여 년의 세월 동안 유클리드의 제5공리가 표현한 "사실"— 단 하나의 평행선이 있다는 사실 — 만큼 보편적으로 인정된 것은 인류 학문의 어느 분야에서도 찾아보기 어렵다.

6. 아름다운 여인, 도서관, 문명의 종말

유클리드는 알렉산드리아에서 활동했으며 결국 불행한 운명을 맞은 여러 세대의 학자들 중에서 첫 번째 위대한 수학자였다. 그리스 본토 북부에서 사는 마케도니아인들은 기원전 352년 필리포스 2세의 지휘하에 그리스 세계를 정복하고 통일하기 시작했다.[1] 아테네의 지도자들은 결정적인 패배를 당한 후인 기원전 338년 필리포스에게 유리한 평화조약을 맺었다. 이 조약은 사실상 그리스 도시국가들의 식민지화를 의미했다. 불과 2년 후에 필리포스 2세는 자신의 동상을 올림포스의 새로운 신으로 공개하는 국가적 행사에 참여하던 중에 호위병의 칼에 찔려 사망했다. 당시 스무 살이던 아들 알렉산드로스가 알렉산드로스 대왕이라는 호칭으로 왕위에 올랐다.

 알렉산드로스는 학문에 큰 가치를 두었다. 이는 아마도 그가 기하학을 중시하는 인문적 교육을 받았기 때문일 것이다. 그는 다른 문화들을 존중했다. 그러나 그들의 독립은 존중하지 않았던 것 같다. 그는 곧 그리스의 나머지 지역과 이집트와, 인도에까지 이르는 근동 지방을 정복했다. 그는 스스로 페르시아 여인과 결혼하면서 국제결혼과 문화교류를 장려했다. 알렉산드로스는 모범을 보이는 것만으로는 부족했는지, 마케도니아의 지도층 시민들에게 페르시아 여인들과 결혼할 것을 명령했다.[2]

 기원전 332년 세계시민 알렉산드로스는 제국의 중앙에 호화로운 수도 알렉산드리아를 건설하기 시작했다. 그는 마치 월트 디즈니처럼, 치밀하게 구획하고 "계획한" 거대 도시를 꿈꾸었다. 그 도시는 문화와 상업과 행정의 중심지가 되어야 했다. 알렉산드로스는 도로 구획에서조차 수학적인 질서를 추구했던 것 같다. 건축가들은 1800년이 더 지나서 개발된 좌표기하학을 예견하기라도 하듯이 격자 무늬를 이루도록 도로를 닦았다.

알렉산드로스는 착공 이후 9년 만에 원인을 모르는 질병으로 도시의 완성을 보지 못한 채 사망했다. 그의 제국은 분열되었지만, 알렉산드리아는 마침내 완성되었다. 마케도니아의 전직 장군인 프톨레마이오스가 제국의 이집트 부분을 넘겨받은 후, 알렉산드리아는 그리스의 수학, 과학, 철학의 중심지가 되었다. 이리하여 알렉산드리아는 기하학의 발전을 위한 좋은 토양이 되었다. 그후 프톨레마이오스의 아들인 프톨레마이오스 2세가 권력을 계승하여 알렉산드리아에 거대한 도서관 겸 박물관을 건설했다. 박물관(museum)이라는 명칭은 그 건물이 일곱 명의 뮤즈(muse)에게 봉헌되었기 때문에 붙여졌다. 그러나 그 건물은 실제로 연구기관이었다. 국가에 의해서 운영된 세계 최초의 연구기관이었던 셈이다.

프톨레마이오스의 후손들은 책을 소중히 여겨서 조금 색다른 방식으로 책을 구하기도 했다. 구약성서의 최초 그리스어 번역본을 소장하기를 원했던 프톨레마이오스 2세는 70명의 유대인을 파로스 섬의 감옥에 감금시켜 공동번역을 추진했다. 프톨레마이오스 3세는 세계의 모든 지배자들에게서 책을 빌려다가 반환하지 않고 간직했다.[3] 어쨌든 이런 공격적인 도서 수집은 성공적이었다. 알렉산드리아 도서관은 최소 20만 개에서 최대 50만 개 — 기록에 따라 차이가 있다 — 의 파피루스 두루말이를 소장하게 되었다. 이는 당대 전 세계 지식의 거의 전부에 해당한다.

도서관 겸 박물관은 알렉산드리아를 타의 추종을 불허하는 세계적 지성의 중심지로 만들었다. 과거 알렉산드로스의 제국에 속한 전 지역의 위대한 학자들이 알렉산드리아에서 기하학과 공간을 연구했다. 오늘날 연구소들을 평가해서 순위를 매기는 언론기관이 역사 전체로 조사범위를 넓힌다면, 알렉산드리아는 뉴턴의 케임브리지 대학교나, 가우스의 괴팅겐 대학교나, 아인슈타인의 프린스턴 고등 연구소를 제치고 당당히 1위를 차지할 것이다. 유클리드의 뒤를 이은 모든 수학자와 과학자가 이 믿기 어려운 도서관에서 연구했다고 해도 과언이 아니다.

알렉산드리아 도서관의 책임자였던 키레네 출신의 에라토스테네스[4]는, 평생 수백 킬로미터 이상을 벗어나본 적이 없는 사람일 것임에도 불구하고, 기원전 212년 최초로 지구의 둘레의 길이를 측정했다. 그의 계산 값은 주위의 동료들에게, 그들의 문명이 지구의 아주 작은 부분만을 알고 있다는 사실을 일깨워줌으로써 커다란 반향을 일으켰다. 상인들과 탐험가들과 공상가들이 머리를 맞대고 아마도 이런 종류의 질문을 나누지 않았을까 생각된다. "바다 저편에도 지적인 생명체가 있을까?" 에라토스테네스의 업적에 비길 만한 오늘날의 업적을 찾는다면, 태양계의 끝이 우주의 끝이 아님을 발견하는 것 정도가 될 것이다.

에라토스테네스는 멀리 여행하지 않고도 지구에 관한 놀라운 통찰을 얻었다. 아인슈타인과 마찬가지로 에라토스테네스도 기하학을 적용하여 성공을 이루었던 것이다. 그는 하지 정오에 시에네(오늘날의 아스완)라는 도시에서 막대기를 수직으로 세우면 그림자가 생기지 않는다[5]는 것을 알고 있었다. 이것은 지면에 수직인 막대기가 태양의 광선과 평행함을 뜻한다. 이를 표현하기 위해서 지구를 구로 나타내고 구의 중심에서 직선을 긋는다면, 구면과 만나는 지점은 시에네를 나타내고, 구의 외부로 연장된 직선은 태양의 광선과 평행할 것이다. 이제 시에네를 떠나서 지구의 표면을 움직여 알렉산드리아로 가자. 다시 한번 지구의 중심에서 알렉산드리아를 나타내는 구면 위의 점을 향해서 직선을 긋는다. 이 직선은 태양의 광선과 평행하지 않다. 직선은 태양의 광선과 일정한 각을 이루며 만나고, 따라서 그림자가 생긴다.

에라토스테네스는 알렉산드리아에서 측정한 그림자의 길이와, 두 평행선을 가로지르는 직선에 관한 『기하학 원본』 속의 정리만을 이용하여, 시에네와 알렉산드리아 사이의 원호가 지구의 원주 전체에서 차지하는 비율이 얼마인지 계산할 수 있었다. 그가 알아낸 비율은 1/50이었다.

에라토스테네스는 아마도 최초로 대학원생 조교를 고용하여 두 도시 사이를 걸어서 거리를 측정하도록 했다. 조교는 대략 800킬로미터라고 충실하게 보고했다. 에라토스테네스는 이를 50배로 늘려서 지구의 둘레가 40,000킬로미터라는 결론을 내렸다. 이 값은 실제 값과 오차가 4퍼센트에 불과하다. 에라토스테네스에게는 노벨상을, 800킬로미터를 걸어간 무명의 조교에게는 도서관 정규 연구원직을 수여하기에 충분한 놀랍도록 정확한 측정값이 아닐 수 없다.

우주의 이해에 크게 기여한 알렉산드리아의 학자는 에라토스테네스 외에도 많이 있다. 천문학자인 사모스 출신의 아리스타르코스는 독창적이고 약간은 복잡한 방법으로 삼각법(trigonometry)과 단순한 천체 모형을 결합하여 달의 크기와 지구로부터의 거리를 계산했다. 이를 통해서 그리스인들은 다시 한번 우주 속에서의 그들의 위치에 대한 새로운 관점을 획득했다.

알렉산드리아로 끌려든 별들 중에는 아르키메데스도 있었다. 시칠리아 섬의 도시 시라쿠사에서 태어난 그는 왕립 수학학교에서 공부하기 위해서 알렉산드리아로 왔다. 돌이나 목재로 바퀴를 만들어 주위 사람들을 경탄케 한 천재가 누구였는지 우리는 모르지만, 지렛대를 만든 천재[6]가 누구였는지는 안다 — 바로 아르키메데스이다. 그는 또한 부력의 원리를 발견했으며, 그밖에 물리학과 공학에 많은 기여를 했다. 수학 분야에서는, 그의 업적에 힘입어 당대의 수학이, 1,800년 후에 기호대수학과 분석기하학이 나옴으로써 비로소 극복될 정도의 높은 수준에 이르렀다.

아르키메데스의 수학적 업적 가운데 하나는, 뉴턴과 라이프니츠의 작업과 크게 다르지 않은 방식으로 미적분학을 완성한 것이다. 당대에는 데카르트의 좌표기하학이 없었다는 것을 생각하면 더욱 놀라운 업적이 아닐 수 없다. 그는 미적분학의 방법으로 자신이 이룬 최대의 성취가 원기둥에 내접한 구(즉 반지름의 길이가 원기둥의 반지름 및 높이와 같은 구)의 부피가 원기둥 부피의 $2/3$이라는 발견이라고 생각했다. 그는 이 발견을 매우 자랑스럽게 여겨서,[7] 원기둥에 내접한 구의 그림을 묘비에 새겨줄 것을 원했다.

로마가 시라쿠사를 침공했을 때에 75세의 아르키메데스는 모래 위에 도형을 그리며 연구하다가 한 로마 병사에 의해서 죽임을 당했다. 그의 묘비에는 그가 원했던 그림이 새겨졌다. 100여 년 후에 로마의 웅변가 키케로가 시라쿠사에 왔다가 성문 근처에 있는 아르키메데스의 무덤을 발견했다. 돌보지 않은 무덤은 가시덤불과 찔레로 덮여 있었다. 키케로는 그 무덤을 복원했다. 안타깝게도 오늘날에는 아르키메데스의 무덤을 찾을 길이 없다.

천문학 또한 기원전 2세기의 히파르코스의 업적과 기원후 2세기의 프톨레마이오스의(동명의 왕족과는 관계가 없다) 업적 등에 힘입어 알렉산드리아에서 절정기를 맞았다.[8] 히파르코스는 35년 동안 천체를 관찰하고 자신의 관찰과 바빌로니아에서 온 자료를 종합하여, 태양계의 기하학적 모형을 만들었다. 그 모형에서는, 당대에 알려진 다섯 행성 및 태양과 달이 모두 지구를 중심으로 합성된 원 궤도를 그리며 돈다. 히파르코스는 지구에서 관측되는 태양과 달의 움직임을 매우 정밀하게 분석하여 두세 시간 정도의 오차로 월식을 예측할 수 있었다. 프톨레마이오스는 히파르코스의 연구를 다듬고 확장하여 『알마게스트(Almagest)』라는 저술을 남겼다. 이 작품은 천체의 운동을 이성적으로 설명하는 플라톤의 기획의 완성이며 코페르니쿠스 이전까지 천문학의 정신을 주도했다.

프톨레마이오스는 『지리학 안내(Geōgraphikē Hyphḗgēsis)』라는 제목으로 땅 위의 세계를 기술하는 저술도 남겼다.[9] 지도 제작술은 고도로 수학적인 기술이다. 왜냐하면 지도는 평면이고 지구는 거의 구면인데, 면적과 각도를 모두 유지하면서 구면을 평면으로 옮기는 방법이 없기 때문이다. 『지리학 안내』는 지도 제작이라는 어려운 문제를 처음으로 다룬 작품이다.

기원후 2세기에는 수학, 물리학, 지도 제작술, 공학 등의 모든 분야가 이미 커다란 진보를 이룬 상태였다. 사람들은 물질이 원자라는 눈에 보이지 않는 작은 조각들로 이루어졌음을 알고 있었으며, 논리학과 증명과 기하학과 삼각법, 그리고 일종의 미적분학을 개발했다. 천문학은 우주가 아주 오래되었다는 것과, 우리가 구면 위에 산다는 것을 밝혀냈다. 사람들은 심지어 그 구면의 크기도 알고 있었다. 우리는 우주 속에서 우리의 위치를 깨닫기 시작했던 것이다. 행진이 시작될 준비가 되어 있었다. 오늘날 우리는 다른 태양계가 겨우 수십 광년 떨어진 곳에 있다는 것을 안다. 만일 이 황금시대가 방해 없이 지속되었다면, 지금쯤 우리는 다른 태양계에 탐사선을 보냈을지도 모른다. 우리는 1969년이 아닌 969년에 달에 착륙했을지도 모른다. 우리는 오늘날의 상상을 훨씬 뛰어넘는 정도로 우주와 생명을 이해하게 되었을지도 모른다. 그러나 그리스에서 시작된 진보를 1,000년이나 지연시킨 사건들이 일어났다.

중세의 지적 몰락의 원인에 대한 글은 아마도 알렉산드리아 도서관이 넘칠 만큼 많이 쓰였다. 간단한 대답은 없다. 예수가 태어나기 이전 두 세기 동안 프톨레마이오스 왕조는 기울기 시작했다. 프톨레마이오스 12세는 기원전 51년 사망하면서 왕국을 아들과 딸에게 공동으로 물려주었다. 그러나 기원전 49년에 아들이 내란을 일으켜서 권력을 독점했다. 순종하는 유형의 여자가 아니었던 딸은 비밀리에 로마 제국으로 가서 억울함을 호소했다(당시 프톨레마이오스 제국은 형식상 독립적이었지만 이미 로마의 지배하에 있었다). 카이사르와 클레오파트라의 연애는 그렇게 시작되었다. 클레오파트라는 카이사르의 아들을 낳았다고 주장했다. 카이사르는 이집트의 막강한 동맹자가 되었다. 그러나 동맹은 카이사르 자신과 함께 불운을 맞이했다. 기원전 44년 3월 15일, 23명의 원로원 회원들이 칼을 들고 카이사르를 덮쳐 살해한 사건 이후, 카이사르의 조카의 아들 옥타비아누스가 집권하여 이집트와 알렉산드리아를 로마의 통치 아래에 복속시켰다.

그리스를 정복한 로마인들은 그리스 유산의 관리자가 되었다. 로마인들은 세계의 대부분을 정복했고, 그 과정에서 많은 기술적, 공학적 문제들에 부딪혔지만, 로마의 황제들은 알렉산드로스나 프톨레마이오스와는 달리 수학을 지원하지 않았으며, 로마 문화는 피타고라스, 유클리드, 아르키메데스 같은 수학적인 두뇌를 낳지 못했다. 로마가 기원전 750년에 시작되어 1,100년이라는 기록적인 기간을 존속했지만, 역사에 남은 로마인 수학자나 로마인이 증명한 정리는 단 하나도 없었다. 거리 측정은 그리스인들에게 닮은 삼각형과 합동인 삼각형, 시차(視差), 기하학 등과 연관된 수학적 과제였다. 한편, 로마의 어느 교과서에는[10] 적들이 반대편 기슭을 점령했을 때에 강폭을 측정할 수 있는 방법을 묻는 문제가 있다. "적들"— 수학적으로 의미 있는 개념인지는 미지수이지만, 이 개념은 로마인들의 사고에서 중심을 차지했다.

로마인들은 추상적인 수학에 무지했고, 이를 자랑스러워했다. 키케로의 말을 들어보자. "그리스인들은 기하학자를 최고로 존경했다. 따라서 그리스에서는 수학이 가장 눈부신 발전을 이루었다. 그러나 우리는 이 기술이 측정하고 셈하는 데에만 유용하다는 한계를 지녔다는 것을 확인했다." 우리는 로마인들에 대해서 이렇게 말해야 할 것 같다. "로마인들은 전사(戰士)를 최고로 존경했다. 따라서 로마에서는 약탈과 강간이 가장 눈부신 발전을 이루었다. 그러나 우리는 이 기술이 세계를 정복하는 데에만 유용하다는 것을 확인했다."

로마인들이 전적으로 야만적이었던 것은 아니다. 그들도 글을 썼다. 심지어 전문적인 학술서적들을 그들의 라틴어로 쓰기도 했다. 하지만 이 책들은 그리스의 지식을 보다 열등하게 옮겨놓은 것에 불과하다. 예를 들면, 유클리드를 라틴어로 번역한 중심인물은 유서 깊은 귀족 집안 출신의 원로원 의원인 보에티우스[11]인데, 그는 오늘날의 「리더스 다이제스트(Reader's Digest)」 편집인을 맡으면 적격일 사람이다. 그가 요약 정리한 유클리드의 책은, 객관식 시험을 준비하는 학생들에게 적당할 듯한 형태이다. 오늘날의 관점에서 보면 그 번역은 『멍청이들을 위한 유클리드』라는 제목으로 출간되든지, 아니면 텔레비전 광고에 전화 주문 상품으로 올려야 할 수준이었지만, 당대에는 권위 있는 번역이었다.

보에티우스는 정의와 정리만을 기록했으며, 정확한 값 대신에 근사값을 넣는 것에도 아무런 거리낌이 없었던 것으로 보인다. 이 정도는 양호한 편이다. 어떤 부분에서 그는 내용을 완전히 틀리게 이해한다. 보에티우스는 그리스 사상을 오역한 대가로 채찍질을 당하거나, 십자가에 못박히거나, 장대에 묶여 불태워지는 등, 중세의 지식인들에게 내려진 여러 유명한 형벌을 당하지는 않았다. 그의 몰락은 정치적인 이유 때문이었다. 524년 그는 동로마 제국과 "반역적 계약"을 했다는 죄목으로 참수되었다. 그냥 수학의 질을 떨어뜨리는 일에나 계속 종사했으면 차라리 좋았을 뻔한 인물이었다.

당대의 지적 범죄행위를 보여주는 전형적인 책들 가운데 한 권은 많은 여행을 한 어느 알렉산드리아 상인에 의해서 저술되었다. 그 로마인은 이렇게 말한다. "지구는 평평하다. 사람이 거주하는 지역은 직사각형 모양인데, 직사각형의 길이가 폭보다 두 배 길다……북방에는 원뿔 모양의 산이 있어서 해와 달이 그 주위를 돈다." 그의 저술 『기독교인의 지리학(Topographia Christiana)』[12]은 이성과 관찰이 아닌 『성서』를 기반으로 한 작품이다. 맛있는 로마 포도주를 마시며 훑어보기에 적당한 이 책은 로마인들이 역사에서 사라진 지 이미 오래인 12세기까지도 인기도서 목록에 올라 있었다.

알렉산드리아 도서관에서 연구한 마지막 위대한 학자의 이름은 히파티아이다. 그녀는 역사에 남은 최초의 여류 학자[13]이기도 하다. 그녀는 테온이라는 유명한 수학자 겸 철학자의 딸로 기원후 370년에 태어났다. 테온은 딸에게 수학을 가르쳤다. 딸은 아버지의 협력자가 되었고 결국에는 아버지를 완전히 능가했다. 히파티아가 가르친 초기 제자들 중 한 명인 다마스키오스 — 훗날 그는 맹렬한 비판자가 되었지만 — 는 그녀가 "본성적으로 아버지보다 더 재능이 있고 훌륭하다"고 썼다. 그녀가 맞은 운명과 그 운명의 의미에 관해서는 수세기에 걸쳐서 다양한 저자들이 논의했다. 볼테르도, 『로마 제국 쇠망사(The History of the Decline and Fall of the Roman Empire)』[14]를 쓴 에드워드 기번도 그녀에 대해서 언급했다.

5세기가 시작될 무렵 알렉산드리아는 기독교 중심지 중의 한 곳이었다. 이 때문에 교회 지도자들과 국가 지도자들 간에 거센 권력 싸움이 발생했다. 그 시기의 알렉산드리아에는 기독교인과 비기독교인 — 예를 들면 그리스의 신플라톤주의자나 유대교인 — 사이의 분쟁과 소란이 자주 일어났다. 391년 기독교인 군중들이 알렉산드리아 도서관을 공격하여 거의 전체를 불태웠다.

412년 10월 15일,[15] 알렉산드리아의 기독교 대주교가 죽었다. 그의 조카인 키릴로스가 뒤를 이었는데, 이 사람은 주로 권력에 굶주리고, 일반적으로 평판이 나쁜 사람이었다고 전해진다. 당시의 세속적 권력을 쥔 사람은 412년에서부터 415년까지 알렉산드리아 총독 겸 이집트의 민정 책임자를 지낸 오레스테스라는 인물이었다.

히파티아는 기독교 교회를 통하지 않고, 플라톤과 피타고라스까지 거슬러 올라가는 지적인 전통을 계승했다. 어떤 기록에 따르면, 그녀는 자발적으로 아테네에서 공부할 것을 선택했고, 그곳에서 최고의 학생에게 수여되는 월계관을 받았으며, 돌아온 후에는 공식 석상에 등장할 때마다 그 월계관을 썼다고 한다. 그녀는 두 권의 유명한 그리스 서적에 대한 주석서를 썼다고 전해진다. 한 권은 디오판토스의 『산학(*Arithmetica*)』이며, 다른 한 권은 아폴로니오스의 『원뿔곡선론(*Conic Sections*)』이다. 이 두 권의 책은 오늘날에도 읽혀진다.

매우 아름다웠고 대단히 설득력 있는 웅변가였다고 전해지는 히파티아는 많은 청중 앞에서 아리스토텔레스와 플라톤에 관한 강연을 하곤 했다. 다마스키오스의 말에 따르면, "도시 전체가 그녀에게 반했고, 그녀를 숭배했다."[16] 그녀는 매일 해질녘에 마차에 올라 아카데미에 있는 강당으로 달려갔다. 고급스럽게 치장된 강당에는 그리스의 화가들이 그린 그림이 있는 둥근 천장 밑에 향유로 밝혀진 등잔이 허공에서 흔들렸다. 흰 가운을 입고 월계관을 쓴 히파티아는 유창한 그리스어로 수많은 군중들을 사로잡았다. 수많은 학생들이 로마, 아테네 등 제국의 대도시로부터 그녀에게로 몰려들었다. 로마인 총독 오레스테스도 그녀의 강연을 들었다.

오레스테스는 히파티아의 친구이자 동지가 된다. 둘은 자주 만나 강연에 관해서뿐만 아니라 정치와 도시의 행정에 관해서도 토론했다. 히파티아는 오레스테스와 키릴로스의 분쟁에서 명백히 한쪽 편을 들게 된 것이다. 히파티아의 많은 제자들이 알렉산드리아 안팎의 고위직을 차지하고 있었으므로, 키릴로스는 그녀를 커다란 위협으로 생각했을 것이다. 키릴로스와 추종자들이, 그녀는 사악한 마술을 부리고 시민들에게 악마의 주문을 거는 마녀라는 소문을 퍼뜨렸지만, 히파티아는 과감하게 강연을 계속했다.

그후 일어난 일에 대해서 여러 가지 기록들이 있지만,[17] 대부분은 유사한 내용을 담고 있다. 415년 사순절 기간 중 어느 날 아침에 히파티아는 마차에 올랐다. 어떤 기록은 그녀의 집 앞이었다고 하고, 또 어떤 기록은 거리에서 집으로 돌아가는 중이었다고 한다. 외딴 수도원에서 동원된 수백 명의 기독교 수도사들이 키릴로스의 앞잡이가 되어 그녀를 덮치고, 때리고, 교회로 끌고 갔다. 교회 안에서 그들은 그녀를 발가벗기고, 날카롭게 다듬은 기와나 도자기 조각으로 그녀의 살을 도려냈다. 이어서 그녀의 사지를 절단한 후, 시체를 전부 불태웠다. 다른 기록에 의하면, 그녀의 몸에서 도려낸 조각들이 도시 전역에 널렸다고 한다.

히파티아의 저술들은 모두 폐기되었다. 얼마 후에 도서관의 남은 부분 역시 파괴되었다. 오레스테스는 알렉산드리아를 떠났고, 그후 역사의 문헌에서 사라진다. 이후의 제국 관리들은, 바라던 권력을 움켜쥔 키릴로스와 손을 잡았다. 키릴로스는 성자(聖者) 칭호까지 받았다.

최근에 이루어진 연구에 따르면,[18] 역사 전체를 통틀어 평균적으로 300만 명에 1명꼴로 기억할 만한 수학자가 나왔다고 한다. 오늘날에는 전 세계가 연구업적을 공유할 수 있다. 그러나 원시적인 필기구로 고통스럽게 두루말이를 직접 베끼는 것이 전부였던 4세기에는, 책이 없어지면 연구업적 자체도 멸종위기를 맞은 종(種)의 목록에 올라갈 수밖에 없었다. 알렉산드리아 도서관에서 20만 개 이상의 두루말이가 불탈 때, 혹시 바빌로니아와 그리스의 수학적 보물이 사라졌는지, 사라졌다면 어떤 보물이 사라졌는지 우리는 알지 못한다. 우리가 아는 것은, 그 도서관에 소포클레스의 희곡 100편이 있었는데, 오늘날에는 그의 작품이 단 7편 남아 있다는 사실뿐이다. 히파티아는 그리스 과학과 이성의 화신이다. 그녀의 죽음으로 그리스 문명의 죽음이 도래했다.

기원후 476년을 전후로 로마가 멸망하자 유럽은 거대한 석조 신전과 극장과 저택을 유산으로 받았고, 가로등이나 온수 시설이나 쓰레기 시설 같은 현대적 편의시설도 유산으로 받았지만, 정신적인 측면에서는 거의 아무것도 받지 못했다. 800년경에는 유클리드의 『기하학 원본』의 라틴어 번역본 일부만이 남아 있었다.[19] 측량에 관한 글에 함께 묶인 그 조각글에는 공식들과 실용적 근사값들만이 들어 있으며, 어떤 깊은 숙고의 흔적도 없었다. 그리스의 추상과 증명의 전통은 사라진 것처럼 보였다. 이슬람 문명이 찬란하게 성장하는 동안, 유럽은 깊은 지성적 퇴보의 길을 미끄러져 내려갔다. 그리하여 유럽이 맞은 이 시기를 암흑시대(Dark Ages)라고 부른다.

그리고 마침내 그리스 사상이 재건된다. 『기독교인의 지리학』 같은 부류의 책들의 인기가 떨어지고, 보에티우스의 번역을 대신한 더 믿을 만한 번역들이 등장한다. 중세 말기에 일군의 철학자들이, 페르마, 라이프니츠, 뉴턴 등의 위대한 17세기 수학자들이 나타날 수 있는 토양을 일구었다. 그 철학자들 중의 한 명은 공간에 관한 우리의 이해 및 기하학에 일어난 두 번째 혁명의 중심에 있다. 그의 이름은 르네 데카르트이다.

제2부

데카르트 이야기

당신은 공간 속에서
어디에 있는가?
수학자들이 어떻게 철학과 과학의
웅장한 진보를 가져온
그래프와 좌표의 원리를
발견했는가?

7. 위치의 혁명

당신은 당신이 어디에 있는지 어떻게 아는가? 이 질문은 아마도 공간이 있다는 것을 의식한 후에 곧바로 제기되는 자연스러운 질문일 것이다. 지도를 보면 답할 수 있다고 생각할 수 있을 것이다. 그러나 그것은 대답의 시작일 뿐이다. 제대로 된 위치의 이론을 위해서는 "캘러머주를 찾으려면 F3을 보시오" 정도의 단순한 진술 이상의 심오한 생각이 필요하다.

위치를 규정한다는 것은 한 지점에 이름을 붙이는 것 이상의 일이다. 외계인이 지구에 착륙했다고 상상해보자. 산소를 호흡하는 고집 센 대머리 외계인이어도 좋고, 산화질소를 아주 좋아하는 털북숭이 원숭이 외계인이어도 좋겠다. 지구인과 외계인이 서로 의사소통을 하고 싶어한다. 이때 마침 외계인이 사전을 가져왔다면 참 좋을 것이다. 그런데 사전만 있으면 될까? 당신이 생각하는 양호한 의사소통이 "나 타잔, 너 제인" 수준이라면 사전만으로 충분하겠지만, 은하계 간의 사상 교류를 할 정도가 되려면 우리는 서로의 문법도 배워야 할 것이다. 수학에서도 마찬가지로 "사전" — 평면, 공간 또는 구면의 점들을 명명하는 체계 — 은 시작에 불과하다. 위치 이론의 참된 위력은, 서로 다른 위치와 궤적과 도형을 서로 연관시키고 등식을 적용하여 조작하는 능력에 있다 — 즉 기하학과 대수학을 결합하는 능력에 있다.

오늘날에는, 오래된 어느 교과서에 나오는 문구가 말하는 대로,[1] "비교적 적은 노력으로도 학생들이 이 기술을 이해하고 익힐 수 있다." 위대한 천문학자 겸 물리학자인 케플러나 갈릴레오가 좌표기하학을 가지고 있었다면, 얼마나 더 위대한 업적을 이루었을지 우리는 상상하기 어렵다. 그들은 좌표기하학 없이 연구해야 했다. 좌표기하학을 가지고 있었던 그들의 후예 뉴턴과 라이프니츠는 미적분학과 새로운 물리학을 창조했다. 만일 기하학과 대수학이 결합되지 않았다면, 현대 물리학과 공학의 발전은 거의 불가능했을 것이다.

위치의 혁명으로 향하는 조짐은 증명의 혁명과 마찬가지로 그리스 초기에 지도가 발명되면서 등장했다. 그리스인들이 몇 가지 세부적인 개량을 이루었음에도 불구하고, 문명의 종말은 연구를 미완성으로 남게 했고, 역량을 집결되지 못하게 했다. 위치 혁명으로 가는 다음 단계는 그래프의 발명이었는데, 이 발명은 암흑시대에 이어서 일어난 지적 전통의 부활 이후에 이루어졌다. 마침내 혁명의 기운은 1,000여 년을 거슬러 올라가 위대한 그리스의 수학자들과 지도 제작자들의 마지막 세대의 뒤를 밟았다.

8. 위도와 경도의 기원

누가 언제 어떤 목적으로 지도를 처음 만들었는지는 알 수 없다. 우리가 아는 것은, 알려진 가장 오래된 지도들[1] 가운데 일부는, 이집트인들이 기하학을 발명하게 된 동기와 같은 동기로 만들어졌다는 사실이다. 기원전 2300년경에 만들어진 이 단순한 점토판 지도들에는, 기호 설명이나 종교적 헌사가 새겨져 있는 것이 아니라, 재산세에 관한 메모가 새겨져 있었다. 기원전 2000년경 이집트와 바빌론에서는 부동산의 경계와 소유자 등의 정보를 기록한 부동산 지도가 흔히 사용되었다. 보석으로 치장한 메소포타미아의 여인이 손에 든 점토판의 무게 때문에 약간 경직된 목소리로 점토판 한 곳을 손가락으로 가리키면서 고대 언어로 진지하게 다음과 같이 말하는 모습을 상상할 수 있다. "이 지점, 이 지점, 또 이 지점[을 사겠어요]."

용감한 사람들이 점점 더 많이 대양을 향한 탐험에 나서기 시작하면서, 지도 제작의 주목적은 보다 생명에 직결된 문제로 바뀐다. 오랜 옛날도 아닌 1915년에 섀클턴 경의 선박 인듀어런스 호가 남극의 겨울 바다에서 좌초했을 때, 선원들을 덮친 최대의 위협은 시속 320킬로미터에 가까운 바람도 영하 40도에 달하는 추위도 아니라, 돌아갈 길을 찾을 수 없다는 것이었다. 항해가들과 탐험가들이 대양에서 통과해야 할 절체절명의 시험은 길을 잃지 않는 것이다. 아무런 정보도 얻지 못한 채 어느 해안에 상륙한다고 가정해보자. 당신에게는 어떤 항해 장비도 없지만, 도움을 청하기 위해서 사용할 수 있는 무전기가 있다고 가정하자. 구조자들에게 당신의 위치를 어떻게 말할 수 있을까?

지구의 표면 위에 있는 당신의 위치를 나타내기 위해서 우리가 오늘날 사용하는 두 개의 좌표는 위도와 경도이다. 위도와 경도를 이해하기 위해서 구면 한 개와 직선 두 개, 그리고 점 세 개를 생각해야 한다. 먼저 공간에 떠 있는 구면을 생각하라. 당연히 이 구면은 지구를 나타낸다. 다음으로 세 개의 점을 놓는데, 하나는 지구의 북극에, 또 하나는 지구의 중심에, 마지막 하나는 구면 위의 임의의 자리에 놓는다. 이제 두 직선을 긋는데, 하나는 지구의 북극과 중심을 연결해서 긋고 — 이 직선이 지구의 자전축이다 — 다른 하나는 지구의 중심과 구면 위에 놓은 점을 연결해서 긋는다. 이렇게 하면 두 직선 사이에 일정한 각이 생길 것이다. 바로 이 각의 크기가 위도를 결정한다.

 위도의 발상은 원래 고대의 기후학자이기도 했던 아리스토텔레스에게서 나왔다. 그는 지구 위에서의 위치가 기후에 어떤 영향을 주는지를 연구한 후에, 기후권을 남북 방향의 위치에 따라서 다섯 개로 구분할 것을 제안했다. 마침내 지도에 이 기후권들이 도입되었다. 이 기후권들은 일정한 위도선에 따라서 구분되어 있다. 아리스토텔레스의 이론이 함축하는 것처럼, 우리는 기후를 통해서, 최소한 평균적으로, 위도를 알 수 있다 — 지구는 양극에서 가장 춥고, 적도에 가까워질수록 점점 따뜻해진다. 물론 어떤 특정한 날에는 스톡홀름이 바르셀로나보다 더 따뜻할 수도 있기 때문에, 오랜 기간 동안 죽치고 앉아서 온도를 측정할 마음이 없다면, 이 방법이 실용적이라고 할 수 없을 것이다. 위도를 알아보는 보다 나은 방법은 별을 관찰하는 것이다. 지축을 연장한 선 위에 있는 별을 찾으면, 이 방법이 특히 간단해진다. 그런 조건을 만족하는 북반구의 별이 있는데, 우리는 그 별을 북극성이라고 부른다.

 북극성이 항상 북극의 연장선 위에 있었던 것은 아니다.[2)] 왜냐하면 지구의 자전축은 별들을 기준으로 했을 때에 정확히 고정되어 있지는 않기 때문이다. 지구의 자전축은 폭이 좁은 원뿔을 그리면서 2만6,000년에 한 바퀴씩 회전한다. 고대 이집트의 어떤 거대한 피라미드들의 통로는 알파-드라코니스 별의 궤적과 나란한 방향으로 나 있다. 그 피라미드들이 건설될 때는 알파-드라코니스가 북극의 연장선에 있었던 것이다. 고대 그리스인들의 사정은 더 나빴다 — 당시에는 북극의 연장선에 있는 별이 없었다. 앞으로 1만 년이 지나면 북극성을 찾는 것이 아주 쉬워질 것이다. 그때에는 북반구 하늘에서 가장 밝은 별인 베가(Vega)가 북극성이 되기 때문이다.

당신이 지구 위에서 북극성과 북쪽 지평선을 바라본다면, 당신의 두 시선이 이루는 각이 근사적으로 당신의 위도가 된다는 것을 간단한 기하학으로 증명할 수 있다. 위도를 근사적으로만 알 수 있는 이유는, 북극성이 정확히 지구의 자전축 위에 있고, 북극성까지의 거리를 생각했을 때에 지구의 반지름을 무시해도 된다고 가정하고 계산했기 때문이다. 둘 다 인정될 수 있는 가정이지만, 정확한 사실은 아니다. 뉴턴은 1700년에 이 원리를 이용해서 관측과 위도의 측정을 용이하게 하는 도구인 육분의(六分儀)를 발명했다. 노련한 뱃사람들은 막대기 두 개를 각도기처럼 사용하는 고전적인 방법으로 위도를 측정하기도 한다.

경도를 알아내는 것은 더 어렵다. 상상 속에서 지구보다 훨씬 더 큰 구면을 만들고 그 구면의 중심에 지구를 놓아라. 커다란 구면 위에 별들이 있다고 상상하자. 만약 지구가 자전하지 않는다면, 당신은 큰 구면에 그려진 별들의 지도를 보고 당신의 경도를 알 수 있을 것이다. 그러나 지구가 자전하기 때문에, 어느 순간 당신이 바라본 별들의 지도는, 잠시 후에 당신에게서 서쪽으로 약간 떨어져 있는 사람이 본 별들의 지도가 된다. 정확히 말하자면, 지구가 24시간에 360도를 회전하므로, 당신의 서쪽으로 15도 떨어진 곳에 있는 관찰자가 한 시간 후에 당신이 지금 보는 별 지도를 보게 된다. 적도 위에서 15도의 차이는 대략 1,600킬로미터의 거리에 해당한다. 동위도상의 두 지점에서 찍은 별 사진이 있더라도, 촬영시각이 나타나 있지 않으면, 경도에 관해서는 아무것도 알 수 없다. 한편, 같은 날, 같은 시각에 동위도상의 두 지점에서 찍은 별 사진을 비교한다면, 두 지점의 경도 차이를 알아낼 수 있다. 하지만 이렇게 하기 위해서는 시계가 필요하다.

18세기에 이르기까지, 배가 항해할 때에 생기는 움직임이나 온도 변화, 염분이 많고 습한 공기에 견디면서 경도의 측정에 사용할 만큼 충분히 정확한 시계가 만들어지지 않았다. 시계가 정확해야 한다는 것은 괜한 요구사항이 아니다. 하루에 3초의 오차[3]가 생기는 시계를 믿고 6주일 동안 항해하면 ½도 이상의 경도 오차가 발생한다. 또한 19세기까지 경도는 여러 다양한 관습에 의해서 정의되었다. 마침내 1884년 10월,[4] 경도 측정에서 기준이 되는 한 개의 경선이 경도 "0"인 선으로 대부분의 세계인들에 의해서 합의되었다. 그 "제1경선"은 런던 외곽의 그리니치 왕립 천문대를 지나는 경선이다.

그리스인들이 만든 최초의 세계지도는 탈레스의 제자인 아낙시만드로스에 의해서 기원전 550년경에 만들어졌다. 그의 지도는 세계를 유럽과 아시아, 두 부분으로 나누었다. 그의 지도에서 아시아는 북부 아프리카까지 포함한다. 기원전 330년경 그리스인들은 동전에 지도를 새기기도 했다. 그중 어떤 것은 지도에 고도가 표현되어 있어서 "알려진 최초의 물리적 입체지도"라고 이야기된다.

많은 기념비적인 업적을 남긴 피타고라스주의자들은 지구가 둥글다고 주장한 최초의 사람들이기도 했던 것으로 보인다. 지도 제작에 결정적으로 중요한 이 생각은 다행스럽게도, 에라토스테네스가 지구의 둘레를 측정하기 위해서 구형을 모형으로 함으로써 이 생각을 간접적으로 증명하기 이전에도, 플라톤과 아리스토텔레스의 지지를 받았다. 아리스토텔레스가 세계를 기후권들로 구분할 것을 제안한 후, 히파르코스는 기후권들을 같은 간격으로 배열하고 남북을 잇는 수직선을 덧붙이는 것을 생각해냈다. 플라톤과 아리스토텔레스로부터 대략 5세기 후이며, 에라토스테네스로부터 4세기 후인 프톨레마이오스 시대에, 기후권을 가르는 선과 덧붙여진 수직선에 "위선(위도)"과 "경선(경도)"이라는 이름이 부여되었다.

프톨레마이오스는 그의 저술 『지리학 안내』에서 입체투사(stereographic projection)와 유사한 방식으로 지구를 평면에 나타낸 것으로 보인다. 위치를 규정하기 위해서 그는 위도와 경도를 좌표로 도입했다. 그는 그가 알고 있는 모든 지점 — 모두 8,000곳 — 에 좌표를 부여했다. 그의 책에는 지도 제작 요령도 들어 있다. 『지리학 안내』는 수백 년 동안 표준적인 참고 문헌이었다. 기하학과 마찬가지로 지도 제작술도 현대를 향해서 행진할 준비를 갖추었던 것이다. 그러나 지도 제작술도 기하학과 마찬가지로 로마의 지배하에서 한 걸음도 진보하지 못했다.

로마인들은 지도를 만들었지만, 강 건너에 있는 적들에게 초점을 맞춘 기하학 문제와 마찬가지로, 지도 제작 역시 순전히 실용적이고 흔히 군사적인 문제에 핵심을 두었다. 기독교도 군중들이 알렉산드리아 도서관을 파괴했을 때, 『지리학 안내』도 많은 그리스의 수학 서적들과 함께 소실되었다. 로마가 멸망한 후에 등장한 새로운 시대는, 천체들과 그들의 관계에 관해서 무지한 만큼이나, 공간 속의 위치를 표현하는 것에 관해서도 무지했다. 결국 기하학과 지도 제작술은 다시 태어나고 새로운 위치 이론에 의해서 혁명을 맞게 된다. 이 혁명이 일어나기에 앞서서 커다란 과제가 완수되어야 했다. 서양 문명의 지성적 전통이 부활되어야만 했던 것이다.

9. 폐허가 된 로마의 유산

때는 8세기 후반이었다. 그리스의 위대한 업적과 전통은 잊혔고, 시계와 나침반은, 우리에게 "우주전함 엔터프라이즈 호"가 그런 것처럼, 아직 먼 미래의 일이었다. 침대나 차가운 바닥에 몸을 눕히고, 추위에 떨거나 더위에 땀을 흘리면서 잠들기를 기다리는 동안, 당대의 사람들은 이런 불평을 늘어놓지는 않았다. "내가 지식의 탐구를 부활시키지 않으면, 지적인 퇴보와 정체의 시대는 거의 1,000년 동안 개선되지 않을 거야." 그러나 이 시대에 한 권력자가 더 많은 배움의 필요를 의식했고, 결국 유럽의 지적 전통의 부활을 가져온 작업들에 착수하기 시작했다.

카를 대제 혹은 샤를마뉴[1]는 유전적으로 엄청난 거구였던 것으로 보인다. 그의 유골을 측정해보면 그의 키가 그 시대에는 거인 수준인 192센티미터였음이 증명된다. 754년 교황 스테파누스에 의해서 피핀 1세로 왕위에 오른 그의 아버지는 키 작은 피핀이라고 불렸던 왜소한 사람이었다. 그러므로 샤를마뉴의 덩치는 그의 어머니인 베르타 왕비에게서 왔다고 생각할 수 있다. 그녀의 유골을 측정해보지는 않았지만, 그녀의 별명에서 몸집을 짐작할 수 있다. 그녀의 별명은 "왕발(big foot)"이었다.

샤를마뉴는 모든 면에서 강력했다. 육체도, 지적인 능력도, 그리고 무엇보다도 중요할 만한 것으로 군대가 강력했다.

샤를마뉴는 왕국의 경영철학으로 "담 허물고 옮기기" 철학을 가지고 있었고, 이를 유럽 전체에 적용했다. 그는 롬바르디아, 바이에른, 작센 등 이웃 나라들의 담을 허물어 자신의 프랑크 왕국을 확장했다. 그는 유럽을 주도하는 권력자가 되었고, 원정을 나설 때마다 로마 가톨릭에 깊은 인상을 남겼다. 만약 이것이 전부라면, 샤를마뉴는 세계 정복을 취미로 가졌던 여러 왕들 가운데 한 사람에 불과했을 것이다. 그러나 샤를마뉴는 알렉산드로스의 뒤를 잇는 교육의 후원자였다. 그는 대대로 계속되는 교육자의 부족현상을 의식하고 가장 유명한 교육자들을 그의 왕국에 초빙하고, 더 나아가 그의 왕궁으로 초대했다. 그의 왕궁은 아헨이라는 도시에 있었는데, 그는 이 도시에 왕궁학교를 세웠다. 샤를마뉴는 이 학교에 특별한 관심을 보여, 한번은 라틴어 문제를 틀린 학생을 직접 채찍질하기도 했다. 샤를마뉴가 그 채찍으로 자해도 했는지는 모르지만, 어쨌든 그는 문맹이었다. 글을 배우려고 여러 번 시도했지만 실패했다(채찍질 정도는 당시의 형벌 수준을 볼 때에 준수한 편이다. 예를 들면, 금요일에 고기를 먹으면 사형이었다).

  샤를마뉴의 지배하에서 기독교 교회는 수많은 수도사들을 부리면서 학문을 주도하는 세력이 된다. 대성당이나 수도원에 부속된 교회 학교들이 생겨났다. 이 학교에서 가르치는 선생들은 대개 도미니크 수도회나 프란체스코 수도회 등의 수도회에서 배출되었다. 그들은 사제를 훈련시키고, 귀족을 교육시키고, 고전에 대한 존경심을 회복시켰다. 필사자들은 서고에 있는 원본들 — 교과서, 백과사전, 선집 등 — 을 베껴서 수많은 필사본을 만들기 시작했다. 수도사들은 효율을 높이기 위해서 새로운 필기체를 개발했다. 이 필기체는 카롤링거 소문자(Carolingian miniscule)[2)]라고 불리며 오늘날 우리가 라틴 알파벳을 쓰는 방식의 근간을 이룬다. 샤를마뉴는 건강을 돌보는 데에도 대단히 적극적이었다. 당대의 분위기를 잘 보여주는 일화가 있다. 샤를마뉴는 자신의 장수를 위해서 연금술사들이나 의사들을 주위에 두었던 것이 아니다. 그는 일종의 종교적 공장을 차렸고, 그 안에서 성직자들이 그의 건강을 위한 작업에 전념했다. 샤를마뉴는 한 수도원에 300명의 수도사와 100명의 사제를 두고, 24시간 3교대로 쉬지 않고 그의 건강을 위해서 기도하도록 했다. 그렇게 했어도 그는 죽었다. 때는 814년이었다.

 샤를마뉴의 부흥사업은 독창적인 연구로 거의 이어지지 못했다. 그가 사망하자 왕국은 축소되었고 계승자들은 그의 문화 부흥을 확장하지 않았다. 하지만 문자해독률은 다시는 초기-카롤링거(즉 초기-샤를마뉴) 시대만큼 떨어지지 않았다. 샤를마뉴가 장려한 교회 학교들은, 비록 독자적인 논의가 없는 요새이기는 했지만, 마치 야생화처럼 퍼져나가 마침내 유럽의 대학교들로 바뀌었다. 대부분의 역사가들에 따르면 최초의 대학은 1088년에 세워진 볼로냐 대학교이다. 결국 유럽을 지성적인 세력으로 다시 등장하게 하고, 특히 프랑스를 수학의 중심이 되게 한 것이 바로 이 대학교들이다. 기원후 1000년을 전후해서 암흑시대는 끝난다. 우리가 소위 중세라고 부르는 시대는 그후로도 500년을 더 지속하지만 말이다.

 마침내 유럽인들은 교역과 여행과 십자군 원정을 통해서 지중해와 근동 지역의 아랍인들과, 동로마 제국의 비잔틴 문화와 접촉하게 된다. 십자군의 경우를 놓고 말한다면, 유럽인과 "접촉하는" 것이 대단히 끔찍한 경험이었을 것이다. 유럽인들은 아랍 세계를 약탈하고 이슬람교도와 유대교도를 잔인하게 죽이는 한편, 그들의 지혜에도 욕심을 부렸다. 서양의 수학과 과학이 위축된 것과는 달리, 이슬람 세계는 유클리드와 프톨레마이오스를 비롯한 많은 그리스 작품들의 신뢰할 만한 판본들을 보유하고 있었다. 하지만 그들 역시 추상적인 수학에서는 거의 진보하지 못했다. 그들의 커다란 진보는 계산 분야에서 이루어졌다.

달력과 시계가 종교적인 이유에서 필요했기 때문에 그들은 여섯 개의 삼각함수 모두를 개발했고, 행성이나 항성의 고도를 정확히 관측할 수 있게 해주는 휴대용 설비인 천측구(天測具)를 완성했다.

교회와 세속의 지도자들은 적에 관한 지식을 얻기 위해서, 또는 그리스 작품들의 원본이나 번역본을 얻기 위해서 지식인들을 곁에 두고 지원했다. 바스 출신의 영국인 애덜라드는 12세기 초에 이슬람 학생으로 가장하여 시리아를 방문했다. 후에 그는 유클리드의 『기하학 원본』을 라틴어로 번역했는데, 그의 번역에는 증명들도 포함되어 있었다. 100년 후에 피사 출신의 레오나르도 ― 피보나치라는 이름으로 불리기도 한다 ― 는 북아프리카로부터 0의 개념과, 우리가 오늘날에도 사용하는 인도-아랍식 숫자 체계를 도입했다. 밀려드는 고대 그리스의 지식들이 새로운 대학들을 살찌웠다.

그리스의 황금시대와 유사한 새로운 황금시대를 위한 바탕이 마련된 것이다. 당대의 사람들도 그리스 시대와 자신의 시대를 비교했다. 바톨로메라는 이름의 영국인 수도사는 이렇게 썼다.[3] "과거 아테네가 인문적 예술과 학문의 어머니요, 철학자와 과학자의 산실이었던 것처럼, 오늘날에는 파리가 그러하다……." 그러나 불행히도 현실적인 방해 요인들이 있었다.

최근 (성공적으로) 페르마의 마지막 정리를 연구한 와일스는 조용히 혼자 사색하는 방법에 의존하여 작업했다. 그는 페르마보다 약 350년 이후의 사람이다. 중세 수학의 절정기는 꼭 그 세월만큼 페르마보다 앞선 시기이다. 당시 중세 교수들의 삶에는, 다과가 담긴 수레가 돌아다니는 세미나장도 없었고, 캠퍼스 울타리 안에서의 고요한 시간도 없었고, 식당에서의 성대한 만찬이 포함된 행사에 방문하기 위해서 비행기를 타는 일도 없있다. 유럽의 중세가 에덴 동산이 아니라는 정도는 누구나 안다. 그러나 만일 당신이 삼류 과학소설에 나오는 미친 과학자에게 납치되어 타임머신을 탔는데, 그 과학자가 계기판을 마구 돌린다면, 당신은 13세기나 14세기로는 제발 가지 않기를 두 손 모아 비는 것이 좋을 것이다.

중세의 수학자들은 뜨거운 여름과 얼어붙는 겨울을, 일몰 후에는 난방도 조명도 거의 없는 환경을 견뎌야 했다.[4) 거리에는 멧돼지가 뛰어다니며 쓰레기를 뒤지고, 정육점에서는 도살한 짐승의 피가 흘러나오고, 닭집 앞에는 잘라낸 닭머리가 날아다녔다. 오직 대도시에만 쓰레기 처리시설이 있었다. 심지어 프랑스의 국왕 루이 9세조차도 거리를 지나다가 위에서 내버린 내용물 — 차마 언급할 수 없는 내용물 — 을 뒤집어쓴 일이 있다.

기후를 지배하는 신들도 고약했다. 당시 유럽은 오늘날 우리가 소빙하기라고 부르는 확실히 더 춥고 습한 기간이 시작되는 중이었다.[5) 알프스 지역의 빙하는 8세기 이후 최초로 더 커졌다. 스칸디나비아에서는 얼음 덩어리들이 북대서양 항로를 봉쇄했다. 농업 생산량은 급격히 줄어들고 넓은 지역에 기근이 퍼졌다. 영국에서는 보통사람들이 개, 고양이, 그리고 그밖에 어떤 문헌의 표현을 따르면, "청결하지 않은 것들"을 잡아먹었다. 소수 지배층도 마찬가지로 타격을 입어 말을 잡아먹었다. 어떤 기록에 의하면, 라인 강 유역에 기근이 들었을 때, 마인츠, 쾰른, 슈트라스부르크 등의 교수대 주위에는 시체를 잘라가려는 군중들을 막기 위해서 경비병이 배치되어야 했다고 한다.

1347년 10월, 근동 지방에서 온 한 선단이 시칠리아 섬 북동부에 정박했다. 그들은 항구를 찾기에 충분한 기하학 지식을 갖추고 있었으나, 결정적으로 의학적 지식이 부족했다. 선원들은 모두 죽었거나 죽어 가고 있었다. 선원들은 격리되었다. 그러나 쥐들은 사방으로 퍼져서 유럽 해안에 흑사병을 상륙시켰다. 1351년경이 되면 유럽 인구의 절반 정도가 흑사병에 희생된다. 피렌체의 역사가 빌라니는 이렇게 기록했다. "그것은 가랑이와 겨드랑이가 부어오르는 질병이었다. 환자는 피를 뱉어내고 3일 안에 죽는다……많은 지역과 도시가 폐허가 되었다. 그 전염병은 ___까지 계속되었다." 빌라니는 전염병이 사라진 후에 채워넣으려고 보고문의 마지막 부분을 공백으로 남겨두었다. 조금 으스스해지더라도 이후의 일을 듣고 싶은가? 빌라니는 1348년 흑사병으로 사망했다.

    대학도 이 비참한 상황으로부터 자유롭지 못했다.[6] 대학 캠퍼스의 개념은 아직 존재하지 않았다. 대학 건물이라는 것조차 없었다. 학생들은 공동 숙소에서 생활했고, 교수들은 주택이나 교회, 심지어 유곽을 임대하여 그곳에서 강의했다. 주거용 건물과 마찬가지로 교실에도 난방과 조명이 거의 없었다. 어떤 대학들은 대단히 중세적인 운영체계를 채택했다. 즉 교수들이 학생들로부터 직접 급료를 받았던 것이다. 볼로냐에서는 학생들이 교수를 임용하고 해고했으며, 교수가 정당한 사유 없이 결근하거나 태만할 때, 또는 어려운 질문에 대답하지 못할 때, 벌금을 물렸다. 강의가 재미없거나, 너무 느리거나, 너무 빠르거나, 또는 그저 잘 안 들리거나 하면, 학생들은 야유를 보내고 물건들을 집어 던지기도 했다. 라이프치히에서는 교수에게 물건을 던지는 행위를 금하는 학칙이 필요하다는 결론이 내려지기도 했다. 대학 관계자가 신입생에게 오줌을 퍼붓는 것을 금한다는 법령이 독일에서 명시적으로 제정된 것이 1495년이었다. 수많은 도시에서 대학생들이 시민들과 패싸움을 벌였다. 유럽 전역의 교수들은 학생들의 난잡한 행동을 관리하는 책임을 떠맡아야 했다.

당시의 과학은 종교와 미신과 초자연적인 믿음이 고대의 지식과 섞인 잡탕이었다.[7] 점성술과 기적에 대한 믿음이 널리 퍼져 있었다. 심지어 토마스 아퀴나스 같은 위대한 학자도 마녀의 존재를 확신했다. 시칠리아의 지배자 프리드리히 2세는 1224년에 나폴리 대학교를 세운다. 이 대학교는 성직자가 아닌 사람이 세우고 운영한 최초의 대학교이다. 과학에 빠져든 프리드리히는 도덕적 논란을 무릅쓰고 때때로 인체실험을 했다.[8] 어떤 실험에서 그는 죄수 두 명에게 같은 양의 기름진 음식을 충분히 먹였다. 그는 죄수 하나를 자게 하고, 다른 하나를 혹독한 사냥터에 보냈다. 그후 그는 두 죄수의 배를 갈라 누가 음식을 더 잘 소화시켰는지 관찰했다(잠을 잔 죄수가 더 잘 소화시켰다는 결과가 나왔다. 잠들기 전에 감자칩을 즐겨 먹는 사람들이 두 손 들어 반길 만한 실험 결과이다).

시간 관념은 모호했다.[9] 14세기까지도 어렴풋하게나마 시각을 아는 사람이 아무도 없었다. 사람들은 낮을 태양이 머리 위로 움직이는 것을 기준으로 열두 간격으로 나누어 한 시간을 정했다. 이렇게 나눈 시간은 계절에 따라서 길이가 변했다. 북위 51.5도에 있는 런던에서는 6월의 낮의 길이가 12월보다 두 배가 길다. 따라서 중세의 한 시간은 오늘날의 38분에서 82분 사이였다. 기록에 의하면, 동일한 간격으로 종을 울린 최초의 시계는 1330년대에 밀라노의 성 고타르드 교회에 처음 생겼다. 파리에 생긴 최초의 공개적인 시계는 왕궁의 탑에 있는 것으로 1370년에 만들어졌다(이 시계는 팔레 가[街] 모퉁이에 오늘날에도 있다).

짧은 시간 간격을 정확하게 측정하는 기술은 존재하지 않았다. 속도 같은 변화율들은 대략적으로만 수량화될 수 있었다. 초와 같은 기초 단위는 중세의 사유에서 거의 쓰이지 않았다. 대신에 연속적인 양을 어떤 "정도"의 크기로 표현하거나, 둘을 놓고 비교하는 방법으로 크기를 표현했다. 예를 들면 은덩어리가 닭 한 마리 무게의 3분의 1이라든지, 쥐 한 마리 무게의 두 배라는 표현이 사용되었다. 수의 비율에 관한 중세의 가장 권위 있는 책이 보에티우스의 『산술학(*Arithmetica*)』이었음을 감안하면, 이런 계량체계를 더욱 납득하기 어려워진다. 보에티우스는 비율을 나타내기 위해서 분수를 사용한 일이 없기 때문이다. 중세의 학자들은 양을 나타내는 비율을 수로 간주하지 않았기 때문에, 수에 적용하는 계산법을 비율에 적용할 수 없었다.

지도 제작술 역시 원시적이었다.[10] 중세의 지도는 정확한 공간적이고 기하학적인 관계를 묘사하려는 의도로 만들어지지 않았다. 지도들은 기하학적인 원리에 따라서 작성되지 않았고, 축척의 관념도 거의 없었다. 지도들은 대개 상징적이고, 역사적이고, 장식적이고, 종교적이었다.

정신의 발전을 막은 이 모든 장애요인들에 앞서서 가장 큰 장애요인은 보다 직접적인 제약이었다. 중세의 학자들은 『성서』가 글자 그대로 진리임을 받아들이라는 가톨릭 교회의 요구에 따라야 했다. 교회는 쥐 한 마리, 파인애플 한 개, 파리 한 마리조차도 신이 계획한 목적을 위해서 존재하며, 그 목적은 오직 『성서』를 통해서만 알 수 있다고 가르쳤다. 다른 주장을 펴는 것은 위험한 일이었다.

교회가 이성의 부활을 두려워한 데에는 그럴 만한 이유가 있었다. 만일 성서가 신적인 영감에 의해서 쓰인 것이라면, 자연과 도덕에 관한 성서의 권위는 절대적으로 신앙되어야 한다. 그러나 성서는 때때로 관찰과 수학적 논증으로 도출한 자연의 개념과 충돌했다. 그러므로 교회는 대학을 키움으로써 그들의 의도와는 달리 자연과 도덕에 관한 교회의 권위가 무너지는 것에 기여한 셈이다. 그러나 교회는 그들의 권위가 손상되는 것을 곁에 서서 방관하지는 않았다.

● ■ ▲

중세 후기의 주된 자연철학적 흐름은 새로운 대학들, 특히 옥스퍼드와 파리에 중심을 둔 스콜라 철학[11]이었다. 정신적인 대립을 막고자 했던 스콜라 철학자들의 주된 노력은 그들의 물리학적 이론과 종교를 화해시키는 데에 있었다. 그들의 철학의 중심 물음은 우주의 본성에 관한 것이 아니라, 성서에 주어진 지식이 이성을 통해서도 도출되거나 설명될 수 있는가라는 "메타-질문"이었다.

최초의 위대한 스콜라 철학자는 논리적인 추론이 참을 결정하는 방법이라고 주장했다. 그는 12세기에 파리에 살았던 아벨라르이다. 중세 프랑스에서 그런 입장을 택한다는 것은 위험한 일이었다. 아벨라르는 파문당하고 그의 저술들은 불태워졌다. 가장 유명한 스콜라 철학자 토마스 아퀴나스도 이성을 옹호했으나, 그는 교회가 수용할 만한 학자였다. 아퀴나스는 참된 신앙인의 자세로 연구에 임했다. 혹은 다만 자신의 저술들이 추운 겨울 밤 둥글게 모인 수도사들이 지피는 모닥불의 땔감이 되는 것을 원하지 않았던 것인지도 모른다. 그는 추론이 이끄는 대로 따라가는 대신에, 가톨릭 신앙에 진리가 선언되었음을 인정하고 그 진리를 증명하려고 했다.

아퀴나스는 교회의 저주를 받지는 않았지만, 동시대의 스콜라 철학자인 로저 베이컨의 전면적인 공격을 받았다. 베이컨은 실험에 매우 큰 가치를 둔 최초의 자연철학자들 중의 한 사람이다. 아벨라르가 성서

보다 이성을 더 중시해서 문제를 일으켰다면, 베이컨의 이단행위는 물리적 세계의 관찰에서 얻은 진리에 강조점을 둔 것이었다. 그는 1278년 투옥되어 14년을 복역했으며, 출옥 직후에 사망했다.

옥스퍼드에 있었고 후에 파리로 옮긴 프란체스코 수도사 오컴은 오늘날의 물리학에서도 여전히 타당한 미학적 지침인 "오컴의 면도날"로 유명하다. 오컴의 면도날은 간단히 말해서 다음과 같다. 임기응변적인 가정이 가장 적은 이론을 추구하라. 예를 들면, 끈 이론(string theory)의 여러 동기들 가운데 하나는, 전자의 전하량, "기본 입자"의 개수(그리고 유형), 공간의 차원의 개수 등의 근본 상수들을 도출하는 것이었다. 이전의 이론들에서 이 상수들은 항상 공리적이었다 — 이론에서 도출되는 것이 아니라 이론의 구성요소로 포함되었다. 수학에서도 같은 미학적 지침이 적용된다. 예를 들면, 기하학 이론을 만들 때, 학자들은 필요한 공리를 최소화하려고 노력한다.

오컴은 프란체스코 수도회와 교황 요한 22세 사이의 분쟁에 휘말려 파문되었다. 그는 국왕 루이와 함께 도피하여 뮌헨에 정착했다. 오컴은 흑사병이 창궐하던 1349년 세상을 떠났다.

아벨라르, 아퀴나스, 베이컨, 오컴 중에서 오직 아퀴나스만이 재난을 면할 수 있었다. 아벨라르는 파문당했을 뿐만 아니라, 당시 가톨릭 교회의 주요 인사였던 그의 애인의 삼촌과는 다른 결혼관을 가졌다는 이유로 거세까지 당했다.

스콜라 철학은 서양 세계의 지적 전통의 부활에 큰 기여를 했다. 이 철학으로부터 많은 혜택을 받은 사람이 있었다. 그는 알마뉴 지역 캉 근교의 마을 출신인 프랑스인 성직자이다.[12] 수학적 관점에서 볼 때 미래에 가장 크게 빛을 발한 것이 바로 그의 업적이다. 현대의 천문학과 수학 서적에는 훗날 리지외의 주교가 된 이 사람이 거의 언급되지 않는다. 그가 몸담았던 파리 대학교에서도 그는 주목받지 못했다. 그의 동생 앙리가 노트르담 성당에 밝힌 추모의 촛불은 이미 오래 전에 빛을 잃었다. 그를 기억하게 해주는 것이 지구에는 거의 없다. 그러나 달에는 그를 기리기 위해서 그의 이름을 따서 명명된 분화구가 하나 있다. 그 분화구의 이름은 오렘이다.

10. 그래프의 은은한 매력

아마존 열대림 깊은 곳, 강물에 익숙한 건장한 한 여인이 피를 빨아먹는 물고기들과 우글거리는 모기 떼를 불사하고 공급물을 실은 배를 저어가다가, 숲속에 있는 오두막 앞에 멈춘다. 오두막은 소수의 거주자를 제외한 외부인들로부터 완전히 격리되어 있다. 이 여인은 중세의 인물이 아니라 오늘날의 인물이다. 이 여인은 누구일까? 혹시 의사? 해외 봉사자? 전혀 아니다. 그녀는 화장품 회사, 아봉의 외판원이다.

장면을 바꾸어 뉴욕의 상황실로 가자. 제복을 입은 대원들이, 누구인지 관심도 없는 사람이 발명한 기술을 이용해서 아봉이 벌이는 건성 피부와의 세계대전을 분석하고 있다. 국제시장은 파란색, 국내시장은 빨간색으로 그려진 그래프가 각 구역에서의 아봉의 이익 상승분을 비교하기 좋게 나타낸다. 연간 보고서에는 회사의 총수익, 실질 판매량, 이익을 남긴 사업장 등이 들어 있고, 다음 페이지들에는 온갖 종류의 예쁜 그래프들이 들어가 있다.

만일 중세의 상인이 이런 식으로 자료를 공개한다면, 사람들은 전부 멍한 눈만 껌벅일 것이다. 이 알록달록한 그림들은 무슨 뜻인가, 그리고 그림들에 왜 이 많은 로마식 숫자 표기가 같이 있는가? 마카로니와 치즈는 벌써 발명되었지만(영국에서 14세기에 쓰인 제조법[1]이 남아 있다), 수와 기하학적 모양을 결합하는 생각은 발명되지 않았던 것이다. 오늘날에는 그래프가 일상화되어, 사람들은 그래프가 수학적 장치라는 사실조차 거의 의식하지 않는다. 아봉에 소속된 사원들조차도 — 그들은 대개 수학을 보면 공포에 떨겠지만 — 매출 그래프에서 위로 올라가는 선은 좋은 것임을 안다. 그러나 위로 올라가든 아래로 내려가든 간에, 그래프의 발명은 위치의 이론을 향한 결정적인 커다란 발걸음이었다.

수와 기하학의 결합은 그리스인들이 놓친 생각이다. 이 생각을 놓치게 한 주된 원인은 바로 철학이었다. 오늘날에는 초등학생도 수직선을 안다. 수직선이란 간략히 말해서, 직선 위의 점들과, 모든 양과 음의 정수들과 모든 분수들과 사이사이의 다른 수들 사이에 순차적인 대응관계가 설정된 직선이다. 이때 "사이사이의 다른 수들"이란, 정수도 분수도 아니라서 피타고라스는 수용하지 않았지만, 어쨌든 존재한다고 보이는 수들, 즉 무리수들을 뜻한다. 수직선에는 무리수가 포함되어야 한다. 그렇지 않으면 수직선에 무한히 많은 구멍이 생긴다.

이미 언급했듯이 피타고라스는 변의 길이가 단위길이인 정사각형의 대각선의 길이가 무리수인 $\sqrt{2}$임을 발견했다. 만일 이 대각선을, 한쪽 끝을 0에 맞추어 수직선 위에 놓는다면, 대각선의 다른 쪽 끝과 만나는 수직선 위의 점이 2의 제곱근인 무리수에 대응한다고 생각할 수 있다. 모든 수는 정수이거나 분수라는 자신의 생각에 맞지 않기 때문에 무리수에 대한 논의를 금지한 피타고라스는, 마찬가지로 직선과 수를 관련시키는 것도 금지해야 한다는 것을 알고 있었다. 이 관련을 금지함으로써 피타고라스는 자신이 처한 위기는 감출 수 있었지만, 인류 역사상 가장 생산적인 관념 가운데 하나를 금지하는 실수를 저질렀다. 완벽한 사람은 없다.

그리스 학문이 소실됨으로써 발생한 극소수의 이득 중 하나는 무리수에 대한 피타고라스의 입장이 빛바랜 것이다. 무리수 이론은 칸토어와 그의 동시대인인 데데킨트의 연구가 이루어진 19세기 후반까지 탄

탄한 기반을 얻지 못했다. 그러나 중세에서부터 그때까지의 기간 동안 대부분의 수학자와 과학자는 무리수의 존재가 의심된다는 사실을 무시하고 어쨌든 무리수를 사용했다. 아마도 정확한 해답을 얻는 기쁨이, 존재하지 않는 수를 취급하는 데에서 오는 거리낌을 능가했기 때문일 것이다.

오늘날에도 "불법적인" 수학을 사용하는 일이 과학, 특히 물리학에서 흔히 있다. 1920년대와 1930년대에 완성된 양자역학의 주요 기반 중 하나로 영국의 물리학자 디랙이 개발한 델타 함수를 들 수 있다. 당대의 수학에 따르면, 델타 함수의 함수값은 그저 0이었다. 그러나 디랙에 따르면, 델타 함수는 한 점 이외의 모든 곳에서 값이 0이고, 그 한 점에서는 무한 값인데, 미적분학의 특정 연산과 결합할 경우, 유한하고 (전형적인 경우에는) 0이 아닌 함수값을 가진다. 얼마 후 프랑스의 수학자 슈워츠가 어떻게 하면 델타 함수가 허용되도록 수학의 법칙들을 재정의할 수 있는지를 보여주었다. 완전히 새로운 수학 분야가 탄생한 것이다.[2] 현대 물리학의 양자장 이론(quantum field theory) 역시 이런 종류의 불법적인 이론인지도 모른다 — 최소한 이제껏 누구도 그런 종류의 이론이 수학적으로 합법적이라는 것을 성공적으로 제시하지 못했다.

중세 철학자들은 — 무사하려면 그렇게 해야 했으므로 — 이 말을 하면서 저 말을 쓴다든지, 심지어 이 말을 쓰고 그와 모순되는 말을 덧붙이든지 하는 일에 능했다. 훗날 리지외의 주교가 된 오렘[3]이 14세기 중반에 그래프를 발명할 당시에도, 그는 무리수에 얽힌 모순 따위로 고민하지 않았던 것으로 보인다. 오렘은 정수와 분수만으로 그래프의 가로축을 채울 수 있는지의 문제를 암묵적으로 무시했다. 그는 자신이 개발한 새로운 그림이 양적인 관계를 분석하는 데에 어떻게 사용될 수 있는지에 초점을 맞추었다.

한 측면에서 보면 그래프는, 한 양이 변할 때에 다른 양이 어떻게 변하는지를 나타내는 함수의 그림이다. 아봉의 제3세계에 대한 작전 이익을 시간에 따라서, 당신이 소모한 열량을 걸은 거리에 따라서, 당일의 최고 기온을 지리적 위치에 따라서 나타내는 것 등이 모두 함수의 예이다. 각각의 예는 그래프를 통해서 더 쉽게 파악된다. 마지막에 예로 든 함수의 그래프는 보다 심층적인 연관을 드러내는 독특한 이름을 가지고 있다. 그 그래프는 지도, 즉 날씨 지도라고 불린다.

모든 지도는 일종의 그래프이다. 예를 들면 "일반적인" 지도도, 기하학적 위치에 따라서 그에 대응하는 도시명과 지역명, 그리고 그외의 자료를 표시한다. 그리스인들을 비롯한 수많은 사람들은 이러한 종류의 그래프, 즉 지도를 수천 년 동안 그래프로 의식하지 못한 채 사용했던 것이다. 오렘이 그래프의 의미를 파악했는지 여부도 역시 불분명하다. 그러나 그가 다음과 같은 핵심적 문제를 건드린 것만은 분명하다. 자료를 나타낸 그래프에 그려진 곡선이나 여러 도형이 지리학적인 혹은 기하학적인 의미를 가지고 있는가?

만일 위치에 따라서 고도를 나타낸 그래프를 그린다면, 우리가 익숙히 알고 있는 지형도를 얻을 것이다. 이 지형도와 실제 지형 사이의 관계는 단순 명료하다. 오리 모양을 가진 산은 오리 모양으로 표현된다. 그러나 만일 우리가 위치에 따라서 날씨를 나타내는 그래프를 그린다면, 역시 도형이 얻어지지만, 그 도형을 말 그대로 날씨의 모양이라고 할 수는 없으므로, 그 도형의 의미를 따져보아야 알 수 있을 것이다. 이렇게 함수와 기하학을 연결함으로써 우리는 함수의 유형과 도형의 유형 사이의 관계를 확립할 수 있다. 그러므로 선과 면에 관한 연구가 함수에 관한 연구가 되며, 그 역도 성립한다. 바로 이 점이 오렘의 그래프 발명이 수학에서 가지는 중요한 의미이다.

비수학자들이 자료의 특성을 이해하는 데에 그래프가 큰 도움을 주는 것 역시 언급한 것과 같은 자료와 기하학의 결합 때문에 가능하다. 인간의 정신은 특정한 단순 도형들 — 직선, 원 등 — 을 쉽게 인지한다. 무리지어 있는 점들을 보면 우리의 정신은 그 점들을 익숙한 모양으로 보려고 노력한다. 결과적으로 우리는 수로 된 표는 쉽게 지나쳐버리는 반면에, 자료를 그래프화했을 때에 얻는 기하학적 모양은 잘 인지한다. 이런 관점에서 그래프 만들기 기술을 분석한 고전적인 작품으로는 터프트의 『양적 정보의 시각적 표현(*The Visual Display of Quantitative Information*)』이 있다.

다음과 같은 지루해 보이는 수들을 생각해보자.

횟수	알렉세이의 자료	니콜라이의 자료	엄마의 자료
0	0.2	4.0	9.0
1	1.6	5.0	8.9
2	5.0	6.2	8.7
3	4.4	7.2	8.3
4	5.8	8.1	8.1
5	7.2	8.5	7.6
6	8.8	8.3	6.6
7	10.5	7.8	5.6
8	11.8	6.6	4.1
9	13.3	5.6	0.1
10	14.8	4.0	-

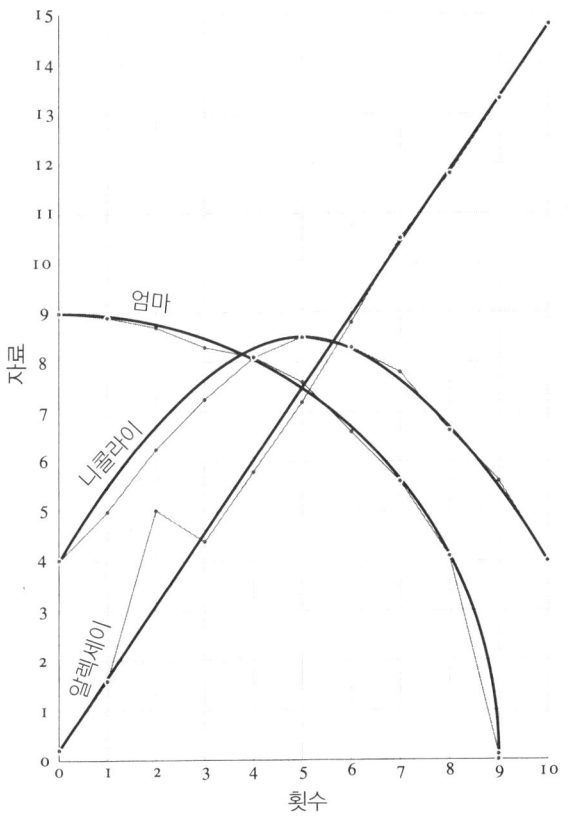

모양으로 나타낸 자료

각 열은 실험적 오차를 지닌 일련의 측정값들을 나타낸다. 우리는 첫 번째 열을 이룬 측정값들을, 알렉세이라는 학생이 측정한 결과라는 의미에서 알렉세이의 자료라고 부르고, 다른 두 열은 각각 니콜라이의 자료, 엄마의 자료라고 부를 것이다. 알렉세이의 그래프는 제2회의 빗나간 점만 제외하면 ― 이때 알렉세이가 졸았거나 전자오락기를 들고 나타난 친구에게 한눈을 팔았음이 틀림없다 ― 직선을 이룬다는 것을 쉽게 알아볼 수 있다. 니콜라이의 그래프에서는, 횟수와 측정값 사이의 관계가 포물선이라는 잘 알려진 유형의 곡선으로 나타났다. 포물선은 예를 들면, 늘인 길이에 따라서 스프링에 축적된 에너지의 크기를 나타낼 때, 또는 날아가는 포탄의 고도를 이동거리에 따라서 나타낼 때에 등장한다. 수학적으로 이 모양은 시간의 (또는 거리의) 제곱에 비례하여 함수값이 증가하는 함수로 표현된다. 엄마의 그래프는 우리의 일상에서 가장 흔한 도형 중의 하나이며, 알렉세이의 직선과 마찬가지로 유클리드의 기본 도형인 원의 ¼조각이다. 하지만 자료만으로는 이 사실을 거의 알아볼 수 없었다.

오렘은 자신의 새롭고 효율적인 기하학적 기법을 이용해서 당대에 가장 유명했던 물리학 규칙인 머턴 규칙(Merton rule)[4]을 증명했다. 1325년에서 1359년 사이에 옥스퍼드 머턴 칼리지의 수학자들은 운동을 양적으로 나타내는 개념적인 틀을 개발했다. 고대의 논의에서는 시간과 공간은 수로 나타낼 수 있는 양으로 간주되었지만, "속도"는 수량화되지 않았다.

머턴의 학자들이 내놓은 핵심적인 정리인 머턴 규칙은 거북이와 토끼의 경주를 판가름하는 척도라고 할 수 있다. 거북이가 1분 동안 시속 1.6킬로미터의 속도로 달린다고 해보자. 한편 토끼는 훨씬 더 느린 속도로 출발해서 일정한 비율로 가속하여 1분이 다 될 즈음에는 여전히 같은 속도인 거북이보다 훨씬 더 빨리 달린다. 이때 머턴 규칙에 따르면, 만일 1분 동안 일정한 비율로 가속한 후에 토끼의 속도가 거북이의 속도의 두 배라면, 거북이와 토끼가 달린 거리는 같다. 만약 1분 후에 토끼의 속도가 더 빠르다면, 토끼가 앞서 있을 것이고, 토끼의 속도가 아직 거북이의 두 배에 이르지 못했다면, 토끼가 뒤처져 있을 것이다.

보다 학술적인 용어로 표현한다면, 머턴 규칙이 말하는 것은 다음과 같다. 정지 상태로부터 일정하게 가속한 물체가 이동한 거리는, 같은 시간 동안 최고속도의 절반으로 움직인 물체의 이동거리와 같다. 장소, 시간, 속도에 대한 당대의 이해가 아직 불분명했고, 측정도구들이 낙후되었음을 감안할 때, 머턴 규칙의 발견은 인상적인 성과라고 할 수 있다. 그러나 머턴의 학자들은 미적분학이나 대수학의 기법을 가지고 있지 않았기 때문에 그들의 직관적인 성취를 증명할 수 없었다.

오렘은 그래프를 이용해서 머턴 규칙을 기하학적으로 증명했다. 먼저 그는 수평축에 시간을, 수직축에 속도를 놓았다. 이렇게 하면, 일정한 속도는 수평한 직선으로, 일정한 가속도는 고정된 각도로 상승하는 직선으로 나타난다. 오렘은 이 직선들 아래에 있는 면적 — 각각 직사각형과 삼각형 — 이 이동거리를 나타낸다는 것을 간파했다.

그러므로 머턴 규칙에서 일정하게 가속한 물체의 이동거리는 밑변이 이동시간에 비례하고 높이가 최대속도인 직각삼각형의 면적으로 주어진다. 한편 일정한 속도로 움직인 물체의 이동거리는 밑변이 삼각형의 밑변과 같고 높이는 삼각형의 절반인 직사각형의 면적이 된다. 이제 증명은 이 두 기하학적 도형의 면적이 같음을 보이는 것으로 환원되었다. 여러 방법이 있겠지만 하나를 소개한다면, 빗변을 축으로 해서 삼각형을 뒤집어 하나 더 그리고, 직사각형은 윗변을 축으로 뒤집어 하나 더 그리면, 둘 다 같은 도형이 된다는 것을 알 수 있다.

오렘은 그래프를 이용한 추론을 통해서 일반적으로 갈릴레오의 업적이라고 이야기되는 법칙도 발견했다.[5] 즉 일정하게 가속하는 물체의 이동거리가 시간의 제곱에 비례한다는 것을 발견했다. 이를 확인하기 위해서 그래프에서 일정한 가속도를 나타내는 직선 아래의 면적인 삼각형을 다시 한번 고찰해보자. 그 삼각형의 면적은 밑변과 높이의 곱에 비례한다. 그런데 이 둘이 모두 시간에 비례하는 것이다.

공간의 성질에 대한 이해에서도 오렘의 직관력은 경탄할 만하다. 갈릴레오에 앞서서 그가 이룬 또 하나의 업적[6]은 상대성에 관한 아인슈타인 이론의 한 부분이기도 하다. 그는 오직 상대적 운동만이 의미가 있다는 주장을 했다. 파리에서 오렘을 가르친 선생인 뷔리당은, 만일 지구가 회전한다면 위로 쏘아올린 화살이 다른 자리에 떨어져야 한다는 이유로, 지구가 회전할 수 없다고 주장했다. 오렘도 예를 들면서 그의 주장을 반박했다. 항해하는 선원이 돛대와 나란한 방향으로 손을 내리면, 그 선원은 손의 움직임이 수직방향이라고 지각한다. 그러나 육지에 있는 우리에게는 배의 움직임이 있기 때문에 선원의 손이 비스듬히 움직인 것으로 보인다. 누가 옳은가? 오렘은 이 질문 자체가 잘못되었다고 말한다. 다른 사물을 기준으로 하지 않는 한, 하나의 물체가 움직이는지 또는 움직이지 않는지를 감지할 수는 없다. 오늘날 이 생각은 종종 갈릴레오의 상대성(Galilean relativity)이라고 불린다.

오렘은 많은 연구를 발표하지 않았고, 논리적 결론에 도달하도록 연구를 완성하지도 않았다. 많은 영역에서 그는 혁명의 앞뜰에 이르렀지만, 교회를 위해서 뒤로 물러났다. 한 예로 오렘은 상대적 운동에 대한 분석을 발전시켜, 혹시 지구가 자전하고 심지어 태양 주위를 공전한다는 가정하에 천문학 이론을 개발하는 것이 가능할지를 탐색하는 데에까지 나아갔다 — 이는 훗날 코페르니쿠스와 갈릴레오에 의해서 주장된 혁명적인 생각이다. 그러나 오렘은 동시대인들을 설득하는 데에 실패했을 뿐만 아니라, 스스로 자신의 발상을 포기했다. 그것은 이성에 기반한 것이 아니라 성서에 기반한 포기였다.[7] 「시편」, 93편 1절을 인용하여 오렘은 이렇게 썼다. "신이 움직여서는 안 되는 세계를 만드셨음이니라."

다른 주제들과 관련해서도 오렘은 세계의 본성에 관한 뛰어난 직관을 했지만 자신이 발견한 진실 앞에서 뒤로 물러났다. 한 예로 그는 악령의 존재에 관해서, 그 존재가 자연법칙에 의해서 증명될 수 없다는 반역적이고 회의적인 입장을 취했다. 그러나 그는 영원한 기독교인답게, 악령이 신앙의 항목으로 존재한다고 주장했다. 자신의 말바꾸기에 스스로 놀랐던지, 오렘은 소크라테스의 전통을 이어 이렇게 말한다.[8] "나는 사실 내가 아무것도 모른다는 것만을 안다." 기존 권위에 대한 믿음을 지킨 공로로, 가난하게 성장한 오렘은 왕실 자문위원, 대사, 샤를 5세의 개인교사를 거쳐, 사망하기 5년 전인 1377년에는 샤를의 지원을 받아서 주교로 승격했다.

비록 갈릴레오가 오렘의 연구를 직접적으로 이용했다는 증거는 없지만, 갈릴레오는 오렘의 지적인 후예이다. 그러나 오렘의 수학혁명은 제대로 꽃을 피우지 못했고, 세계는 200년을 더 기다려야 했다. 교회의 힘이 보다 약화된 200년 후, 두 명의 프랑스인이 나타나서 조심스럽게 주장을 펼쳤다. 그들은 수학의 세계를 영원히 바꾸어놓게 된다.

11. 어느 군인의 이야기

1596년 3월 31일,[1] 어쩌면 결핵의 증상이었을지도 모르는 마른 기침을 하면서 한 프랑스 귀족 여인이 셋째 아이를 낳았다. 태어난 아이는 병약했다. 산모는 며칠 후에 죽었다. 의사들은 아이도 곧 죽게 될 것이라고 말했다. 아이의 아버지는 분명 힘들었겠지만 포기하지 않았다. 아버지는 이후 8년 동안 아이를 집에 두고, 고용한 간호인과 자신의 사랑으로 돌보았다. 그 아이는 결국 약한 폐 때문에 죽게 될 때까지 53년을 살았다. 그렇게 세계는 가장 위대한 철학자 중 한 사람이자 수학이 맞은 다음 혁명의 주역인 르네 데카르트를 얻게 되었다.

데카르트가 여덟 살(어떤 기록에는 열 살[2])이 되자, 아버지는 그를 당시에는 신흥학교였지만 곧 명문이 되는 예수회 학교인 라 플레슈로 보냈다. 교장은 데카르트가 늦게까지 침대에 누워 있다가 스스로 상태가 좋다고 느낄 때에 학업에 참여하는 것을 허락했다. 그다지 나쁜 버릇이라고까지 할 것은 없겠다. 그후 생애의 마지막 몇 달 전까지 데카르트는 평생 그렇게 늦잠을 잤다. 데카르트는 우수한 학생이었지만, 8년 후 졸업 무렵에는 이미 훗날 그의 철학에 유명한 특징이 된 회의주의를 드러냈다. 그는 자신이 라 플레슈에서 배운 모든 것들이 무용하거나 잘못되었다고 확신했다. 이 확신에도 불구하고 그는 아버지의 뜻을 따라 이후 2년 동안 더욱 무의미한 공부를 했다. 이번에는 법학 학위를 받기 위한 공부를 하게 된 것이다.

결국 데카르트는 법학을 포기하고 파리로 갔다. 파리에서 그는 매일 밤 어울릴 자리를 찾아 돌아다녔고, 낮에는 침대에 누워 수학을 생각했다(당연히 오후에 시작했다). 그는 수학을 좋아했고, 때때로 도박판에서 응용함으로써 수학으로 돈도 벌었다. 그러나 얼마 후에 데카르트는 파리에 싫증을 느꼈다.

데카르트 시대에 경제적으로 독립한 젊은이가 여행을 하고 모험을 찾으려면 무엇을 했을까? 젊은이는 입대했다. 데카르트는 나사우의 모리스 왕자의 군대에 들어갔다. 그 군대는 참된 의미에서 자원군 부대였고, 데카르트도 급료를 받지 않았다. 모리스 왕자도 급료를 지불할 이유가 없었다. 데카르트는 전투를 구경도 하지 못했으며, 이듬해에는 적군인 바이에른 영주의 군대로 이적했다. 기이한 일로 들릴 것이다 ─ 이편에서도 싸우지 않고, 저편에서도 싸우지 않았다니. 하지만 당시는 스페인-오스트리아 왕국에 맞선 프랑스와 네덜란드의 전쟁이 휴전상태였다. 데카르트는 정치적인 이유에서가 아니라 여행을 위해서 입대했다.

데카르트의 군대생활은 행복했다. 그는 여러 지방 사람들을 만났고, 혼자만의 시간을 마련하여 수학과 과학을 공부하고 우주의 본성을 탐구했다. 여행의 결실은 거의 즉시 맺었다.

1618년 어느 날 병사 데카르트는 네덜란드의 작은 도시 브레다에서 거리에 나붙은 표지문을 읽으려고 모여든 사람들을 보았다. 궁금해진 그는 늙수그레한 한 구경꾼에게 표지문을 프랑스어로 번역해달라고 부탁했다. 오늘날에도 그런 표지문은 여러 가지가 있다 ─ 광고물일 수도 있고, 주차금지 표지일 수도 있고, 지명수배자 명단일 수도 있다. 하지만 데카르트가 본 표지문은 오늘날의 거리에서는 볼 수 없는 종류이다. 그것은 대중을 상대로 한 수학문제 공고였다.

데카르트는 문제를 살펴보고 즉시 아주 쉬워 보인다고 말했다. 표지문을 번역해준 늙은이는, 낯선 병사의 허풍이 재미있어 그랬는지, 아니면 불쾌해서 그랬는지 알 수 없지만, 문제를 풀어보라고 했고, 데카르트는 문제를 풀었다. 비크만이라는 이름의 그 늙은이는 감탄했다. 당연한 일이다. 그의 옆에 서 있던 병사는 보통 이상인 정도가 아니라, 당대 네덜란드에서 가장 뛰어난 수학자 중 한 사람이었다.

비크만과 데카르트는 좋은 친구가 되었다. 훗날 데카르트는 비크만이 "내 연구에 영감을 준 정신적 아버지"라고 말했다.[3] 4개월 후 데카르트가 기하학을 보는 자신의 혁명적인 방식을 털어놓은 최초의 사람도 바로 비크만이었다. 이후 몇 년 동안 데카르트가 비크만에게 보낸 편지들에는, 그가 어떻게 수와 공간의 결합을 성취해갔는지를 보여주는 내용이 곳곳에 들어 있다.

데카르트는 일생 동안 그리스 학문 전반을 매우 비판적으로 대했지만, 특히 그를 짜증나게 한 것은 그리스의 기하학이었다. 그리스 기하학은 너무 낯설 때도 있었고 쓸데없이 난해할 때도 있었다. 데카르트는, 그리스 기하학의 표현방식을 따를 경우 필요 이상으로 힘들게 작업해야 한다는 사실을 못마땅히 여겼던 것 같다. 고대 그리스인 파푸스가 만든 문제를 분석하면서 데카르트는 이렇게 적었다. "이렇게 길게 문제를 적는 것만으로도 벌써 짜증이 난다."[4] 그는 그리스의 기하학 체계가 모든 증명을 "상상력을 지칠 대로 지치게 만들어야만"[5] 풀 수 있는 독특한 문제처럼 보이게 만든다고 비판했다. 그는 또한 그리스인들이 곡선을 정의하는 방식을 인정하지 않았다. 실제로 그들의 정의는 지루하고, 증명을 어렵게 만들 수 있다. 오늘날의 학자들은 "데카르트의 수학적 게으름은 악명 높다"라고 말하지만,[6] 데카르트는 기하학 정리의 증명을 덜 어렵게 만들 미지의 체계를 찾는 일을 부끄러워하지 않았다. 이것이 바로, 매일 늦잠을 잔 데카르트가 그를 비판한 다른 성실한 학자들보다도 더 뛰어난 업적을 남긴 이유이다.

데카르트가 이룬 성취의 한 예로, 이 책의 제1부에 나오는 유클리드의 원의 정의와 데카르트의 정의를 비교해보자.

> 유클리드 : 원은 한 선으로[즉 곡선으로] 된 평면도형으로, 원의 내부의 어떤 한 점 ─ 그 점은 중심이라고 부른다 ─ 에서 원 위로 그은 모든 선분이 서로 같다.
>
> 데카르트 : 원은 다음을 만족시키는 모든 x와 y이다 : $x^2 + y^2 = r^2$, 이때 r은 상수.

위의 등식을 이해하지 못하는 사람의 눈에도 데카르트의 정의가 더 간단해 보이기 마련이다. 핵심은 등식을 이해하는 것이 아니라, 데카르트의 방법에서는 원이 등식으로 정의된다는 사실이다. 데카르트는 공간을 수로 번역했고, 보다 중요한 것은 그 번역을 이용해서 기하학을 대수학으로 재구성했다는 사실이다.

데카르트는 먼저 "x축"이라고 부르는 수평선과 "y축"이라고 부르는 수직선을 그려서 공간을 일종의 그래프로 변환시킨다. 한 가지 세부적인 사항을 일단 제외하면, 이제 평면 위의 모든 점을 두 개의 수로 표현할 수 있다. 그 점이 수평축으로부터 떨어진 수직거리 y와, 수직축으로부터 떨어진 수평거리 x가 그 두 수이다. 점들은 일반적으로 "순서쌍"(x, y)로 표기된다.

이제 일단 제외했던 세부적인 사항을 보자. 위와 같이 거리를 측정하면, 각각의 좌표쌍 (x, y)에 대응하는 점이 하나 이상이 된다. 예를 들면 x축으로부터 한 단위 위쪽으로 떨어져 있으면서 y축을 중심으로 서로 반대편에 있는, 그러니까 하나는 오른쪽으로 두 단위, 다른 하나는 왼쪽으로 두 단위 떨어져 있는 두 점을 생각해보라. 두 점은 모두 x축에서 한 단위, y축에서 두 단위 떨어져 있으므로, 우리가 정한 방식에 따를 경우 모두 좌표쌍 (2, 1)로 표기될 것이다.

똑같은 애매함이 주소를 정할 때에도 생길 수 있다. 주소가 모두 80번가 137번지가 된 두 사람이 언성 높여 "이런 이웃과는 못 살아!"라고 외치는 경우가 있을 수 있다. 아니 왜 못 살아? "웨스트 사이드 스토리"와 "이스트 사이드 스토리"가 전혀 다른 작품일 수 있듯이, 80번가 137번지도 동/서에 따라서 전혀 다를 수 있다. 수학자들도 도시 계획자가 주소를 정하는 것과 같은 방법으로 좌표의 모호함을 제거한다. 다만 수학자들은 동/서, 남/북의 구분 대신에 +, − 기호를 사용한다는 점이 다르다. 수학자들은 y축 왼쪽에(즉 서쪽에) 있는 모든 점들의 x좌표와, x축 아래에 있는 점들의 y좌표에 − 기호를 붙인다. 우리가 든 예에서 첫 번째 점은 (2, 1)을 그대로 유지하지만, 두 번째 점은 (−2, 1)로 표기된다. 이것은 마치 평면을 네 구역으로 나누는 것과 같다 — 북동구역, 북서구역, 남동구역, 남서구역으로 말이다. 남부구역에 있는 모든 점들은 음의 y 값을 가지고, 서부구역의 모든 점들은 음의 x 값을 가진다. 이 표기체계는 오늘날 데카르트 좌표계(= 직교좌표계 : Cartesian Coordinates)라고 부른다(사실상 이 체계는 거의 같은 시기에 페르마가 먼저 발명했다. 하지만 데카르트가 출처를 밝히지 않고 인용하는 나쁜 버릇이 있었다면, 페르마는 연구 결과를 출간하지 않는 더 나쁜 습관의 소유자였던 것이다).

우리가 이미 언급했듯이 좌표의 사용은 새로운 일이 아니다.[7] 프톨레마이오스가 이미 2세기에 지도에 좌표를 사용했다. 그러나 그의 좌표는 다만 위치 표시에 불과했다. 프톨레마이오스는 지표면에서의 효용을 뛰어넘는 좌표의 의미를 깨닫지 못했다. 데카르트가 개발한 좌표의 참된 진보성은 좌표의 발상 자체에 있는 것이 아니라, 데카르트가 좌표를 어떻게 이용했는가에 있다.

데카르트는 자신이 그 정의를 그렇게나 멸시한 그리스의 곡선들을 연구하는 과정에서 놀라운 규칙성을 발견했다. 예를 들면 그는 여러 직선들을 좌표평면에 그려보고, 모든 직선에서 직선 위의 점들의 x, y 좌표가 항상 동일한 단순한 방식으로 연관되어 있다는 것을 발견했다. 대수학적으로는 그 관계가 방정식 $ax + by + c = 0$으로 표현된다. 이때 a, b, c는 3, 4½ 같은 평범한 상수로서, 이들은 검토한 직선이 어떤 직선인가에 따라서 결정된다. 이는 다음과 같은 사실을 의미한다. 순서쌍 (x, y)로 표기된 점은, $ax + by + c = 0$일 때, 그리고 오직 그때만, 직선 위에 있다. 이것은 직선의 대안적이고, 대수학적인 정의이다.

데카르트가 이해하는 직선은, 점들로 이루어진 집합으로서, 한 점의 좌표 하나를 증가시켜서 다른 점을 얻으려고 할 경우, 다른 좌표도 고정된 비율로 증가시켜야 하는 성질을 가지는 점들의 집합이다. 원의 (또는 타원의) 정의도 같은 원리로 만들어진다. 다만 직선과는 달리, 좌표들의 합이 문제가 아니라, 좌표들의 제곱의 합이 (또는 한쪽을 더 강조해서 얻은 합이) 일정하게 유지되어야 한다는 것이 다르다.

300년 전에 오렘도 곡선이 좌표들 간의 관계로 정의될 수 있다는 것을 발견했고, 일종의 직선의 방정식을 도출했다. 그러나 그의 시기에는 대수학이 아직 널리 보급되지 못했기 때문에, 개량된 기호들이 없는 오렘으로서는 더 나아갈 수 없었다.[8] 대수학과 기하학을 결합하는 데카르트의 방법은 오렘의 발상을 일반화하는 것과 같다. 이제 그리스 수학이 다룬 모든 곡선들이 간단하고 정확하게 표현될 수 있었다. 타원, 쌍곡선, 포물선 등의 모든 곡선들이 x좌표와 y좌표 사이의 관계를 나타내는 간단한 방정식으로 정의될 수 있다는 것이 밝혀졌다.

곡선의 유형이 방정식으로 정의될 수 있다는 사실로부터 나오는 과학적 귀결은 매우 의미심장하다. 예를 들면 니콜라이의 자료를 다시 살펴보자(소수점의 위치를 한 자리 옮겨놓았다). 이제 이 자료들이 원래 무엇인지가 드러났다. 이것은 1월을 제외한 매달 15일의 뉴욕 평균 최고기온(화씨)이다.[9] 과학자라면 의문을 품을 것이다. 이 자료에서 간단한 관계를 발견할 수 있을까?

날짜	평균 최고기온
2/15	40
3/15	50
4/15	62
5/15	72
6/15	81
7/15	85
8/15	83
9/15	78
10/15	66
11/15	56
12/15	40

이미 보았듯이 자료를 그래프로 나타내면 단순한 기하학적 곡선인 포물선이 된다. 이제 포물선을 정의하는 방정식을 알면, 우리는 예측을 시도할 수 있다 — 일종의 뉴욕 "평균 최고기온의 법칙"을 구성해볼 수

있는 것이다. 다음과 같은 법칙을 말이다. y가 온도가 85도보다 몇 도 낮은지를 나타내고, x가 해당일이 7월 15일에서 몇 개월 떨어져 있는지 나타낸다면, y는 x^2의 두 배와 같다.

법칙이 맞는지 검토해보자. 예를 들면 10월 15일의 뉴욕 평균 최고기온을 알려면, 10월이 7월에서 3개월 후이므로, x는 3이다. 3의 제곱이 9이므로, 10월 15일의 평균 최고기온은 9의 두 배, 즉 18만큼 7월 15일의 평균 최고기온인 85도보다 낮다. 따라서 이 "법칙"에 의하면 10월 15일의 평균 최고기온은 67도이다. 실제 측정된 평균 최고기온은 66도이다. 대부분의 달에 대해서 이 법칙은 꽤 잘 맞아떨어지며, 분수 계산을 하는 수고를 아끼지 않는다면, 15일이 아닌 날에 대해서도 적용할 수 있다.

평균 최고기온의 법칙은 y와 x 사이의 관계로 되어 있다. 이 관계는 수학자들이 함수라고 부르는 것의 한 특수한 경우이다. 이 경우에는 포물선이 함수의 그래프가 된다. 우리가 지금까지 한 일은 물리학의 주요 업무이다. 즉 자료의 규칙성을 간파하고, 함수관계를 발견하고 (우리는 하지 않았지만) 그 관계의 원인을 설명하는 일, 이것이 바로 물리학의 주요 업무인 것이다.

데카르트의 방법을 사용해서 물리학 법칙을 그래프로부터 추측할 수 있는 것과 마찬가지로, 데카르트의 방법은 유클리드 정리들의 대수학적 귀결을 알 수 있게 한다. 한 예로 데카르트의 방법을 사용해서 피타고라스 정리의 귀결을 살펴보자. 어떤 직각삼각형이 있다. 간단히 하기 위해서 수직인 변이 y축 위에 원점에서 A점에 걸쳐 있고, 수평한 변이 x축 위에 원점에서 B점에 걸쳐 있다고 하자. 그렇다면 수직변의 길이는 간단히 A점의 y좌표가 되고, 수평변의 길이는 B점의 x좌표가 된다.

이 경우에 피타고라스의 정리가 말하는 것은, 수직변의 제곱과 수평변의 제곱의 합 x^2+y^2이 빗변의 길이의 제곱과 같다는 것이다. 예를 들면 A, B 같은 두 점 사이의 거리를, 두 점을 잇는 선분의 길이로 정의하기로 한다면, 우리는 이제 피타고라스 정리로부터 A와 B 사이의 거리가 x^2+y^2임을 말할 수 있다. 평면 위에 있는 임의의 두 점 사이의 거리는 어떻게 될까? 우리는 방금 전과 같은 상황이 되도록 — A점이 수직축에 B점이 수평축에 있도록 — x축과 y축을 적당히 그릴 수 있다. 이는 임의의 두 점 A, B 사이의 거리의 제곱이, 이 두 점 사이의 수평거리의 제곱과 수직거리의 제곱의 합과 같다는 것을 의미한다.[10]

● ■ ▲

나중에 보게 되겠지만, 데카르트의 거리 산출 공식[11]은 유클리드 기하학에 결정적으로 의존한다. 하지만 이런 방식으로 거리를 좌표의 함수로 보는 것은 보편적으로 타당한 생각으로서, 훗날 유클리드 기하학 및 비(非)유클리드 기하학의 성질을 이해하는 데에 열쇠가 되었다.

 데카르트는 자신의 기하학적 발견을 이용하여 물리학의 여러 분야에서 많은 유명한 업적을 이루었다. 그는 최초로 오늘날과 같이 삼각함수를 써서 빛의 굴절법칙을 나타냈으며, 최초로 무지개를 물리학적으로 완벽하게 설명했다. 데카르트가 스스로 생각하기에 자신의 기하학적 방법은 너무나도 결정적이어서, 그는 "나의 물리학 전체는 다름 아닌 기하학일 뿐이다"[12]라고 말하기까지 했다. 그러나 데카르트는 좌표기하학의 발표를 19년 동안 미루었다. 사실 그는 40세 이전에는 아무것도 출간하지 않았다. 무엇을 두려워했던 것일까? 단골로 등장하는 용의자, 바로 가톨릭 교회였다.

 데카르트는 책을 처음으로 출간하기 몇 년 전인 1633년에 이미 친구들의 계속된 권유에 따라서 저서를 출간하려고 했다. 그 시절 갈릴레오라는 이탈리아 친구가 『두 개의 주요 체계에 관한 대화(*Dialogo sopra i due massimi sistemi del mondo*)』라는 제목의 작품을 출간했다. 그 작품은 천문학에 관한 대화를 나누는 세 인물이 등장하는 골치가 아픈 작품이었다. 당연히 브로드웨이 흥행대작감이 아니었다. 그런데 어떤 연유에서인지 교회 지도자들이 그 작품을 감상했고, 흥겹지 않은 표정들을 지었다. 아마도 그들의 프톨레마이오스적 우주관을 대변한 극중 인물의 학식이 충분하지 못하다고 느꼈기 때문일 것이다. 불행히도 당대에는 책만 검토 대상이 아니라, 저자도 검토 대상이었다. 책에 이어서 저자도 모닥불에 올려지곤 했던 것이다. 갈릴레오의 경우에는 책만 불에 탔다. 갈릴레오는 주장을 철회할 것을 강요받았고(위대하도다, 가톨릭 교회) 종교재판을 통해서 무기가택연금을 선고받았다. 데카르트는 갈릴레오의 작품을 좋게 평가하지 않았다. 한 편지에서 데카르트는 그 작품을 검토한 소감을 이렇게 밝혔다. "계속 본론에서 벗어나고, 한 주제에 머물러 그것을 완전히 설명하는 일이 없다는 점에서 그[갈릴레오]가 많이 부족하다고 생각한다. 그렇게 한다는 것은 그가 질서정연하게 주제들을 연구하지 않았다는 증거이다……."[13] 그러나 데카르트는 태양 중심의 우주관을 비롯한 여러 이성적 생각들을 갈릴레오와 공유하고 있었으므로, 갈릴레오의 파문을 가슴 깊이 새겼다. 데카르트는 신교 국가에 살고 있었음에도 불구하고 출간을 취소했다.[14]

그후 데카르트는 용기를 회복해서 1637년에 첫 번째 책을, 교회를 자극하지 않도록 최대한 조심하면서 출간했다. 40세에 이르러 기하학 외에도 할 말이 많아진 데카르트는 이 한 권의 책에 거의 모든 할 말들을 쏟아넣었다. 서문만 자그마치 78쪽에 이른다. 원본은 제목도 약간

긴 편이다.[15] 『우리의 본성을 최고도의 완성으로 고양시킬 수 있는 보편 과학을 위한 기획. 덧붙인 굴절 광학, 기상학, 기하학 속에는 저자가 제안하는 보편 과학으로 증명될 수 있는 매우 궁금한 문제들이 전혀 공부하지 않은 사람도 이해할 수 있도록 설명되어 있음』. 이 제목은 출간과정에서, 혹시 17세기의 영업 담당 부서의 부탁이 있었는지, 약간 축소되었다. 그래도 여전히 길었다. 책의 길이는 세월에 풍화되면서 점점 짧아져서, 오늘날 그 책은 일반적으로 『논의(Discours)』, 혹은 『방법에 관한 논의(Discours de la méthode)』(= 방법서설)라고 불린다.

『방법에 관한 논의』는 철학과 과학적 문제를 푸는 데카르트의 이성적 접근방식을 기술한 작품이다. 세 번째 부록인 기하학은 그의 방법으로 이룬 성취를 보여주려는 목적으로 쓰였다. 데카르트는 책표지에 자신의 이름을 넣지 않았다. 그것은 제목이 너무 길어 여백이 없었기 때문이 아니라, 그가 여전히 박해를 두려워했기 때문이다. 그러나 그의 친구인 메르센이 쓴 서문을 보면, 저자가 누구인지 대번에 드러난다.

걱정했던 대로 데카르트는 교회에 도전한 대가로 사방에서 공격을 받았다.[16] 심지어 그의 수학조차도 험악한 비판을 받았다. 이미 말했듯이 데카르트와 유사한 기하학의 대수학화를 이룬 페르마는 사소한 문제를 반박했다. 또 한 명의 위대한 프랑스 수학자 파스칼은 데카르트의 수학을 완전히 혹평했다. 그러나 개인적 원한이 과학의 진보를 막는 것은 잠시뿐이었다. 몇 년 안에 데카르트의 기하학은 거의 모든 대학의 교과과정에 포함되었다. 데카르트의 철학은 그의 기하학만큼 즉각적으로 받아들여지지 않았다.

데카르트는 위트레흐트 대학교 신학부 책임자인 포에티우스라는 인물로부터 가장 강력한 공격을 받았다. 그의 주장에 따르면, 데카르트가 범한 이단행위는, 널리 범해지는 이단행위, 즉 이성과 관찰로 진리를 결정할 수 있다고 믿은 것이다. 실제로 데카르트는 한 술 더 떠서, 사람이 자연을 지배할 수 있고, 모든 질병의 치유방법과 영원한 생명의 비밀이 곧 발견되리라고 믿었다.

 데카르트는 친구가 거의 없었고 결혼도 하지 않았다. 하지만 데카르트도 일생에 한번 헬렌이라는 여인과 연애를 했다.[17] 1635년 데카르트는 그녀와 프란신이라는 아이를 낳았다. 부모와 아이는 1637년부터 1640년까지 함께 살았던 것으로 보인다. 포에티우스의 공격이 한참이던 1640년 가을, 데카르트는 새로운 작품의 출간을 위해서 멀리 집을 떠났다. 프란신은 온몸에 자주색 얼룩이 생기는 병에 걸렸다. 데카르트는 서둘러 집으로 향했다. 아이는 3일을 앓다가 죽었다. 데카르트가 제때에 집에 도착했는지 우리는 알지 못한다. 데카르트와 헬렌은 곧 관계를 청산했다. 데카르트가 소장했던 어느 책 속에서 발견된 메모지에 그가 적은 프란신의 삶과 죽음의 기록이 없었다면, 누구도 프란신이 그의 딸이었다는 사실을 몰랐을 것이다. 데카르트는 나쁜 소문을 피하기 위해서 프란신을 늘 조카딸이라고 소개하곤 했다. 데카르트는 평생 동안 냉정한 사람으로 유명했지만, 이 비극은 그를 비탄에 빠뜨렸다. 데카르트는 이 일이 있은 후에 간신히 10년을 채우고 생을 마감했다.

12. 눈의 여왕에 의해서 얼음 속에 갇히다

프란신이 세상을 떠나고 몇 년 후에, 23세의 스웨덴 여왕 크리스티나[1]가 데카르트를 왕궁으로 초대했다. 1933년에 제작된, 크리스티나의 일대기를 그린 영화에서 그레타 가르보가 크리스티나 역을 맡았던 것처럼, 젊고 고귀한 스웨덴 아가씨를 생각하면 발랄한 팔등신의 금발 미녀가 떠오를지도 모른다. 늘 그렇듯이, 할리우드판 역사는 실제와 많이 다르다. 실제 크리스티나는 키가 작고, 어깨가 굽었고, 목소리가 남자처럼 굵었다. 그녀는 의례적인 여성복을 싫어해서, 어떤 사람이 전하는 말에 따르면, 기마대 장교처럼 보일 때가 많았다. 어린 시절에 그녀가 총소리를 좋아했다는 이야기도 전해진다.

크리스티나는 이미 23세에 어떤 나약함도 용인하지 않는 엄격한 지휘자였다. 그녀는 하루에 다섯 시간만 잤고, 길고 긴 스웨덴의 혹독한 겨울 앞에서도 움츠리지 않았다. 아이스하키장이 있었던 것도 아닌데, 대단한 여인이다. 수백 년이 지난 오늘날 데카르트를 바라보는 우리들조차도, 데카르트가 냉차나 한잔 얻어 마시러 그녀의 궁정에 가지는 않으리라는 정도는 추측할 수 있다. 데카르트는 갔다. 그 이유는 무엇일까?

크리스티나는 배움을 사랑하는 영리한 여인이었으며, 자신이 북쪽 끝에 있는 자신의 왕국에 고립되어 있다는 아쉬움을 느끼고 있었다. 그녀는 그 흰 눈의 나라에 지성의 낙원을 세우겠다는 목표로, 유럽의 중심에서 멀리 떨어진 곳에 배움의 중심을 세우겠다는 목표로, 막대한 자금을 들여 거대한 도서관에 소장할 책들을 수집했다. 그녀는 프톨레마이오스처럼 책을 수집했을 뿐만 아니라, 프톨레마이오스와는 달리 저자도 수집했다. 데카르트의 운명은 1644년 샤뉘를 만나 친분을 맺으면서 결정되었다. 샤뉘는 이듬해에 프랑스 국왕의 대사 신분으로 스웨덴으로 갔다. 스웨덴에서 그는 나팔을 불듯이 시시때때로 친구 자랑을 늘어놓았고, 친구를 향해서는 눈의 여왕을 위한 찬가를 불렀다. 크리스티나는 데카르트가 일등 소장품이 될 것이라는 샤뉘의 의견에 동의했다. 그녀는 해군 제독을 프랑스로 보내서 데카르트에게 이주를 설득했다. 그녀는 데카르트가 꿈꾸던 것들을 약속했다. 학교를 세워 데카르트를 교장으로 만들고, 스웨덴에서 가장 따뜻한 곳에(돌이켜보면, 이 표현은 별 의미가 없었다) 집을 마련해주기로 했다. 데카르트는 고민했지만 결국 제안을 수락했다. 그는 인터넷으로 날씨를 검색할 수는 없었겠지만, 분명 그를 기다리는 기후에 대해서—그리고 사람들의 성격에 대해서—알고 있었을 것이다. 데카르트는 떠나기 전날, 제안을 수락하는 내용의 답신을 보냈다.

1649년 데카르트가 맞은 겨울은 스웨덴 역사에서 가장 혹독했던 겨울 중의 하나였다. 데카르트는 하루 종일 두꺼운 담요를 몇 겹으로 덮고 누워서 따뜻하고 아늑하게 우주의 본성에 관해서 사색하는 것을 꿈꾸었지만, 곧 요란한 기상 명령을 받아야 했다. 그는 매일 오전 다섯 시에 크리스티나의 왕궁으로 호출되어 그녀에게 다섯 시간 동안 도덕성과 윤리학을 강의했다. 데카르트는 친구에게 이렇게 썼다. "이곳의 겨울엔 물이 얼 듯이 사람의 생각도 얼어버리는 것 같다……."

이듬해 1월 함께 있던 친구 샤뉘가 폐렴에 걸렸다. 데카르트는 그의 간호를 돕다가 같이 폐렴에 걸리게 되었다. 데카르트의 주치의가 마침 출타 중이어서, 크리스티나는 다른 의사를 보냈다. 우연히도 이 의사는 궁궐 내의 많은 스웨덴인들의 질투심을 산 데카르트를 공공연히 적으로 선언한 인물이었다. 데카르트는 어차피 도움이 되지 않았을 그 의사의 치료를 거부했다 — 의사의 처방은 데카르트의 피를 빼는 것이었다. 데카르트의 열은 지속적으로 상승했다. 이후 약 일주일 동안 그는 수차례 정신을 잃었다. 사이사이 그는 죽음과 철학에 관해서 말했다. 그는 어린 시절 그를 돌보았던 간호인을 찾아보라고 형제들에게 부탁하는 편지를 받아적게 했다. 그리고 몇 시간 후인 1650년 2월 11일, 데카르트는 생을 마감했다.

데카르트는 스웨덴에 매장되었다. 1663년 포에티우스의 목표가 드디어 성취되었다. 교회가 데카르트의 저술들을 금서로 선포한 것이다. 하지만 그 당시 교회는 이미 많이 약화되어, 금지 명령이 오히려 데카르트 저술의 명성을 높이는 효과를 가져오기도 했다. 프랑스 정부는 1666년 데카르트의 유골을 반환할 것을 스웨덴에 요구했고, 오랜 애원 끝에, 스웨덴 정부는 그의 뼈를 배에 실어 보냈다. 그런데 다 보내지는 않았다 — 데카르트의 두개골은 스웨덴에 남겨졌다.[2] 그후에도 데카르트의 유골은 수차례 옮겨다녔다. 오늘날 그의 유골이 있는 자리는 생 제르맹 데 프레에 있는 작은 추모비로 표시되어 있다. 그곳에 있는 것은 두개골을 제외한 부분이다. 그의 두개골은 1822년에 프랑스로 돌아왔다. 오늘날 파리 인류 박물관에 가면 유리 상자 안에 든 그의 두개골을 관람할 수 있다.

데카르트가 죽고 4년 뒤에 크리스티나는 왕위를 사임했다. 그녀는 데카르트와 샤뉘가 자신을 일깨웠다고 고백하면서 가톨릭으로 개종했다. 그후 그녀는 로마에 정착했다. 데카르트로부터 따스한 기후의 장점에 관한 강의를 들었기 때문인지도 모른다.

제3부

가우스 이야기

평행선이 공간 안에서
서로 만날 수 있을까?
나폴레옹이 총애한 천재가
유클리드에게 몰락을 선사한다.
그리스인에 의해서 시작된 이래
기하학이 맞은 가장 큰 혁명.

13. 휘어진 공간의 혁명

유클리드의 목표는 공간의 기하학에 기반을 둔 일관된 수학적 구조물을 만드는 것이었다. 그러므로 그의 기하학에서 도출되는 공간의 속성들은 그리스인들이 이해한 공간의 속성들이다. 그러나 공간이 정말로 유클리드가 묘사하고 데카르트가 수량화한 구조를 가지는 것일까? 아니면 다른 가능성들도 있는가?

『기하학 원본』이 2,000년 동안 신성한 경전으로 추앙될 것이라고 귀띔해주었다면 유클리드 자신도 의외라는 표정으로 눈썹을 치켜올렸을지 모른다. 프로그램 산업에 종사하는 사람들의 용어를 빌리면, 두 번째 버전이 나오기까지 2,000년이 걸렸다는 것은 너무 심한 일이다. 그 세월 동안 많은 변화가 있었다. 우리는 태양계의 구조를 발견했고, 지구를 일주하여 항해할 능력을 얻었고, 지도와 지구본을 만들었다. 아침 식사로 희석한 포도주를 마시는 풍습도 사라졌다. 그 세월 동안 서양의 수학자들은 유클리드의 다섯 번째 공리, 즉 평행선 공리에 대한 보편적인 반감을 키웠다. 그러나 아쉽게도, 그들이 거부한 것은 공리의 내용이 아니라, 그 내용이 정리가 아닌 전제의 자리를 차지하고 있다는 점이었다.

여러 세기가 흐르는 동안, 평행선 공리를 정리로 생각해서 증명을 시도한 수학자들은 낯설고 신비한 새로운 종류의 공간들을 발견하기 직전에 이르렀지만, 그들은 그 공리가 공간의 참되고 필연적인 속성이라는 단순한 믿음 때문에 더 이상 전진하지는 못했다. 단 한 사람, 훗날 우연하게도 나폴레옹이 아끼는 영웅들 중 한 사람이 된 가우스라는 15세의 소년만이 예외였다. 이 어린 천재가 1792년에 얻은 깨달음이 새로운 혁명의 씨앗이 되었다. 앞선 혁명과는 달리 이 혁명은 유클리드를 혁명적으로 개량하고, 새로운 연산체계를 제공했다. 곧이어 그토록 오랜 세월 간과되었던 낯설고 신비한 공간들이 발견되고 기술되기에 이른다.

휘어진 공간들의 발견과 함께 다음과 같은 질문이 자연스럽게 제기되었다. 우리의 공간은 유클리드적 공간일까, 아니면 어떤 휘어진 공간일까? 결국 이 질문이 물리학 혁명을 가져왔다. 수학 또한 위기에 빠졌다. 공간의 참된 구조를 추상한 것이 아니라면, 유클리드 공간은 도대체 무엇일까? 평행선 공리가 의문시될 수 있다면, 유클리드의 다른 주춧돌들은 어떠할까? 이미 휘어진 공간의 발견이 이루어진 직후부터 유클리드 기하학 전체가 허물어지기 시작했다. 그리고 마침내 — 이런 놀라운 일이! 수학의 나머지 부분들도 흔들리기 시작했다. 흙먼지가 가라앉고 시야가 열리자, 공간의 이론뿐 아니라 물리학과 수학 전체가 새로운 시대를 맞이했음을 분명히 알아볼 수 있었다.

유클리드를 반박하는 것이 얼마나 힘든 도약이었는지를 이해하려면, 그가 묘사한 공간이 얼마나 깊이 뿌리를 내렸는지를 생각해보아야 한다. 자신의 시대인 고대에 이미 유클리드의 『기하학 원본』은 고전이었다. 유클리드는 수학의 본성을 정의한 것만이 아니다. 그의 책은 교육과 자연철학에서 논리적 사고의 모범으로서 중심적인 역할을 했다. 그의 책은 중세 지성의 부활에 열쇠가 된 작품이다. 그의 책은 1454년 인쇄술이 발명된 이후 가장 먼저 인쇄된 책들 중 한 권이며,[1] 1533년에서부터 18세기까지 수많은 그리스의 작품들 중 원문 인쇄본이 있었던 유일한 작품이다. 19세기까지, 모든 건축기술, 모든 회화의 구도, 모든 과학적 이론과 방정식이 예외없이 유클리드적이었다. 『기하학 원본』은 이 엄청난 위업을 이룰 자격이 있는 작품이다. 유클리드는 공간에 대한 우리의 직관을 추상적 논리체계로 변환시키고, 그 체계로부터 명제를 도출할 수 있게 했다. 어쩌면 우리가 유클리드에 관해서 가장 높이 평가해야 할 점은, 그가 전제들을 부끄럼 없이 공개하려고 했고, 그가 증명한 정리들이 몇 개의 증명되지 않은 공리로부터 논리적으로 연역되는 것일 뿐임을 과장 없이 밝혔다는 점일 것이다. 그러나 제1부에서 이미 언급했듯이, 공리들 중 하나인 평행선 공리는 유클리드를 공부한 거의 모든 학자들에게 의구심을 불러일으켰다. 왜냐하면 그 공리는 유클리드의 다른 전제들과는 달리 단순하지도 직관적이지도 않았기 때문이다. 그 공리를 다시 살펴보자.

한 선분이 두 직선을 가로지를 때, 같은 편의 교차각 내각의 합이 두 직각보다 작으면, 두 직선은 결국 (그쪽 편에서) 만난다.

유클리드는 『기하학 원본』의 처음 28개의 정리를 증명하면서 평행선 공리를 전혀 사용하지 않았다. 그 과정에서 그는 평행선 공리의 역을 증명했고, 외관상 공리가 되기에 더 적합해 보이는 여러 명제들도 증명했다 ─ 예를 들면 삼각형의 임의의 두 변의 길이의 합은 다른 한 변의 길이보다 크다는 사실도 증명했다. 그렇다면 왜 그 까다롭고 전문적인 공리를, 벌써 작업이 많이 진행된 상태에서 부가적으로 도입해야 했을까? 그 장면을 쓸 때에 유클리드가 원고 마감에라도 쫓기고 있었던 것일까?

2,000년이 넘는 세월에 100세대가 바뀌고, 국경이 달라지고 정치체제가 흥망하고, 지구는 태양 주위를 1조6,000억 킬로미터나 달렸지만, 모든 지역의 학자들은 유클리드에게 충성을 다했다. 그들이 그들의 신에게 던진 유일한 질문은, 내용에 관한 것이 아니라 다음과 같은 사소한 것이었다. 유클리드 님, 그 못생긴 평행선 공리를 증명하실 수 없었나요?

14. 프톨레마이오스의 실수

평행선 공리를 증명하려는 첫 번째 알려진 시도[1]는 기원후 2세기 프톨레마이오스에 의해서 이루어졌다. 그의 추론은 난해하지만 핵심을 보면 방법적으로 간단하다. 그는 평행선 공리와 동치인 다른 형태의 명제를 전제하고, 이 명제로부터 원래의 공리를 도출했다. 아니, 이것이 도대체 무엇이란 말인가? 프톨레마이오스를 어떻게 이해해야 하나? 그 친구 혹시 이성-금지 구역에서 살았나? 다음과 같이 외치며 친구에게 달려가는 프톨레마이오스를 상상해야 하나? "유레카! 새로운 증명방법을 발견했어. 순환논법이야." 수학자들은 똑같은 실수를 두 번 저지르지 않았다. 그들은 셀 수도 없이 여러 번 똑같은 실수를 저질렀다. 몇 가지 형태의 평범한 가정들, 심지어 너무나 당연해서 언급이 필요 없어 보이는 가정들이 평행선 공리의 다른 형태라는 것이 밝혀졌다. 프톨레마이오스로부터 200-300년이 지난 후에 프로클로스가 평행선 공리를 증명하는 두 번째 유명한 시도를 했다. 프로클로스는 5세기의 알렉산드리아에서 교육을 받고 아테네로 가서 플라톤 아카데미의 책임자가 되었다. 그는 유클리드의 작품을 분석하는 데에 많은 시간을 할애했다. 그는 이후 지구에서 영원히 사라진 기하학 서적들을 접할 수 있었다. 예를 들면, 프로클로스는 유클리드와 동시대인인 에우데모스의 『기하학의 역사』 같은 책을 읽었다. 그는 『기하학 원본』 제1권에 대한 주석서를 남겼는데, 고대 그리스 기하학에 관한 우리의 지식은 주로 이 주석서에 의존한다.

    프로클로스의 논변을 쉽게 이해하려면 세 가지 일을 해야 한다. 첫째, 앞에서 선보인 바 있는 평행선 공리의 다른 형태, 즉 플레이페어의 공리(Playfair's axiom)를 이용한다. 둘째, 프로클로스 논변의 학문적 용어들을 쉬운 말로 약간 바꾼다. 셋째, 그리스어를 번역한다. 플레이페어의 공리는 다음과 같다.

한 직선과 한 외부점(직선 위에 있지 않은 점)이 있을 때, 외부점을 지나면서 주어진 직선에 평행한 직선은 정확히 하나뿐이다.

오늘날을 사는 대부분의 사람들은, a나 l 같은 낯선 기호가 붙은 직선들보다 지도와 도로망을 훨씬 쉽게 이해한다. 그러므로 프로클로스 논변을 보다 익숙한 무대에 올리기 위해서 뉴욕 시 5번 대로를 생각해 보자. 이어서 5번 대로와 평행한 다른 대로를 상상하고, 이를 6번 대로라고 부르자. 우리가 말하는 "평행함"은 유클리드에 따라서 "교차하지 않음"을 뜻한다. 즉 우리는 5번 대로와 6번 대로가 교차하지 않는다고 가정했다.

6번 대로변 커피 자판기와 핫도그 판매대 위로 웅장한 빌딩이 하나 솟아 있는데, 그 빌딩에는 최고의 양서만을 출간하는 프리 프레스 출판사(우연치 않게도 이 출판사는 이 책을 만드는 출판사이다)가 있다. 출판사의 명예를 훼손할 의도는 전혀 없지만, 예를 들다 보니, 우리가 꾸미는 상황에서 이 출판사가 "외부점"의 역할을 맡아야겠다.

이제 수학의 전통에 따라서 명심해야 할 것은, 우리가 이제껏 말한 것이 이 도로들에 관해서 우리가 전제할 수 있는 것 **전부**라는 사실이다. 비록 우리는 구체적 시각화를 위해서 특정한 대로들을 상상했지만, 수학자답게 우리가 명시적으로 말한 것 이외의 어떤 것도 증명에 사용해서는 안 된다. 그러므로 설령 당신이, 근처에 약간 뒤처지는(적어도 이 책의 출간을 기준으로 한다면) 출판사 랜덤 하우스가 있다는 것, 또는 5번 대로와 6번 대로 사이의 거리가 얼마라는 것, 또는 근처 어디엔가 멍청한 심리학자가 운영하는 상담소가 있다는 것 등을 안다고 하더라도, 이 모든 것은 머릿속에서 지워버려라. 수학적 증명은 명시적으로 보장된 사실들만 적용하는 훈련이다. 유클리드의 『기하학 원본』에는 뉴욕 시에 관한 단 한 줄의 언급도 없다. 실제로 이제부터 시작되는 프로클로스 논변이 저지른 실수는, 당신도 흔히 저지를 만한 실수, 즉 정당화되지 않은 가정을 생각 없이 사용하는 실수이다.

먼저 우리가 꾸민 무대에 맞게 플레이페어의 공리를 변형하자.

5번 대로와 6번 대로에 프리 프레스 출판사가 있는데, 이 출판사를 지나면서 6번 대로처럼 5번 대로에 평행한 다른 도로는 있을 수 없다.

이 명제는 플레이페어의 공리와 완벽하게 동치는 아니다. 왜냐하면 우리는, 프로클로스와 마찬가지로, 주어진 도로(5번 대로)와 평행한 도로가 최소한 한 개(6번 대로) 존재한다고 가정했기 때문이다. 이 가정은 사실상 증명되어야 하는데, 프로클로스는 유클리드의 정리 가운데 하나가 이 가정의 타당성을 보장한다고 해석했다. 우리는 잠정적으로 그의 해석을 인정하기로 하고, 그의 논변이 위와 같은 형태의 공리를 증명할 수 있는지 검토할 것이다.

공리를 증명하려면, 즉 공리를 정리로 만들려면, 우리는 프리 프레스 출판사를 지나는 임의의 도로가 6번 대로를 제외하고는 모두 5번 대로와 교차함을 보여야 한다. 이는 우리의 일상 경험에서 볼 때에 자명한

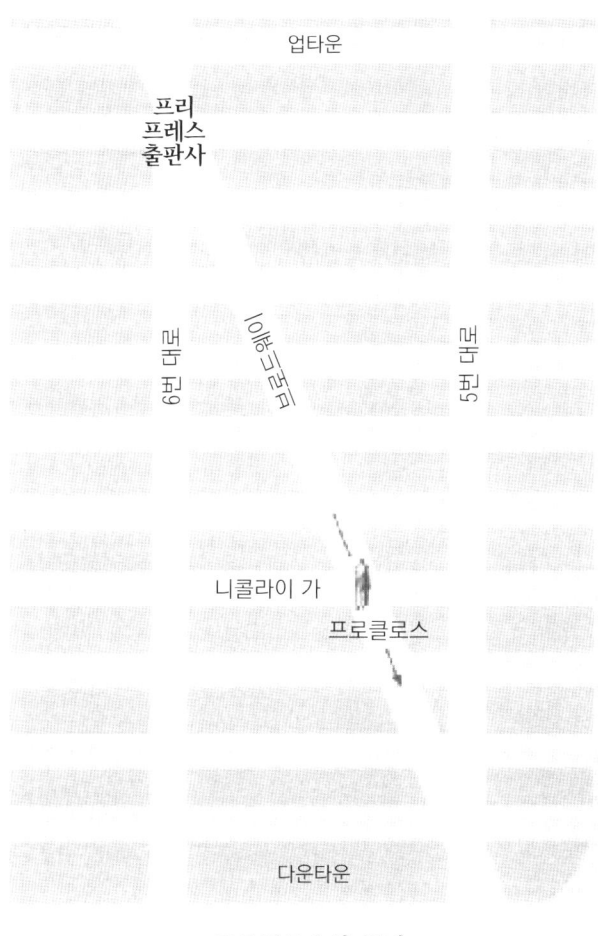

프로클로스의 증명

것처럼 보인다 — 그러니까 그런 도로들을 연결로라고 부르지 않는가. 우리의 임무는 그 사실을 평행선 공리의 도움 없이 증명하는 것이다. 먼저 제3의 도로를 상상하자. 이 도로에 대해서 우리가 가정하는 유일한 속성은, 이 도로가 직선이며, 프리 프레스 출판사를 지난다는 것이다. 이 도로를 브로드웨이라고 부르자.

자신의 증명에서 프로클로스는 프리 프레스 출판사에서 출발해서 브로드웨이를 따라서 아래로 걷기 시작한다. 프로클로스가 잠시 멈춘 자리에서 6번 대로를 향해서 수직으로 뻗은 또 하나의 도로를 상상하자. 이 새 도로를 니콜라이 가(街)라고 부르기로 하자.

니콜라이 가, 브로드웨이, 6번 대로는 직각삼각형을 이룬다. 프로클로스가 브로드웨이를 따라서 아래로 내려갈수록, 이 직각삼각형은 점점 더 커진다(우리는 니콜라이 가도 프로클로스와 함께 움직인다고 상상하고 있다). 이렇게 하면, 니콜라이 가를 비롯한 삼각형의 변들이 얼마든지 길어질 수 있다. 특히 니콜라이 가의 길이는 마침내 5번 대로와 6번 대로 사이의 거리를 넘어서게 될 것이다. 그러므로 브로드웨이는 5번 대로와 교차해야만 한다. 따라서 증명이 이루어졌다고 프로클로스는 결론지으려고 한다.

이 논변은 간단하고 잘못되었다. 먼저 "점점 더 커진다"라는 개념을 미묘하게 오용했다. 니콜라이 가의 길이는, 한 블록을 넘지 않으면서도 영원히 점점 더 커질 수 있다. 이를테면, 무한수열 ½, ⅔, ¾, ⅘, ⅚ ⋯⋯처럼 말이다. 이 수열의 수들은 점점 더 커지지만 항상 1보다 작다. 이 오류는 쉽게 수정될 수 있다. 그러나 수정될 수 없는 결정적 오류는, 프로클로스가 프톨레마이오스와 마찬가지로 정당화되지 않은 전제를 했다는 점에 있다. 그는 직관적으로 분명하지만 그가 증명한 적이 없는 평행선의 속성을 이용했다. 그가 무엇을 전제한 것일까?

프로클로스의 오류는 "5번 대로와 6번 대로 사이의 거리"를 언급한 것에 있다. 우리가 앞에서 했던 말, "설령 당신이⋯⋯5번 대로와 6번 대로 사이의 거리가 얼마라는 것⋯⋯을 안다고 하더라도 이 모든 것은 머릿속에서 지워버리라"는 말을 기억하라. 프로클로스는 거리가 얼마라고 확정하지는 않았지만, 거리가 일정하다는 것을 전제했다. 이것은 우리가 평행선에서, 그리고 5번 대로와 6번 대로에서 경험하는 사실이다. 그러나 수학적으로는 이 사실을 평행선 공리 없이 증명할 수가 없다. 이 사실은 평행선 공리 자체와 동치이다.

9세기의 위대한 바그다드의 학자 타비트[2)]도 이와 유사한 실수를 범했다. 타비트의 추론을 이해하기 위해서, 그가 5번 대로를 따라 대로에 수직인 방향으로 손에 막대자를 들고 걷는다고 상상해보자. 막대자의 반대쪽 끝점은 어떤 궤적을 그리게 될까? 타비트는 그 궤적이 직선이 된다고, 이를테면 6번 대로가 된다고 믿었다. 이를 전제로 해서 그는 평행선 공리의 "증명"을 시도했다. 막대자의 반대쪽 끝점이 어떤 궤적을 그릴 것은 분명하지만, 그 궤적이 직선이 된다는 것을 무슨 근거로 주장할 수 있을까? 따져보면 그 근거는 오직 ― 당신도 예상했겠지만 ― 평행선 공리 자신만이 될 수 있음이 밝혀진다. 오직 유클리드적 공간에서만, 한 직선에서 떨어진 거리가 같은 점들의 집합이 직선을 이룬다. 타비트 역시 프톨레마이오스의 실수를 반복했던 것이다.

타비트의 시도는 공간의 개념에 관한 보다 심층적인 문제를 건드린다. 유클리드의 기하학 체계는, 도형을 주위로 움직여서 서로 겹쳐놓을 수 있을 가능성에 의존하고 있다. 바로 이 방법을 통해서 우리는 기하학적 모양들의 합동, 즉 일치 여부를 판단한다. 당신이 삼각형 하나를 움직이려고 한다고 생각해보자. 자연스럽게 떠오르는 한 가지 방법은, 삼각형의 변을 이루는 세 개의 선분을 각각 동일한 방향으로 동일한 거리만큼 옮기는 것이다. 그런데 만일 직선에서 떨어진 거리가 같은 점들의 집합이 직선이 아니라면, 이런 식으로 옮겨놓은 삼각형의 변들은 직선이 아닐 것이다. 움직이는 동안 도형이 찌그러질 것이다. 공간이 실제로 이런 속성을 가질 수 있을까? 불행히도 타비트는 이 방향으로 추론을 진행시켜서 멋진 결론에 도달한 것이 아니라, 도형이 찌그러진다는 기괴한 사정이 직선의 등거리 점들이 직선을 이룬다는 자신의 전제를 반증한다고 해석했다.

타비트가 활동한 이후 얼마 지나지 않아서 이슬람 세계에서도 과학에 대한 지원이 점차 줄어들었다. 한 학자는 어느 술자리에서, 그가 사는 동네에서는 수학자를 죽이는 것이 불법이 아니라고 한탄했다(이것은 아마도 멍청한 수학자들에 대한 혐오 때문이 아니라, 수학자들의 취미였던 점성술 때문일 것이다. 역사 속에서 점성술은 흔히 사악한 마술과 관련되어, 오늘날과 같은 재밋거리가 아니라 위험한 능력으로 간주되었다).

기독교 세계의 달력으로 따진 연도가 거의 두 배로 커지도록, 타비트와 그의 제자들의 기하학 연구는 빛을 보지 못했다. 그들의 연구가 재발견된 것은, 1663년 영국의 수학자 월리스가 타비트의 제자인 나시르를 강의에서 인용하면서이다.

월리스는 1616년 켄트 지방의 애슈퍼드에서 태어났다. 그는 15세에 형이 읽는 수학책을 보고 수학에 빠져들었다. 그는 케임브리지 대학교 이매뉴얼 칼리지에서 신학을 전공하고, 1640년에 성직자가 되었지만, 수학에 대한 열정을 버리지 않았다. 당시는 흔히 "영국내전"이라고 불리는 청교도 혁명기로, 국왕 찰스 1세와 영국 의회 사이의 분쟁이 심한 시기였다. 월리스는 암호해독을 다루는 수학의 한 분야인 암호해독술(cryptography)을 익혀서 의회주의자들을 도왔다. 왕권주의자라는 이유로 1649년에 해임된 터너의 뒤를 이어 월리스가 옥스퍼드 대학교 기하학 담당 새빌리언 교수직을 맡게 된 것이 이 일과 무관하지 않다고 이야기되기도 한다. 어쨌든 옥스퍼드로서는 월리스를 채용한 것이 큰 수확이 되었다.

터너는 그저 켄터베리 대주교의 친구였을 뿐이다. 그는 많은 우익 정치세력을 규합했지만, 수학 논문은 단 한 편도 발표하지 않았다. 월리스는 뉴턴 이전 시대를 대표하는 영국 수학자가 되었고, 뉴턴에게도 중요한 영향을 미쳤다. 오늘날 심지어 수학과 무관한 사람들조차도, 특히 특정 회사의 고급 승용차를 소유한 사람이라면, 월리스가 이룬 업적 중의 하나를 익히 잘 알고 있을 것이다. 무한대 기호 ∞를 도입한 사람이 바로 월리스이다.

월리스는 유클리드 기하학을 재구성하기 위해서 직관적으로 자명한 다음과 같은 공리로 유클리드의 평행선 공리를 대체하려고 했다.

> 임의의 삼각형과 그 삼각형의 임의의 한 변에 대하여, 그 삼각형을 늘이거나 줄여서, 그 변을 원하는 임의의 길이로 만들면서 각들은 그대로 유지되도록 할 수 있다.

예를 들면, 모든 각이 60도이고, 모든 변이 단위길이인 삼각형이 있다면, 당연히 모든 각이 60도이면서 변의 크기는 10, 10, 10 또는 $\frac{1}{10}$, $\frac{1}{10}$, $\frac{1}{10}$ 또는 10,000, 10,000, 10,000 등 원하는 대로인 다른 삼각형도 있다고 당신은 생각할 것이다. 이렇게 변의 길이는 비례적으로 더 크거나 작으면서 대응하는 각들의 크기는 같은 삼각형들을 닮은 삼각형들이라고 부른다. 만일 우리가 월리스의 공리를 받아들인다면, 쉽게 처리할 수 있는 세부적인 문제를 제외하고 말한다면, 프로클로스와 유사한 방식으로 추론하여 평행선 공리를 쉽게 증명할 수 있다.[3] 월리스의

"증명"은 수학자들의 인정을 받지 못했다. 왜냐하면 그것은 사실상 한 공리를 다른 공리로 대체했을 뿐이기 때문이다. 그러나 월리스의 논변을 뒤집으면 어마어마한 주장이 나온다. 만약 평행선 공리가 지켜지지 않는 공간이 있다면, 그 공간에는 닮은 삼각형들이 없다.

별로 문제될 것 없지 않은가? 그렇지 않다. 문제는 삼각형들이 어디에나 있다는 사실에 있다. 직사각형을 대각선을 따라서 자르면 두 개의 삼각형이 된다. 손을 옆구리에 대면, 굽은 팔과 몸통의 옆선이 삼각형을 이룬다. 물론 사람들의 몸은 제각각 다르지만, 당신의 몸을 비롯한 대부분의 사물은 삼각형들의 그물망으로 된 근사적인 모형으로 잘 표현될 수 있다 — 바로 이 원리를 이용해서 3차원(3-D) 컴퓨터 그래픽이 만들어진다. 만일 닮은 삼각형들이 없다면, 우리가 일상생활에서 전제하는 많은 것들이 통하지 않을 것이다. 물품목록에 있는 예쁜 바지를 보면서 당신은 배달될 물건이, 물론 크기는 수십 배 더 크겠지만, 당신이 본 모양과 맞으리라고 전제한다. 비행기에 오르는 당신은 축소모형에서 잘 작동한 날개의 모양이 거대한 제트기에서도 잘 작동하리라고 전제한다. 실내구조를 바꾸려고 건축가를 고용한 당신은 결과가 설계도와 맞으리라고 전제한다. 비(非)유클리드 공간에서는 이 모든 전제가 거짓이다. 옷도, 비행기도, 새 침실도 찌그러질 것이다.

그런 이상한 공간들이 수학적으로는 있을지 몰라도, 실제 공간이 그런 속성을 가질 수 있겠는가? 그렇다면 우리가 진작에 알았겠지? 아니다, 모르고 있을 수도 있다. 당신의 웃는 모습을 10퍼센트 변형하면 당신의 어머니가 변화를 감지하겠지만, 만일 0.0000000001퍼센트 변형하면, 절대 감지하지 못한다. 비유클리드 공간들은 작은 도형들에 대해서는 거의 유클리드적이고, 우리는 비교적 작은 우주의 한구석에서 살아간다. 양자 이론에서 물리학 법칙들이 기묘한 새로운 모습이 되지만, 오직 우리가 일상에서 만나는 것보다 훨씬 작은 세계에서만 그렇게 되는 일이 있는 것처럼, 비유클리드 공간이 존재하면서도 그 공간이 우리의 일상적인 단위에서는 거의 유클리드적이어서 우리가 차이를 감지하지 못할 수도 있다. 또한 그러면서도 양자 이론과 마찬가지로, 공간의 곡률(curvature)이 물리학에 미치는 영향은 엄청난 것일 수 있다.

18세기 말에 수학자들이 자신들의 발견을 달리 해석했더라면, 그들은 비유클리드 공간이 있을 수 있고, 만일 있다면, 그 공간은 아주 이상한 성질을 가질 것이라는 결론을 내렸을 것이다. 그러나 그들은 그렇게 하지 않고, 이 이상한 속성들이 모순임을 증명할 수 없다는 사실 앞에서, 즉 공간이 유클리드적이라는 것을 증명할 수 없다는 사실 앞에서 당황스러워하기만 했다.

이후의 50년은 은밀한 혁명의 기간이었다. 차례대로 여러 나라에서 새로운 종류의 공간들이 발견되었다. 그러나 그 공간들은 공개되지 않거나, 수학자 사회의 관심을 끌지 못했다. 학자들은, 19세기 중반 독일 괴팅겐에서 사망한 한 나이든 학자의 논문을 보고 드디어 비유클리드 공간의 비밀을 알게 되었다. 그때는 그 나이든 학자를 비롯해서 비유클리드 공간을 발견한 대부분의 사람들이 사망한 후였다.

15. 나폴레옹의 영웅

1855년 2월 23일 괴팅겐에서는[1] 유클리드를 향한 공격의 중심에 섰던 한 사내가 차가운 침대에 늙은 몸을 눕히고 마지막 숨을 몰아쉬고 있었다. 약한 그의 심장은 간신히 피를 뿜어냈고, 그의 폐에는 물이 차기 시작했다. 그의 주머니에 들어 있는 시계가 지상에 남은 그의 마지막 시간을 세고 있었다. 째깍, 째깍, 째깍······시계가 멎었다. 거의 동시에 그의 심장도 멈추었다 — 보통 소설가들이 즐겨 쓰는 상징적인 기법을 나도 한번 사용해보았다.

며칠 후에 그 사내는 묘비도 없는 어머니의 무덤 곁에 매장되었다. 그의 집에서 적잖은 액수의 숨겨진 돈이 — 책상 서랍에서, 옷장에서, 책상 속에서 — 발견되었다. 그의 집은 간소했고, 작은 탁자와 책상과 소파가 전부인 그의 공부방에는 등이 단 한 개뿐이었다. 침실에는 난방시설도 없었다. 생애의 대부분 동안[2] 그는 극소수의 친한 친구와만 교류했고, 매우 비관적인 인생관을 가진 불행한 사람이었다. 그는 수십 년을 대학에서 학생들을 가르치며 보냈지만, 그 일이 "힘들고 보람 없다"[3]고 생각했다. 그는 "불멸이 없는 한, 세계는 무의미하다"[4]고 느꼈지만, 신앙인이 될 확신을 얻지 못했다. 그는 많은 명예를 얻었지만, 그런 명예로운 순간에조차도 "슬픔은 기쁨보다 100배 더 강하다"[5]라고 말했다. 그는 유클리드를 무너뜨리는 혁명의 중심에 있었지만, 그 사실이 밝혀지는 것을 끝내 원하지 않았다. 그때나 지금이나 수학자들 사이에서는, 이 사람이 아르키메데스와 뉴턴과 더불어 인류 역사를 통틀어 가장 위대한 수학자라고 평가된다.

카를 프리드리히 가우스는 뉴턴이 죽고 50년 후인 1777년 독일의 브라운슈바이크에서 태어났다. 그 도시는 150년 전에 전성기를 맞고 쇠퇴한 쇠락한 도시였고, 그가 태어난 지역은 빈민가였다. 그의 부모는, 독일식의 모호한 표현으로 "반(半)시민"이라고 불리는 계층에 속해 있었다. 그의 어머니 도로테아는 문맹이었으며, 하녀로 일했다. 아버지 게프하르트는, 운하 공사와 도로포장에서부터 장의사 회계일까지 수입이 변변치 못한 온갖 일들을 했다.

잠깐! 흔히 "성실하고 정직하다"라고 누군가를 묘사하면, 그 다음에는 좋지 않은 말이 이어질 경우가 많다. 곧 나쁜 말이 나오리라는 예감이 들기 마련이다. 이를테면 — 그는 성실하고 정직했다. 만일 그가 그의 아들을 14년 동안이나 재갈을 물려 광에 가두고 구타하지만 않았다면……. 자, 미리 경고를 했으니 이제 안심하고 말하자. 가우스의 아버지는 성실하고 정직했다.

가우스의 유년시절에 관한 많은 일화가 있다. 그는 말보다 더 빨리 계산을 터득했다고 한다. 풀빵 수레를 가리키며, "엄마, 맘마, 맘마"라고 옹알거린 한 아기가, 엄마가 풀빵을 사고 거스름돈을 받아넣자, "엄마, 거스름돈 25원을 더 받아야 해"라는 말을 해야 하는데 전할 방법이 없어, 마구 울어버리는 경우를 상상해보라. 가우스가 대충 이 정도였던 것으로 보인다. 가우스가 영재임을 보여주는 가장 유명한 일은 그가 막 세 살이 될 무렵의 어느 토요일에 일어났다. 아버지는 노동자들의 한 주일 수당을 계산하고 있었다. 계산은 꽤 시간이 걸렸고, 아버지는 아들이 물끄러미 보고 있다는 사실을 몰랐다. 게프하르트의 아들이 이를테면 니콜라이 같은 평범한 두세 살의 꼬마였다고 가정해보자. 이 상황에서 일어날 만한 일이 무엇이겠는가? 니콜라이가 계산용지 위에 우유를 왕창 엎지르고는 "잘못했어요" 또는 "우유 더 줘"라고 외치는 정도일 것이다. 그런데 어린 가우스는 이렇게 말했다. "덧셈이 틀렸어요. 어디냐 하면……."

게프하르트도 도로테아도 아장아장 걷는 이 꼬마에게 영재교육을 시킨 적이 없었다. 사실상 그 누구도 카를(어린 가우스)에게 계산을 가르친 적이 없었다. 그러므로 우리는 카를이 계산을 하는 것은, 니콜라이가 어느 날 새벽 두 시에 침대에서 벌떡 일어나 앉더니, 무엇에 홀리기라도 한 듯이, 사탄은 아니더라도 최소한 열 살쯤 된 아이의 영혼에 홀린 듯이, 고대 아스텍 문명의 언어를 유창하게 구사하는 상황만큼이나 기괴한 일이라고 볼 수밖에 없다. 그러나 카를의 부모에게는 늘 있는 일이어서 대수롭지 않았다. 아장아장 걷는 꼬마 가우스는 그 무렵에 이미 글도 혼자 깨우친 상태였다.

게프하르트가 아들의 재능을 계발하기 위해서 선택한 조치는 불행히도, 개인교사를 고용하는 것도, 몬테소리 유치원에 입학시키는 것도 아니었다. 살림이 가난했고, 몬테소리 여사는 아직 100년이 더 지나야 태어날 것이었으므로, 이해할 수 없는 일은 아니다. 하지만 게프하르트가 아들의 교육을 위해서 어떤 방도를 찾아내는 것이 불가능한 일은 아니었을 것이다. 그러나 방도를 찾기는커녕, 아버지는 카를에게 매주 급료 계산을 맡겼고, 가끔씩 그의 친구들 앞에 세워놓고 계산을 시켰다. 친구들은 일종의 꼬마 기인 쇼를 즐겁게 관람했을 것이다. 어린 카를은 시력이 나빠서 때로는 아버지가 내놓는 숫자판을 읽을 수 없었다. 너무 수줍어 말도 하지 못하는 카를은 계산 오류를 가만히 인정하곤 했다. 얼마 지나지 않아 게프하르트는 가족의 수입을 위해서 카를을 실뽑는 공장으로 보내서 오후 내내 일하도록 했다.

말년의 가우스는 그의 아버지를 대놓고 조롱하면서, 그를 "권위적이고, 투박하고, 천한"[6] 사람이라고 칭했다. 다행스럽게도 카를의 가족 중에 그의 재능을 높이 평가하는 두 사람이 있었다. 그것은 카를의 어머니와 외삼촌 요한이었다. 게프하르트는 아들의 재능을 얕잡아보고 공식적인 교육이 무의미하다고 생각한 반면에, 도로테아와 요한은 카를의 재능을 믿고 일이 있을 때마다 게프하르트에 맞서 싸웠다. 카를은 태어나면서부터 도로테아의 기쁨이요 자랑이었다. 세월이 흐른 후에 카를이 자신의 누추한 집으로 대학 친구 보여이를 데려온 적이 있다. 보여이는 부유하지는 않았지만 헝가리의 귀족이었다. 도로테아는 카를의 친구를 구석으로 불러, 카를이 사람들의 말처럼 정말 그렇게 똑똑하냐고, 나중에 무엇이 되겠느냐고 물었다. 보여이는 카를이 분명 유럽 최고의 수학자가 될 것이라고 대답했다. 도로테아는 울음을 터뜨렸다.

카를은 일곱 살에 처음으로 지역의 문법 학교(grammar school)에 입학했다. 그 학교는, 데카르트가 여덟 살에 입학했고, 얼마 후에 명문이 된 예수회 학교인 라 플레슈와는 전혀 딴판이었다. 가우스가 전하는 그 학교는 "시궁창 같은 감옥"이거나 "지옥"이었다. 그 시궁창 같은 감옥/지옥/학교의 책임자는 간수장/악마장/교장 뷔트너였는데, 그 이름의 뜻은 독일어로 아마 "시키는 대로 해라, 아니면 맞는다" 정도였던 것 같다. 3학년이 된 가우스는 드디어 그가 두 살에 이미 깨우친 계산을 공부하게 되었다.

뷔트너는 수학 시간에 대략 100개 정도의 수를 한 줄로 주욱 늘어놓은 뒤, 어린 학생들에게 더하라고 시켜서, 수학에 대한 아이들의 흥미를 매우 고양시키곤 했다. 뷔트너 자신은 그 재미있는 덧셈을 스스로

할 생각이 없었는지, 그가 낸 문제들은 늘 어떤 공식을 써서 쉽게 합을 구할 수 있는 것들이었다. 물론 그는 친절하게도 그 공식을 아이들에게 가르쳐주지 않았다.

어느 날 뷔트너는 1에서 100까지의 모든 수를 더하라는 문제를 냈다. 그가 말을 마치자마자, 가장 어린 학생인 카를이 서판에 답을 쓰기 시작했다. 다른 학생들이 계산을 마치기 한 시간 전이었다. 나중에 서판을 검사한 뷔트너는, 50명의 학생 중 카를만이 정확하게 덧셈을 했으며, 그의 서판에는 계산의 흔적이 전혀 없다는 것을 발견했다. 카를이 덧셈 공식을 만들어서 머릿속으로 계산한 것이 분명했다.

사람들은 가우스가, 1에서 100까지의 모든 정수를 한 번 더하는 것이 아니라 두 번 더할 때에 어떻게 될지를 생각해서 덧셈 공식을 만들었을 것이라고 추정한다. 두 번 더한다면, 덧셈을 이렇게 배열할 수 있다. $100+1, 99+2, 98+3\cdots\cdots 3+98, 2+99, 1+100$. 두 수의 덧셈이 100개 나오고, 이 100개의 덧셈값이 모두 101이다. 그러므로 1부터 100까지 한 번 더한 합은 1000×101의 절반인 5,050이다. 이것은 이미 피타고라스도 알았던 공식의 특수한 경우이다. 실제로 피타고라스주의자들은 이 공식을 집단의 암호로 사용했다. 1에서 어떤 수까지의 모든 수들의 합은, 마지막 수와 마지막 수의 다음 수를 곱한 것의 절반과 같다.

뷔트너는 감탄했다. 그는 열등생을 향해서 매를 드는 데에 신속했던 만큼이나, 천재를 알아보는 데에도 신속했다. 훗날 대학교의 선생님이 된 가우스는 학생들에게 매를 든 적은 없지만, 재능 있는 학생과 그렇지 못한 학생을 대하는 태도만큼은 뷔트너에게서 물려받았던 것 같다. 선생님이 된 카를은 그의 강의를 듣는 세 학생에 대해서 한심한 듯이 이렇게 적었다. "한 학생은 준비만 열심히 해오고, 다른 학생은 준비만 그런 대로 해오고, 나머지 한 학생은 능력도 없고 준비도 안 해온 다……."[7] 이 세 학생에 대한 그의 언급은 가르치는 일을 향한 가우스의 일반적인 태도를 보여준다. 마찬가지로 대부분의 학생들 역시 선생으로서의 가우스의 능력을 낮게 평가했다.

뷔트너는 사비를 들여서, 함부르크에서 구할 수 있는 가장 어려운 계산 교과서를 구입했다. 카를은 어쩌면 절실히 필요했던 스승(Mentor)을 얻은 것인지도 모른다. 카를은 그 책을 신속하게 다 읽었다. 불행히도 그 책은 카를의 적수가 되지 못했다. 이 장면에서 우리의 뷔트너는, 위대한 수학자 겸 연사로서 등장하여 외친다. "나는 그에게 더 이상 가르칠 것이 없도다." 그는 카를의 교육을 포기했다. 그리하여 그는 버림받았다고 느끼기 시작한 보통 아이들을 매질하는 데에 다시금 총력을 기울일 수 있게 되었을 것이다. 아홉 살의 카를은 수학자로서의 미래에서 멀어져서, 굵은 대못과 소시지 덩어리가 반기는 노동자의 미래를 향해서 한 걸음 더 다가가게 되었다.

그러나 뷔트너는 카를의 천재성을 완전히 방기하지는 않았다. 그는 재능 있는 열일곱 살의 조교 바텔스를 시켜서 카를의 능력을 평가하게 했다. 그 당시 바텔스는, 깃털 펜을 만들고 학생들에게 사용법을 가르치는, 수학 조교 본연의 훌륭한 임무를 수행하고 있었다. 뷔트너는 바텔스가 수학을 향한 열정을 가지고 있음을 알고 있었다. 머지않아 아홉 살 어린이와 열일곱 살의 조교는 함께 연구하고, 교과서의 증명들을 검토하고, 서로 도움을 주고 받아 새로운 개념들을 발견하게 되었다. 그렇게 몇 년이 흘렀다. 가우스는 10대가 되었다. 10대인 자녀를 두어본 사람이나, 10대를 알았던 적이 있는 사람이나, 10대였던 적이 있는 사람은, 10대가 된다는 것이 반항아가 되는 것일 수 있다는 것을 안다. 가우스의 경우에 주목해야 할 것은, 누구에게 반항아가 되었는가 이다.

오늘날 반항적인 10대가 된다는 것은, 혓바닥에 다이아몬드 장신구를 한 여자애와 밤새 나돌아다니는 것 정도일 것이다. 가우스의 시대에는 몸에 구멍을 뚫는 일이 아직 전쟁터에서나 일어날 일이었지만, 다수에 대한 반항은 그때도 역시 "밖으로" 나가는 일이었다. 당대 독일을 움직인 커다란 지적인 움직임은 "슈투름 운트 드랑(Sturm und Drang)"이라고 불렸다. 이는 "폭풍과 갈망"을 뜻한다.

독일 사회가 "폭풍"이라는 단어를 즐기기 시작하면, 언제라도 경계심을 품어야 할 것이다. 하지만 이 시기의 "폭풍"은 히틀러나 힘러가 아닌 괴테와 실러 같은 인물이 주도했다. 그들은 개인의 천재성과 기존의 질서에 대한 반역을 숭배했다. 물론 일반적으로 가우스가 "폭풍과 갈망"의 움직임을 추종했다고 평가할 수는 없지만, 그는 천재였고, 나름대로의 방식으로 그 움직임에 동참한 것도 사실이다. 가우스는 부모나 정치체제에 반항한 것이 아니라, 유클리드에게 반항했다.

열두 살 때부터 가우스는 유클리드의 『기하학 원본』을 비판하기 시작했다. 그는 다른 사람들과 마찬가지로 평행선 공리에 비판의 초점을 맞추었다. 그러나 그의 비판은 새롭고 이단적이다. 이전 사람들과는 달리 가우스는 그 공리를 보다 좋은 형태로 표현하려고 하지도, 그 공리를 증명하려고 하지도 않았다. 오히려 그는 그 공리가 타당한지를 물었다. 가우스는 의문을 품었다. 공간이 실제로 휘어져 있을 수 있을까?

열다섯에 가우스는 역사상 최초로, 유클리드의 평행선 공리를 위반하는 논리적으로 일관적인 기하학이 있을 수 있다는 것을 인정했다. 물론 그 사실을 증명하거나, 그런 기하학을 만들려면, 아직 갈 길이 많이 남아 있었다. 뛰어난 재능에도 불구하고 열다섯의 가우스는 아직도 공사장 인부가 될지도 모르는 형편에 있었다. 가우스와 과학을 위해서 다행스럽게도, 가우스의 친구 바텔스의 친구의 친구의 친구가 브라운슈바이크의 공작 페르디난트였다.

페르디난트는 바텔스를 통해서 장래가 촉망되는, 수학에 천재성을 지닌 젊은이의 이야기를 들었다. 공작은 대학까지 학비를 대줄 것을 제안했다. 이제 남은 장애물은 아버지뿐이었다. 게프하르트 가우스는 나아갈 유일한 길은 계속 도랑을 파는 것뿐이라고 믿었던 것 같다. 이때 아들이 공부하고자 하는 책을 단 한 줄도 읽지 못하는 어머니 도로테아가 개입한다. 그녀는 적극적으로 아들을 지지했고, 결국 카를은 공작의 제안을 받아들이라는 아버지의 허락을 얻었다. 카를은 열다섯 살에 지역의 김나지움에 입학했다. 김나지움은 대략 고등학교에 해당한다. 카를은 1795년 열여덟의 나이로 괴팅겐 대학교에 입학했다.

공작과 가우스는 이후 좋은 친구 사이가 되었다. 공작은 대학시절 이후에도 지속적으로 가우스를 후원했다. 그러나 영원히 그럴 수는 없다는 사실을 가우스도 알고 있었을 것이다. 들리는 소문에 의하면, 공작이 너무 많은 자선을 베풀어 재산을 탕진했다고도 하지만, 어쨌든 그는 벌써 60대의 노인이었고, 그의 후계자는 그다지 후한 인물이 아니었던 것으로 보인다. 하지만 이후 10년의 세월은 가우스에게 학문적으로 가장 중요한 시기가 되었다.

1804년에 가우스는 요한나라는 친절하고 명랑한 아가씨와 사랑에 빠졌다. 일생 동안 그토록 자주 건방지고 극도로 자신감에 넘친 모습을 보였던 가우스도 그녀의 마법에 걸리자 초라하고 자책감 많은 사내였다. 그는 친구 보여이에게 요한나에 관해서 이렇게 썼다.

천사 같은 그녀, 땅 위에 있기에는 너무나 고귀한 그녀가 3일 동안 나의 곁에 있었어. 나는 말할 수 없이 행복해……그녀의 가장 큰 장점은, 단 한 방울의 슬픔도 분노도 없는 고요하고 독실한 영혼이라는 거야. 아, 그녀는 나보다 훨씬 더 훌륭해……나는 이런 축복을 꿈꿀 수 없었어. 나는 잘생기지도 당당하지도 않아. 내가 줄 것이라고는 열렬한 사랑이 가득한 진실한 마음뿐이야. 나는 사랑을 이룰 희망을 버렸어.[8]

카를과 요한나는 1805년에 결혼했다. 요한나는 이듬해에 사내아이 요세프를 낳았고, 1808년에 딸 미나를 낳았다. 그러나 그들의 행복은 오래 지속되지 않았다.

1806년 가을에 공작은 병 때문이 아니라 나폴레옹을 상대로 한 전투에서 포탄에 맞아 입은 부상 때문에 사망했다. 가우스는 괴팅겐에 있는 그의 집 창가에 서서, 치명상을 입은 그의 친구 겸 후원자가 수레에 실려가는 모습을 물끄러미 보고 있을 수밖에 없었다. 재미있는 일이지만, 나폴레옹은 괴팅겐을 파괴하지 않았다. 왜냐하면 그곳에 가우스가, 나폴레옹의 표현을 따른다면, "역사상 가장 뛰어난 수학자가 살기 때문"이었다.

공작의 죽음으로 가우스 가족은 경제적 위기를 맞았다. 그러나 그 위기는 그들이 맞을 수많은 위기 중 가장 사소한 것에 불과했다. 이후 몇 년 사이에 카를의 아버지와 외삼촌 요한이 사망했다. 이어서 1809년 요한나가 셋째 아이 루이스를 낳았다. 미나의 출산도 난산이었지만, 루이스의 출산은 더욱 힘들어서, 산모와 아기 모두 위험한 상태였다. 한 달 후에 요한나가 죽었다. 그리고 얼마 후에 아기도 산모의 뒤를 따랐다. 짧은 기간 동안 카를의 인생은 꼬리를 잇는 비극들로 뒤덮였다.

아직도 끝이 아니었다. 미나 또한 어린 나이에 죽을 운명이었다.

가우스는 곧 재혼하여 세 명의 아이를 더 낳았다. 그러나 요한나의 죽음 이후 삶은 그에게 더 이상 즐거움을 주지 못했던 것 같다. 보여이에게 그는 이런 편지를 썼다. "내가 나의 삶에서 세계가 추앙하는 많은 것을 얻었음은 사실이지. 그러나, 믿어다오, 나의 친구야, 나의 삶을 붉은 리본처럼 수놓은 것은 비극임을."[9] 카를의 손자 한 명이 1927년에, 그 손자 역시 죽음을 앞둔 상태에서, 할아버지의 유품 중에서 눈물로 얼룩진 쪽지 한 장을 발견했다. 그 쪽지에 할아버지가 쓴 글은 다음과 같다.

외로움 속에서 나는 나를 둘러싼 이곳의 행복한 사람들 주위를 서성거린다. 잠깐 동안 그들 덕에 나의 슬픔을 잊지만, 슬픔은 곧 두 배가 되어 돌아온다……맑은 하늘조차도 나를 더욱 슬프게 한다…….

16. 제5공리의 몰락

가우스가 역사상 가장 위대한 수학자 중 한 사람으로 인정받는 이유는, 그가 수학의 다양한 분야에 깊은 영향을 남겼기 때문이다. 그러나 그는 종종 미래의 세대를 위한 발판을 놓은 인물이라기보다는, 다만 뉴턴으로부터 시작된 발전을 마무리한 과도기적 인물로 여겨진다. 그러나 공간의 기하학에 관한 그의 업적과 관련해서는 전혀 그렇지 않다. 그의 업적은 이후 100년 동안 수학자들과 물리학자들을 바쁘게 만들었다. 그가 일으킨 혁명을 방해한 것은 단 한 가지뿐이다. 그는 자신의 업적을 비밀에 부쳤다.

1795년 대학생의 신분으로 괴팅겐에 도착한 가우스는 평행선 공리와 관련된 문제에 활발한 관심을 가졌다. 가우스의 선생님들 중 한 명인 케스트너는 취미삼아 평행선 공리의 역사에 관한 문헌들을 수집했다. 심지어 케스트너가 지도한 학생인 클뤼겔은 박사학위 논문으로, 평행선 공리를 증명하려는 28개의 실패한 시도들을 분석하는 글을 썼다. 그러나 케스트너도 다른 누구도, 가우스가 의심하는 것을, 즉 평행선 공리가 타당하지 않을지도 모른다는 것을 생각하지 않았다. 케스트너는, 오직 미친 사람만이 그 공리의 타당성을 의심할 것이라는 언급을 하기도 했다. 가우스는 자신의 생각을 혼자 간직했다. 그가 자신의 생각을 어떤 과학 학술지에 단 한 번 발표한 사실이 있다는 것이 그의 사망 43년 후에 발견되기는 했지만 말이다. 말년의 가우스는 문학계를 기웃거리는 케스트너를, "시인들 중 가장 뛰어난 수학자이며, 수학자들 중 가장 뛰어난 시인"이라고 조롱하기도 했다.[1]

1813년에서 1816년 사이에 괴팅겐의 수리 천문학 담당 교수로 일하던 가우스는 마침내 유클리드 이후 때를 기다려온 결정적인 진보를 이루었다. 가우스는 우리가 오늘날 쌍곡선 기하학(hyperbolic geometry)이라고 부르는 구조를 가지는 비(非)유클리드 공간에 있는 삼각형의 부분들의 관계를 규정하는 방정식을 완성했다. 1824년경에는 가우스가 이론 전체를 완성한 것으로 보인다. 그해 11월 6일 가우스는 상당히 높은 수준으로 수학에 관한 글을 쓰는 법률가 타우리누스에게 다음과 같이 썼다.[2] "[삼각형의] 세 내각의 합이 180도보다 작다고 가정하면, 우리의 기하학과 [즉 유클리드 기하학과] 전혀 다른 특별한 기하학이 만들어진다. 그 기하학은 완벽하게 일관적이며, 나는 스스로 만족스러울 만큼 그 기하학을 발전시켰다……." 가우스는 이 사실을 발표하지 않았으며, 타우리누스를 비롯한 다른 사람들에게도 이를 타인에게 알리지 말라고 부탁했다. 왜였을까? 가우스가 두려워한 것은 교회가 아니라, 교회의 세속적 잔재라고 할 수 있는 철학자들이었다.

가우스의 시대에는 과학과 철학이 완전히 분리되어 있지 않았다. 물리학은 아직 "물리학(physics)"이 아닌 "자연철학(natural philosophy)"으로 불렸다. 과학적인 추론은 더 이상 사형으로 다스릴 범죄는 아니었지만, 신앙이나 단순한 직관에서 비롯된 생각들도 흔히 과학적 추론과 동등하게 타당한 것으로 간주되었다.

가우스가 특히 조롱했던 당대의 유행으로는 "탁자 강신술(table-rapping)"이라는 것이 있었다. 멀쩡한 지식인들이 탁자에 둘러앉아 손을 탁자 위에 올려놓는다. 30분 정도가 지나면, 탁자가 지루하기라도 한 듯이 움직이거나 회전하기 시작한다. 사람들은 이 움직임이 죽은 사람들로부터 오는 일종의 영적 메시지라고 믿었다. 혼령들이 정확히 무슨 메시지를 전하는지는 불분명했지만, 확실히 결론내릴 수 있는 것은, 죽은 사람들은 탁자가 안쪽 벽에 다가가도록 하는 것을 좋아한다는 사실이다. 한번은 하이델베르크 철학부 전체가 움직이는 탁자를 한참 동안 따라다니기도 했다. 검은 옷에 수염을 기른 법학자들이 무리를 지어, 그들의 힘이 아닌 신비한 영혼의 자력에 의해서 움직인다고 생각되는 탁자에서 손을 떼지 않으려고 애쓰는 모습이 담긴 그림이 남아 있다. 가우스가 살던 시대에는 이런 모습조차도 이성적이었다. 반면에 유클리드가 실수를 범했다는 생각은 비이성적이었다.

가우스는 많은 학자들이 어리석은 사람들과의 지루한 논쟁에 말려들어 스스로 어리석어지는 위험에 처하는 모습을 보아왔다. 예를 들면, 가우스가 존경한 월리스도 영국의 철학자 홉스와 원의 면적을 계산하는 최선의 방법에 관해서 치열한 논쟁을 벌인 적이 있었다.[3] 홉스와 월리스는 20년 이상 공개적으로 서로를 비방했다. 그 결과, "월리스 박사의 엉터리 기하학과 촌스러운 언어 등의 증거들" 등의 제목이 붙은 선전문을 작성하느라고 많은 값진 시간이 소모되었다.

가우스가 가장 두려워한 철학자들은 1804년 사망한 칸트의 추종자들이었다.[4] 신체적으로 보면, 칸트는 철학계의 툴루즈 로트레크라고 할 수 있었다. 그는 등이 구부정하고, 키는 겨우 150센티미터 정도였으며, 가슴은 기형적인 모양이었다. 그는 1740년 신학 전공의 학생으로 쾨니히스베르크 대학교에 들어갔지만, 자신의 흥미가 수학과 물리학에 있음을 발견했다. 졸업 후에 칸트는 철학적 저술들을 출간하기 시작했고, 개인교사가 되었으며, 인기 있는 강사가 되었다. 1770년경부터 칸트는 훗날 그의 가장 유명한 작품이 된 『순수이성비판(*Kritik der reinen Vernunft*)』을 쓰기 시작했다. 『순수이성비판』은 1781년에 출간되었다.

당대의 기하학자들이 "증명"에서 상식과 기하학적 도형에 의존한다는 사실을 간파한 칸트는, 기하학이 엄격히 논리적이라는 주장은 버려야 하고,[5] 직관을 수용해야 한다고 믿었다. 가우스는 반대의 입장[6]을 취했다 — 엄격한 논리성은 필수적이며, 대부분의 수학자들이 그럴 능력을 갖추지 못했을 뿐이라는 것이 가우스의 주장이었다.

『순수이성비판』에서 칸트는 유클리드 공간이 "사유의 불가피한 필연"이라고 말한다.[7] 가우스는 칸트의 사상을 즉석에서 거부하지는 않았다. 그는 먼저 읽고 나서 거부했다. 실제로 가우스는 『순수이성비판』을 다섯 번이나 읽으면서 이해하려고 노력했다고 한다. 우리가 아테네 식당의 차림표에서 코리스티케 살라타(Χωριάτικη Σαλάτα)[8]를 찾는 것보다 훨씬 쉽게 그리스어 철자를 골라 쓰는 정도가 철학적 전통에 대한 지식의 전부인 수학자 가우스로서는 대단한 노력을 기울였다고 할 수 있다. 다음과 같은 단락에도 잘 드러나는 칸트식 글쓰기의 모호함을 염두에 둔다면, 가우스가 얼마나 고생을 했을지 더 잘 이해하게 된다. 그 단락에서 칸트는 종합판단과 분석판단을 구분한다.[9]

주어와 술어의 관계가 생각되는 모든 판단(나는 긍정판단만을 고려한다. 차후에 부정판단에 적용하는 것은 쉬운 일이다)에서 그 관계는 서로 다른 두 가지 방식으로 가능하다. 주어 A에 대한 술어가 A의 개념 안에 (잠재적으로) 포함되어 있는 것으로서, 또는 술어가 A의 개념 밖에 있으면서 그 개념과 연결되어 있는 것으로서. 첫 번째 경우를 나는 분석판단, 두 번째 경우를 종합판단이라고 명명한다.

오늘날의 수학자들과 물리학자들은 철학자가 그들의 이론을 어떻게 생각할지에 관해서 거의 염려하지 않는다. 유명한 미국의 물리학자 파인먼은 철학계를 어떻게 생각하느냐는 질문을 받고 매우 간단명료하게 두 개의 철자만을 사용해서 대답했다.[10] 그는 철자 "b"와, 일반적으로 복수형을 만들 때에 쓰는 철자를 썼다("bs", 즉 2류들/역주). 그러나 가우스는 칸트의 철학을 진지하게 받아들였다. 그는 위의 분석판단과 종합판단의 구분이 "사소하고 자명한 구분이거나, 틀린 구분"이라고 썼다. 그러나 그는 이 생각 역시 비유클리드 공간에 관한 그의 이론과 마찬가지로 믿을 수 있는 사람들에게만 털어놓았을 것이다. 가우스가 1815년에서 1824년 사이에 이룬 자신의 획기적인 발전을 발표하지 않았음에도 불구하고, 운명의 장난처럼 거의 같은 시기에 다른 두 사람이 비유클리드 기하학을 발표했다. 이 두 사람은 모두 가우스와 관계를 맺은 사람들이었기 때문에, 많은 사람들은 운명의 장난을 의심스러운 눈초리로 바라보기도 한다.

● ■ ▲

1823년 11월 23일, 가우스의 오랜 친구인 볼프강 보여이의 아들 요한 보여이는 아버지에게 자신이 "새롭고 다른 세계를 무로부터 창조했음"[11]을 알리는 편지를 썼다. 그가 비유클리드 공간을 발견했음을 알린 것이다. 같은 해에 러시아의 카잔에서 로바쳅스키는 출간되지 않은 기하학 교과서에서 평행선 공리를 위반했을 때에 얻어지는 귀결을 연구했다. 로바쳅스키는 당시 카잔에서 교수직을 맡고 있었던 바텔스의 제자이다. 볼프강 보여이와 바텔스는 모두 오래 전부터 비유클리드 공간에 관심을 두고 가우스와 토론을 해왔다.

우연의 일치였을까? 천재 가우스가 위대한 이론을 발견하고 친구들과 즐겁게 그 이론에 관해서 토론하지만, 이론을 발표하기를 거부한다. 그로부터 얼마 지나지 않아서 가우스의 친구들의 측근이 허름한 작업실에서 뛰어나오면서 똑같은 위대한 발견을 했다고 주장한다. 의심을 받기에 충분한 상황이 아닐 수 없다. 로바쳅스키를 향해서 이런 노래[12]를 부를 만한 상황이다. "표절하세요, 남들의 업적을 눈여겨보아요……." 그러나 오늘날 대부분의 역사가들은 보여이와 로바쳅스키에게 전해진 것이 가우스의 구체적인 업적들이 아니라 다만 그의 정신이었다는 것, 그리고 보여이와 로바쳅스키가 적어도 그 당시에는 서로의 작업을 몰랐다는 것을 인정한다.

불행히도 보여이와 로바쳅스키의 작업을 아무도 알아주지 않았다. 근본적으로 기괴한 수학자들의 말에 누구도 귀를 기울이지 않았다. 로바쳅스키는 자신의 연구를 발표했지만, 상황에 도움이 될 수 없었다. 그는 무명의 러시아 학술지 「카잔 메신저(*Kazan Messenger*)」에 논문을 발표했다. 보여이의 연구 역시 그의 아버지의 저술인 『텐타멘(*Tentamen*)』에 부록으로 첨부되어 발표되었으나, 역시 도움이 되지 못했다. 약 14년 후에 가우스는 우연히 로바쳅스키의 논문을 발견했고, 볼프강 보여이로부터 그의 아들의 연구를 전하는 편지를 받았지만, 그 연구들을 발표하여 스스로를 논쟁의 한복판에 내놓으려고 하지 않았다. 가우스는 보여이에게 진심으로 축하하는 편지를 썼고(그 자신도 이미 유사한 결론에 이르렀음을 언급하면서), 로바쳅스키를 괴팅겐 왕립 과학자 회의에 통신 회원으로 추대하는 선심을 베풀었다(로바쳅스키는 1842년에 통신 회원으로 선출되었다).

야노시 보여이는 그외에 또다른 수학 논문은 전혀 발표하지 않았다.[13] 한편 로바쳅스키는 성공적인 행정가가 되었고 마침내 카잔 대학교의 총장이 되었다. 만일 가우스와 접촉하지 않았다면, 보여이와 로바쳅스키는 역사의 뒤안길로 사라진 이름 없는 인물들에 불과했을지도 모른다. 비유클리드 기하학의 혁명을 촉발시킨 결정적인 계기는 공교롭게도 가우스의 죽음이었다.

가우스는 주변의 물건들을 꼼꼼하게 모아두는 사람이었다.[14] 그는 어떤 기이한 자료들, 예를 들면 죽은 친구들의 수명을 일(日) 수로, 또는 그가 근무하는 천문대에서 그가 즐겨 찾는 장소들까지의 거리를 발걸음 수로 나타낸 자료들을 수집하는 것을 즐겼다. 그는 또한 자신의 논문들도 작성시기를 기록하여 보관했다. 가우스가 사망한 이후 학자들은 그의 메모와 편지를 뒤졌다. 그 속에서 학자들은 비유클리드 공간에 대한 가우스의 연구와 보여이와 로바쳅스키의 논문을 발견했다. 보여이와 로바쳅스키의 논문은 1867년 발처의 권위 있는 저술인『수학의 요소들(Elemente der Mathematik)』제2판에 수록되었다. 두 논문은 곧이어 새로운 기하학을 연구하는 사람들에게 표준적인 참고 문헌이 되었다.

1868년 이탈리아의 수학자 벨트라미가 마침내 평행선 공리의 증명을 둘러싼 논의에 마침표를 찍었다. 그는, 만일 유클리드 기하학이 일관된 수학적 구조물이라면, 최근에 발견된 비유클리드 공간들 역시 일관된 수학적 구조물임을 증명했다. 그런데 유클리드 기하학이 일관적일까? 우리가 나중에 보게 되겠지만, 일관적이라는 증명도, 일관적이지 않다는 증명도 이루어지지 않았다.

17. 쌍곡선 공간에 빠져서

비유클리드 공간이란 무엇인가? 가우스, 보여이, 로바쳅스키가 발견한 공간인 쌍곡선 공간은 평행선 공리 대신에, 임의의 직선에 대해서 주어진 외부점을 지나는 평행선이 하나가 아니라 여러 개가 있다는 가정을 집어넣었을 때에 생겨나는 공간이다. 가우스가 타우리누스에게 쓴 글에 이미 들어 있듯이, 이 새로운 가정으로부터 나오는 귀결 중의 하나는 삼각형의 내각의 합이 항상 180도보다 작다는 것이다. 가우스는 내각의 합이 180보다 작은 정도를 각 손실(angular defect)이라는 용어로 지칭했다. 또 하나의 귀결은, 월리스가 생각했던 것으로, 닮은 삼각형들이 존재하지 않는다는 것이다. 이 두 귀결은 서로 관련이 있다. 왜냐하면 각 손실은 삼각형의 크기에 따라서 달라지기 때문이다. 더 큰 삼각형은 각 손실이 더 크다. 즉 더 작은 삼각형은 보다 유클리드적이다. 쌍곡선 공간에서는 유클리드적 형태에 근접할 수는 있지만, 유클리드적 형태에 도달할 수는 없다. 마치 빛의 속도나 당신이 꿈꾸는 이상적인 몸무게가 현실 속에서 그런 것과 마찬가지로 말이다.

한 개의 단순한 공리를 약간 바꾼 것에 불과하지만, 평행선 공리를 바꿈으로써 생기는 파장은 유클리드의 정리들 전체를 관통하면서 공간의 모양에 관한 주장을 담은 모든 정리들을 바꾸어놓는다. 이는 마치 가우스가 유클리드의 창에서 유리를 떼어내고 휘어진 렌즈를 갈아 끼운 것에 비유할 만하다.

가우스도 로바쳅스키도 보여이도 이 새로운 유형의 공간을 시각화하는 간단한 방법을 발견하지 못했다. 그 방법은 벨트라미에 의해서 발견되고, 프랑스의 수학자, 물리학자, 철학자, 프랑스 대통령 레이몽 푸앵카레의 사촌인 앙리 푸앵카레에 의해서 더욱 간단한 형태로 개선되었다. 그때나 지금이나 앙리의 유명세는 그의 사촌에 뒤지지만, 앙리 역시 사촌 레이몽과 마찬가지로 멋진 구호를 만드는 재주가 있었다. "수학자는 만들어지는 것이 아니라 태어난다"[1]라는 진부하고 무의미한 말이 바로 앙리 푸앵카레가 남긴 말이다. 이 말 덕분에 앙리는 대중 속에 여전히 살아 있다고 할 수 있다. 그러나 1880년대에 그가 이룬 업적인 쌍곡선 공간의 구체적 모형은 일반인들에게 덜 알려져 있다.

푸앵카레는 직선이나 평면 같은 기초적인 요소들을 구체적인 것들로 대체함으로써 모형을 만들어갔다. 그 다음 그는 쌍곡선 기하학의 공리들을 대체된 구체적인 것들을 통해서 해석했다. 정의되지 않은 공간 용어들을 무엇인가로 대체하는 일은, 즉 용어들을 번역하는 일은, 곡선이라고 하든 평면이라고 하든 심지어 밥이라고 하든, 번역 후에 그 용어들이 공리들로부터 얻는 의미가 잘 정의되어 있고 일관적이기만 하다면 정당한 일이다. 우리는 비유클리드 평면을 얼룩말의 털가죽으로 모형화할 수도 있다. 원한다면 얼룩말의 털끝을 점이라고 부르고, 줄무늬를 직선이라고 부를 수도 있다. 이렇게 했을 때에 공리들이 일관되게 번역될 수만 있다면 말이다.

1. 임의의 두 털끝이 있을 때, 그 두 털끝을 끝점으로 하는 줄무늬 조각 한 개가 그려질 수 있다.

얼룩말 표면 공간에서는 이 공리가 성립하지 않는다. 얼룩말 줄무늬는 두께가 있고 한 방향으로만 그려져 있다. 그러므로 같은 줄무늬 위에 있지 않고 서로 옆으로 떨어져 있는 두 털끝은 어떤 줄무늬 조각의 끝점도 아니다. 푸앵카레의 모형에는 얼룩말이 없다. 대신에 팬케이크가 있다.

푸앵카레의 우주는 다음과 같이 이루어진다. 무한한 평면은 팬케이크와 같은 유한한 원반으로 대체된다. 이 원반은 무한히 얇고 경계선이 완벽한 원이다. "점"은 데카르트 이래 늘 점이라고 여겨져온 것 그대로이다. 즉 점은 위치이다. 마치 팬케이크에 뿌린 설탕가루와 같다. 푸앵카레의 직선은 팬케이크에 있는 갈색의 둥근 석쇠 자국이다. 학술적인 말로 한다면, 직선은 "원반의 경계선과 직각으로 만나는 임의의 원호"[2]이다. 우리가 직관적으로 생각하는 직선과 이 직선을 구분하기 위해서 우리는 "푸앵카레-직선"이라는 용어를 사용할 것이다.

이러한 구체적인 밑그림을 그린 후에는 이 공간에 적용될 기하학적 용어들의 의미를 제시해야 한다. 결정적으로 중요한 용어 하나는 "합동"이다. 합동은 도형의 같음을 말하는 까다로운 개념으로, 유클리드는 도형을 겹쳐봄으로써 합동 여부를 알아낸다고 가르쳤다. 유클리드는 네 번째 "일반 관념"으로 다음을 제시했다:

4. 서로 일치하는 것들은 서로 같다.

이미 언급했듯이, 공간 속의 도형을 변형 없이 움직이는 것은 오직 유클리드식의 평행선 공리를 가정했을 때에만 가능하다. 따라서 합동을 정의하기 위해서 유클리드의 네 번째 일반 관념을 쓰는 것은 비유클리드 공간에서는 있을 수 없는 일이다. 푸앵카레의 해결책은 길이와 각도를 측정하는 체계를 정의함으로써 합동의 의미를 설정하는 것이었다. 이렇게 하면, 두 도형은 변들과 각들의 크기가 일치할 때에 합동이 된다고 합동의 의미를 말할 수 있을 것이다. 간단할 것 같다. 그러나 전혀 간단하지 않다.

각의 크기를 정의하는 것은 곧바로 이루어진다. 푸앵카레는 두 푸앵카레-직선이 이루는 각을 교점에서의 두 접선이 이루는 각으로 정의했다. 다음으로, 길이 혹은 거리를 정의하기 위해서 푸앵카레는 더 많은 작업을 해야만 했다. 독자들도 거리의 개념을 정의하는 데에 어려움이 있다는 것을 간파했을지도 모른다. 왜냐하면 푸앵카레가 무한한 평면을 유한한 구역 속에 뭉쳐놓았기 때문이다. 예를 들면 유클리드의 제2공리를 생각해보자.

2. 임의의 선분은 양쪽으로 무제한적으로 연장될 수 있다.

일반적인 거리의 정의를 사용한다면, 이 공리는 팬케이크 위에서 분명 성립할 수 없다. 그러나 푸앵카레는, 우주의 끝에 가까이 갈수록 공간이 압축되도록, 따라서 유한한 면적이 무한해지도록 거리를 재정의했다. 쉬운 이야기로 들리지만, 푸앵카레가 제멋대로 거리를 재정의할 수는 없다 — 정당한 재정의가 되기 위해서는 많은 요구사항을 충족시켜야만 한다. 예를 들면, 서로 다른 임의의 두 점 사이의 거리는 항상 0보다 커야 한다. 또한 푸앵카레가 선택한 거리 산출 공식은, 임의의 두 점을 잇는 가장 짧은 경로(이를 측지선[geodesic]이라고 부른다)가 푸앵카레-직선이 되도록 해야 한다. 유클리드 공간에서 측지선이 일상적인 의미에서의 직선이었던 것과 마찬가지로 말이다.

쌍곡선 공간을 정의하기 위해서 필요한 모든 근본적인 기하학 개념들을 검사해보면, 푸앵카레의 모형이 모든 용어들에게 일관적인 의미를 부여한다는 것을 확인할 수 있다. 다른 사항을 검토할 수도 있겠지만, 가장 재미있는 것은 그 유명한 평행선 공리를 검토하는 일이다. 쌍곡선 공간에서의 평행선 공리를 플레이페어 형태로 푸앵카레 모델에 맞추어 진술하면 다음과 같다.

임의의 푸앵카레-직선 하나와 그 푸앵카레-직선 위에 있지 않은 한 점이 있을 때, 그 외부점을 지나면서 그 푸앵카레-직선과 교차하지 않는 푸앵카레-직선들이 많이 있다.

다음 페이지에 있는 그림은 어떻게 이것이 가능한지 보여준다.

푸앵카레의 쌍곡선 공간 모형은 수학자들이 힘들여 찾아낸 특이한 정리들과 성질들을 쉽게 확인할 수 있도록 해주는 실험실이다. 예를 들면, 직사각형을 그리는 시도를 해보자. 비유클리드 공간에서는 직사각형이 존재하지 않는다. 먼저, 푸앵카레-직선으로 밑변을 그린다. 그런 다음, 밑변을 중심으로 같은 방향으로 수직하게 두 개의 푸앵카레-직선 조각을 그린다. 마지막으로, 밑변과 마찬가지로 두 푸앵카레-직선 조각과 수직으로 만나는 푸앵카레-직선을 써서 두 푸앵카레-직선 조각을 연결한다. 이는 불가능한 일이다. 푸앵카레 공간에는 직사각형이 없다.

그런데 이 모형을 만들어서 푸앵카레가 공헌한 바가 도대체 무엇인가? 파리 대학교 세미나에서 이 모형을 발표한 앙리가 세련된 바지를 입고 강단에 서 있고, 몇 명의 안경을 낀 학자들이 일어나 박수를 치는 광경을 상상해볼 수 있을 것이다. 학자들은 앙리를 발표회 뒤풀이 자

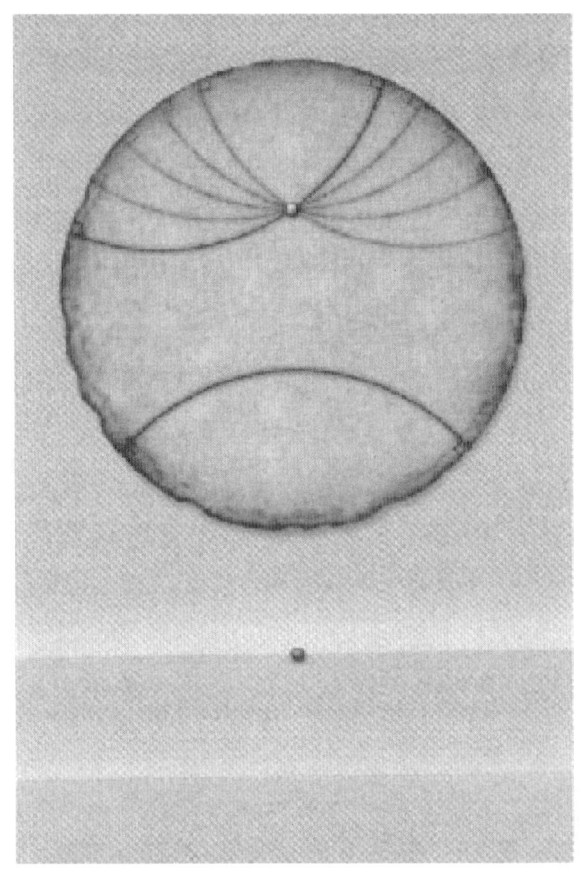

쌍곡선 공간과 유클리드 공간에서의 평행선들

리에 초대해서 팬케이크를 먹으며 잼으로 케이크 위에 직사각형을 그리며 감탄할지도 모른다. 그런데 도대체 무슨 연유로 100년 이상이 흐른 후에 한 사람이 그의 모형에 관해서 책을 쓰고, 또 영리하고 분주한 독자인 당신은 그 책을 읽는 것일까?

핵심은 이것이다. 푸앵카레의 모형은 단지 쌍곡선 공간의 모형일 뿐만 아니라, (2차원) 쌍곡선 공간이다. 수학의 용어로 표현한다면, 쌍곡선-평면에 관한 모든 가능한 수학적 진술이 푸앵카레 모형에 관한 진술과 동형적(isomorphic)이라는 것 — 이는 동일함을 뜻하는 수학자들의 표현방식이다 — 을 수학자들이 증명했다는 것을 뜻한다. 만일 우리의 공간이 쌍곡선형이라면 푸앵카레 모형과 (3차원이라는 것만 제외하면) 완벽하게 유사한 성질을 가질 것이다. 우리의 공간은 작은 팬케이크에 불과할 수도 있을 것이다.

● ■ ▲

쌍곡선 공간이 발견되고 20-30년 후에 또다른 유형의 비유클리드 공간인 타원 공간(elliptic space)이 발견되었다. 타원 공간은 평행선 공리를 다른 방식으로 위반했을 때에 생기는 공간이다. 즉 평행선이 존재하지 않는다는 가정(즉 평면 위의 모든 직선이 교차한다는 가정)을 했을 때에 얻어지는 공간이다. 이 유형의 2차원 공간은 다른 맥락에서 그리스인들과 가우스에 의해서 연구되었지만, 이들은 자신들이 타원 공간의 한 경우를 다루는 중요한 연구를 하고 있다는 것을 의식하지 못했다. 또한 당연히 그럴 만한 이유가 있었다. 증명된 바에 따르면, 유클리드의 체계를 따를 경우, 평행선 공리를 대체한다고 할지라도 타원 공간은 존재할 수 없다.[3] 그러나 결국 문제가 있는 체계로 밝혀진 것은, 타원 공간이 아니라 유클리드의 공리체계 그 자체였다.

18. 인류라고 부르는 어떤 곤충들

1816년 이후 10년 동안[1] 가우스는 많은 시간을 집을 떠나서 독일의 여러 지역을 탐사하는 데에 보냈다. 오늘날 우리의 표현을 쓴다면, 그의 탐사를 측지 탐사라고 부를 수 있을 것이다. 탐사의 핵심은 도시들 사이의 거리를 비롯한 여러 기준점들 사이의 거리를 측정하여, 그 자료를 모아서 지도를 만드는 것이었다. 그 일은 겉보기보다 훨씬 어려운데, 그 이유로 두세 가지를 들 수 있다.

가우스가 극복해야 하는 첫 번째 어려움은, 측정도구들의 용량에 한계가 있다는 점이다. 이 때문에 직선은 각각 일정한 정도의 측정오차가 있는 보다 작은 여러 개의 선분들로 구성되어야만 한다. 이 과정에서 오차는 금방 누적되었다. 이 어려움에 직면한 가우스는 일반적인 연구자들처럼, 그러니까 예를 들면 이 책의 저자처럼 행동하지 않았다. 이 책의 저자처럼 행동한다는 것은 다음을 뜻한다. 첫째, 제 머리를 자꾸 쥐어뜯고, 이따금씩 잘 노는 아이들에게 분풀이하기. 둘째, 반복하면서 점진적으로 조금씩 발전하기. 셋째, 최대한 중요해 보이도록 떠벌리면서 결과를 발표하기. 가우스는 이렇게 행동하는 대신에, 확률과 통계를 다루는 현대 수학의 분야에 핵심이 되는 개념을 발명했다 ― 규칙 없는 오차는 평균값을 중심으로 종 모양을 그리는 곡선을 따라서 분포한다는 정리를 제시했다.

오차 문제를 해결한 가우스는, 고도의 차이 및 지구의 곡률 때문에 3차원으로 되어 있는 자료로부터 2차원의 지도를 만드는 어려움을 맞는다. 이 어려움은 지구의 표면이 유클리드 평면과는 다른 기하학적 성질을 가지기 때문에 생겨난다. 아이에게 선물할 축구공을 포장하느라고 진땀을 흘리는 부모가 겪는 어려움에 비유할 수 있을 것이다. 만일 당신이, 축구공을 포장하는 부모처럼, 종이를 작은 정사각형 조각들로 잘라 공 위에 깁듯이 붙인다면, 당신의 해결방법은 가우스의 방법과 같다. 물론 전문적인 세부사항은 훨씬 못 미치겠지만 말이다. 1827년에 가우스는 이와 관련된 전문적인 세부사항을 담은 논문을 발표했다. 오늘날 미분기하학(differential geometry)이라고 부르는 커다란 수학 분야가 이 논문을 중심으로 해서 자라났다.

미분기하학은 휘어진 평면에 관한 이론으로, 데카르트가 개발한 좌표설정 방법으로 평면을 기술하고, 미분학을 이용하여 평면을 분석한다. 이 이론은 커피잔이나 비행기 날개나 당신의 코에나 적용하지, 우리의 우주의 구조에는 적용할 수 없는 협소한 이론처럼 보일지도 모른다. 그러나 가우스의 생각은 달랐다. 자신의 논문에서 가우스는 두 가지를 분명하게 지적했다. 첫째, 그는 표면이 그 자체로 공간으로 간주될 수 있다고 말했다. 예를 들면, 우리는 지구의 표면을 공간으로 생각할 수 있다. 항공교통이 생겨나기 이전에 지구의 표면은 우리의 일상생활에서 실제로 공간의 역할을 맡았다. 시인 블레이크가 "모래 알갱이 속의 우주"를 말할 때에 염두에 둔 것은 물론 다른 것이겠지만, 이 표현은 수학적으로도 옳다.

가우스가 이룬 또 하나의 획기적인 진보는, 주어진 표면의 곡률을 그 표면 자체에만 의존해서, 즉 그 표면을 포함하는 ― 또는 포함하지 않는 ― 더 큰 공간에 의존하지 않고 탐구할 수 있다는 생각이다. 보다 학술적인 용어로 표현한다면 다음과 같다. 휘어진 표면의 기하학은 더 큰 차원의 유클리드 공간에 의존하지 않고 연구될 수 있다. 공간이 "휘어 있으면서", 더 큰 차원의 공간 안에서 어떤 모양이 되도록 휘어 있는 것은 아니라는 생각은 훗날 아인슈타인의 일반 상대성 이론에서 필수적으로 요구된다는 것이 밝혀진다. 우리는 결국 우리의 우주 밖으로 나가서 우리의 제한된 3차원 공간을 내려다볼 수가 없으므로, 오직 위에서 제시한 것과 같은 종류의 정리만이 우리의 공간의 곡률을 측정할 희망을 남겨줄 수 있다.

표면이 들어 있는 공간을 이용하지 않고 표면의 곡률을 측정하는 방법을 이해하기 위해서, 엄격하게 지구의 표면에만 제한되어 살아가는 2차원적 존재인 알렉세이와 니콜라이를 상상해보자. 비행기 여행을 할 수 없다는 것 외에, 또 에베레스트 산에 오르는 일이 없다는 것 외에, 또 높이뛰기 올림픽 기록이 0이라는 것 외에, 알렉세이와 니콜라이의 경험 중에서 우리와 다른 것이 또 무엇이 있을까?

높이뛰기 기록을 생각해보자. 알렉세이가 땅 위로 뛰어오를 수 없는 것만이 아니다. 알렉세이에게는 땅을 떠난다는 **개념** 자체가 없을 것이다. 그렇다고 우리 3차원-존재가 우월감을 느낄 이유는 없다. 지금 이 순간에도 4차원 존재들의 파티에서 흥이 오른 몇몇이 마가리타를 입술에 적시면서 우리 인간들의 한계를 "내려다보면서" 재미있어할 가능성이 충분히 있다. 땅을 기는 곤충들과 마찬가지로 우리 인간이라는 불쌍한 피조물도 그들의 4차원 공간으로 "뛰어오르는" 것에 대한 개념을 가지고 있지 못하다.

그러므로 니콜라이와 알렉세이가 에베레스트 산을 등반할 수 없다는 말도 좀더 설명할 필요가 있다. 그들은 분명 정상에 도달할 수 있다 — 정상도 결국 지구의 표면이니까 말이다. 그러나 그들에게는 고도의 상승 개념이 없다. 알렉세이가 산 아래에서 출발해서 정상을 향해서 걸을 때, 우리가 중력이라고 알고 있는 힘이 알렉세이에게는 그를 산 아래로 밀어내는 신비한 힘으로 여겨질 것이다. 마치 산의 정상이 어떤 기이한 척력을 발휘하는 것처럼 말이다.

신비로운 힘과 더불어 공간의 기하학에 변형도 일어날 것이다. 예를 들면 내부에 산을 포함한 삼각형은 신비롭게도 면적이 더 넓을 것이다. 산의 표면적은 산의 기반의 면적보다 크므로 우리는 이 사정을 쉽게 이해할 수 있지만, 알렉세이와 니콜라이에게는 이 사정이 공간의 휘어짐을 뜻할 것이다.

알렉세이와 니콜라이는 모래 위에 꽂혀 있는 막대기도, 먼 하늘에서 빛나며 그림자를 만드는 태양도 상상할 수 없다. 수평선에서 사라지는 배는 선체와 돛의 구분이 없는 납작한 모습일 것이다. 우리가 사는 행성이 둥글다는 결론에 도달하기 위해서 고대인들이 수집한 증거들은 모두 사라지고, 알렉세이와 니콜라이가 아는 것은 오직 그들의 공간 속에 있는 점들 사이의 관계와 거리뿐일 것이다. 만일 세 번째 차원을 추가로 생각하면서 탐구하지 않았다면, 유클리드 자신도 공간이 비유클리드적이라고 결론지었을 것이다.

지구 위에 비유클리드라는 고대의 여류 학자가 살고 있었다고 상상해보자. 아카데미에 있는 자신의 연구실에서 그녀는 우리의 유클리드와 동일한 결론에 도달한다. 그러나 비유클리드는 『기하학 원본』을 발간하기에 앞서서 그녀의 이론이 연구실의 벽을 넘어 공간의 거시적 기하학에도 적합한지 검사하기로 한다. 그녀의 조교 알렉세이가 도서관에서 지도를 가져온다. 156쪽에 있는 지도가 그것이다.

지도에는 위도 0도, 경도 동경 9도에 위치한 가봉의 리브르빌이 직각삼각형의 직각꼭짓점에 있다. 북쪽으로 12도 움직이면 대략 나이지리

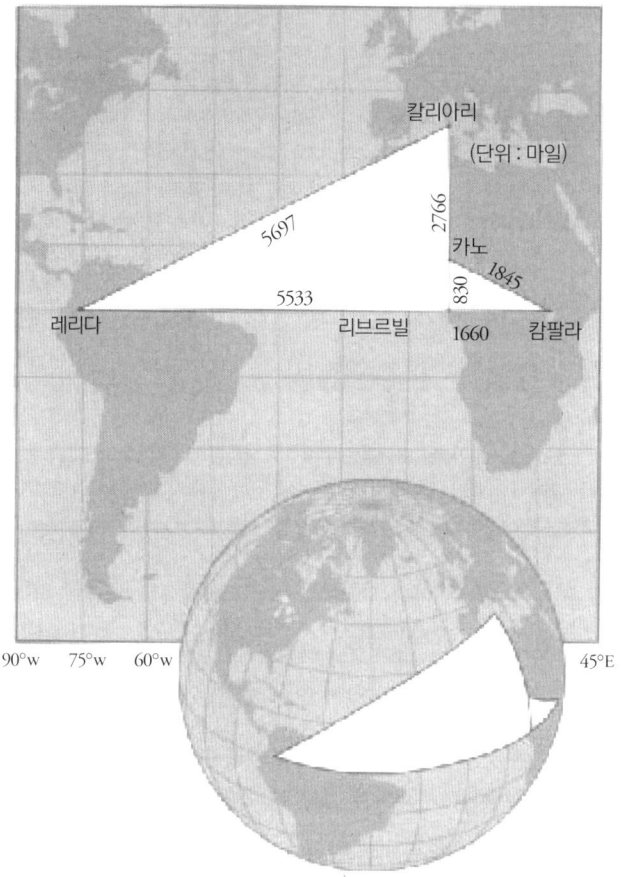

지표면 위의 삼각형들

아의 카노에 다다르고, 동쪽으로 24도 이동하면 우간다의 캄팔라에 도착한다. 이 세 지점을 연결하여 삼각형을 만들었다. 유클리드 기하학의 기본 정리 중의 하나는 피타고라스 정리이다. 비유클리드는 지도 위의 삼각형이 피타고라스 정리를 만족시키는지 계산하라고 알렉세이에게 지시한다. 알렉세이가 곧 계산 결과를 내놓는다.

두 밑변의 제곱의 합 : 3,444,500

빗변의 제곱 : 3,404,025

결과를 본 비유클리드는 알렉세이의 태만함을 꾸짖는다. 그러나 직접 다시 계산해보고는 알렉세이가 옳다는 것을 발견한다. 이제 비유클리드는 이론가가 선택하는 손쉬운 방어수단을 활용하여 계산값의 차이를 측정의 오차로 돌린다. 비유클리드는 그녀의 다른 제자 니콜라이를 도서관에 보내서 더 많은 자료를 가져오게 한다. 니콜라이는 리브르빌, 북위 39도인 이탈리아의 칼리아리, 서경 71도인 콜롬비아의 레리다로 이루어진 훨씬 더 큰 삼각형을 자료로 가져왔다. 이 삼각형도 앞의 지도에 그려져 있다. 니콜라이의 계산 결과는 다음과 같다.

두 밑변의 제곱의 합 : 38,264,845

빗변의 제곱 : 32,455,809

비유클리드는 유쾌할 수 없다. 이 오차는 더 심각하지 않은가. 그녀의 동료인 비피타고라스가 엉터리일 수 있다는 말인가? 비유클리드 자신이 수십 개의 삼각형을 측정하고도 문제를 발견하지 못한 것은 어떻게 된 일인가? 비유클리드가 측정한 것들은 아주 작은 삼각형이었고, 지금 검사한 것들은 아주 큰 삼각형이라는 의견을 알렉세이가 제기한다. 니콜라이는 더 큰 삼각형에서 오차가 더 크다는 것을 지적한다. 그는 좁은 실험실이나 도시 주변에서 측정한 삼각형들은 너무 작았기 때문에 오차가 감지되지 않았다는 가설을 내놓는다.

비유클리드는 막대한 예산을 들여서 알렉세이와 니콜라이를 뉴욕으로 보내기로 결정한다. 그녀는 알렉세이에게 북위 40도 45분, 서경 74도인 뉴욕에서 출발하여 정확히 서쪽으로 (경도로) 10분만큼 이동하여 대략 뉴어크로 이동하도록 지시했다. 니콜라이는 정확히 북쪽으로 (위도로) 10분만큼 이동하여 뉴저지 주 뉴밀퍼드로 이동한다. 무시해도 좋은 오차를 감안하면, 이 세 지점은 직각삼각형을 이루며, 각 변의 길이는, 뉴욕에서 뉴어크까지 14.05킬로미터, 뉴욕에서 뉴밀퍼드까지 18.56킬로미터, 뉴밀퍼드에서 뉴어크까지 23.27킬로미터이다.

비유클리드는 피타고라스 정리를 검증해본다.

      두 밑변의 제곱의 합 : 542
      빗변의(뉴어크에서 뉴밀퍼드까지의) 제곱 : 542

충분히 작은 삼각형에서는 피타고라스 정리가 성립한다. 비유클리드 기하학의 단초가 그녀의 머릿속에 가물거리기 시작하자, 비유클리드는 제자들을 마지막 탐사에 투입한다.

이번에는 알렉세이와 니콜라이가 뉴욕에서 마드리드까지 항해해야 한다. 마드리드는 북위 40도, 서경 4도에 있으며, 뉴욕에서 거의 정확히 동쪽에 있다. 두 제자는 한 번만 항해하는 것이 아니라, 두 도시 사이를 항해 경로를 조금씩 바꾸어가면서 여러 번 왕복하고, 매번 항해 경로와 거리를 기록해야 한다. 콜럼버스와 마찬가지로 그들이 찾아야 하는 것은 두 대륙 사이의 보다 짧은 경로이다. 보다 전문적으로 말한다면, 알렉세이와 니콜라이는 두 도시를 잇는 측지선, 즉 최단 경로를 찾아야 한다. 이 탐사는 몇 년에 걸쳐서 이루어져야 하는 힘든 작업이지만, 탐사 결과는 커다란 반향을 불러일으킬 만하다.

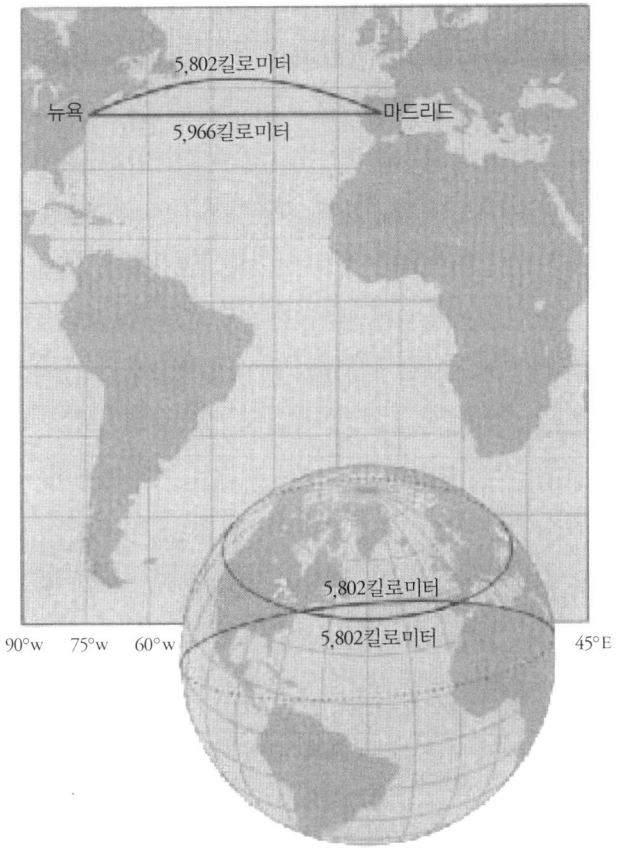

뉴욕-마드리드

    뉴욕에서 마드리드로 가는 최단 경로는, 위도선을 따라서 "곧장" 동쪽으로 향하는 경로일까? 아니다. 최단 경로는 위의 지도에 표시된 이상한 곡선을 따라서, 처음에는 북동쪽을 향했다가 차츰 진로를 남쪽으로 바꾸어 마지막에는 남동쪽으로 항해하는 것이다. 이것은 저항 없이 지표면을 구르는 볼링 공이 만드는 궤적이며, 미국 황금 물떼새나 도요새 같은 천재적인 철새들[2]이 이동할 때에 선택하는 경로이다. 또한 이것은 이집트의 밧줄 당기는 사람들이 두 점 사이에 밧줄을 팽팽히 당겨서 표시했던 경로이기도 하다.

우주에서 내려다본 지구의 모습을 생각하면 쉽게 사정을 이해할 수 있다. 곧장 동쪽을 향한다는 것은 있을 수 없다. 왜냐하면 지구 위를 움직이는 동안, "북쪽"이나 "동쪽" 같은 방향은 고정되지 않기 때문이다. 뉴욕에서 마드리드로 항해하는 동안 동쪽이라고 부르는 방향은 3차원 공간 안에서 회전하며, 북쪽이라는 방향도 마찬가지이다. 뉴욕과 마드리드 사이의 최단거리, 혹은 지구 위의 임의의 두 점 사이의 최단거리는 소위 대원(great circle)을 따라가는 곡선이다(대원은 지구 표면 위에 있는 원으로 원의 중심이 지구의 중심과 일치하는 원이다. 대원은 지구 표면에 그릴 수 있는 가장 큰 원이므로 대원이라고 부른다). 대원은 푸앵카레 세계의 푸앵카레-직선과 대응하므로 자연스럽게 직선이라고 부를 수 있고, 유클리드의 공리들 속에서 직선의 역할을 한다. 경도선들은 대원이다. 적도선도 마찬가지로 대원인데, 위도선 중에서는 유일하게 적도선만이 대원이다(다른 위도선들의 중심은 지축의 위쪽이나 아래쪽에 있어서 지구의 중심과 일치하지 않는다).

외부 공간에서 바라보는 시각은 비유클리드 같은 지구인의 시각이 아니다. 비유클리드에게는 "지구의 중심"도 — 또한 가우스가 그 가능성을 보였듯이 — "외부 공간"도 없다. 비유클리드는 알렉세이와 니콜라이의 측정을 근거로 그녀가 살고 있는 공간이 비유클리드 공간이라는 결론을 내릴 것이다. 그녀의 결론에 따르면, 우리의 공간은 비유클리드적인데, 쌍곡선 공간이 아니라, 구면에 적합한 공간, 즉 타원 공간이다.

비유클리드 공간에서는 모든 직선들, 즉 모든 대원들이 서로 교차한다. 삼각형의 내각의 합은 항상 180도보다 **크다**(쌍곡선 공간에서는 180도보다 **작았다**). 예를 들면, 서로 직각으로 만나면서 적도선과 북극을 연결하는 두 경도선과 적도선으로 이루어진 삼각형의 내각의 합은 270도이다. 쌍곡선 공간과 마찬가지로 이 공간도 작은 거리에서는 유클리드의 공간에 보다 유사해진다. 바로 이 때문에 차이를 오랫동안 감지할 수 없었던 것이다. 삼각형이 작아질수록 내각의 합이 180도보다 큰 정도도 줄어든다.

타원 공간의 기하학은 — 구면 기하학이라는 이름으로 — 고대에도 잘 알려져 있었다. 최단 경로가 대원이라는 사실도 알려져 있었다. 구면 위의 삼각형의 성질에 관한 공식들이 발견되어 지도 제작에 응용되었다. 그러나 타원 공간은 유클리드 기하학에 맞지 않았고, 따라서 구면이 타원 공간의 한 경우라는 사실의 발견은 가우스의 제자들 중 한 사람인 리만에 이르러서야 비로소 이루어질 수 있었다. 그 발견은 가우스의 노년기에 이루어졌다. 그러나 그 발견은 다른 어떤 발견보다 더 강력하게 휘어진 공간의 혁명을 촉진시켰다.

19. 두 외계인의 전설

게오르크 리만[1]은 1826년 가우스의 고향 근처에 있는 작은 마을인 브레셀렌츠에서 태어났다. 그에게는 다섯 명의 형제자매가 있었는데, 리만 자신을 비롯한 동기들 모두가 젊은 나이에 생을 마감할 운명이었다. 리만의 어머니는 그가 어릴 적에 사망했다. 그는 열 살까지 집에서 루터교 사제인 아버지로부터 교육을 받았다. 그가 좋아했던 분야는 역사학, 특히 폴란드의 국민운동에 관한 것이었다. 꼬마 게오르크가 "노는 게 싫어요"라고 말하면, 그것은 진심이었다. 실제로 게오르크는 병적으로 수줍음이 많고 조심스러웠다. 그리고 천재적이었다. 세상이 보이지 않는 세력의 은밀한 조작에 의해서 움직인다고 믿는 사람이라면, 가우스와 리만을 증거로 들면서, 19세기의 시작을 전후하여 보다 진보한 외계인들이 독일의 하노버 근처에 내려와 살면서 최소한 두 명의 천재 태아를 근처의 가난한 가정에 점지했다는 주장을 할 수 있을 것이다. 그러나 아장아장 걷던 시절의 리만에 관한 일화는 가우스와는 달리 전해오지 않는다. 어쨌든 리만 역시 우리 같은 보통 사람이기에는 조금 심하게 영리했던 것으로 보인다.

리만이 열아홉 살이었을 때, 김나지움의 교장이던 슈말푸스라는 이름의 선생이 심심할 때 읽으라며 간단한 책 한 권을 리만에게 빌려주었다. 그것은 르장드르의 『수의 이론(Théorie des nombres)』[2]이었다. 이는 아직 어린 리만에게 용상 세계 신기록에 해당하는 무게의 역기를 빌려준 것에 비유할 수 있다. 그 역기는 총 859쪽의 분량이었다 — 모든 페이지가 빽빽하고 광범위하고, 추상적인 이론으로 가득했다. 그것은 오직 정상급 수학자만이, 그것도 수없이 끙끙거리고 진땀을 흘려야 겨우 이해할 만한 살인적인 책이었다. 그런데 리만에게는 그 책이 힘들이지 않고 쉽게 페이지를 넘길 수 있는 가벼운 책이었다. 6일이 지나고 리만은 "재미있게 읽었습니다"라는 메모와 함께 책을 반납했다. 수개월 후에 그는 책의 내용에 관한 시험을 치렀고 만점을 받았다. 훗날 리만은 수 이론(number theory : 정수론)에서도 근본적인 기여를 하게 된다.

1846년, 열아홉 살의 리만은 가우스가 교수로 있던 괴팅겐 대학교에 입학했다. 짓밟힌 폴란드인들을 위해서 기도하려고 그랬는지, 리만은 신학부 학생으로 대학생활을 시작했다. 그러나 그는 곧 가장 사랑하는 과목인 수학으로 전공을 바꾸었다. 잠시 베를린에 머문 후에 리만은 박사학위를 마치기 위해서 1849년 괴팅겐으로 돌아왔다. 1851년에 그가 제출한 박사학위 논문을 심사한 교수들 중에는 가우스도 있었다. 그 당시 가우스는 수학계의 살아 있는 전설이었고, 학생들에게는 전설적으로 엄격했다.

리만의 논문에 대한 가우스의 평은, 그가 인상적인 수학 논문을 접하는 드문 경우에 늘 사용하는 유형의 문구로 되어 있다. 가우스는 리만이 "창조적이고 활동적이고 진실로 수학적인 정신을, 그리고……찬란할 정도로 풍요로운 상상력"을 보여주었다고 평했다.[3] 또한 가우스는 자신도 전에 비슷한 연구를 했으며 그 연구를 발표하지 않았다고 언급했다(가우스가 죽은 후에 그의 주장이 거짓이 아님이 밝혀졌다). 리만은 기뻤다. 1853년 스물일곱 살의 리만은 괴팅겐 대학교의 강사가 되기 위한 마지막 관문 앞에 섰다. 당시 독일의 강사는 오늘날과 같은 적정한 보수를 보장받을 수 없었다. 강사에게는 보수가 아예 없었다. 우리 대부분은 이런 상황 앞에서 주저하게 될 것이다. 그러나 리만에게는 강사직이 탐나는 지위였다. 강사직이 교수직으로 가는 징검다리였기 때문이다. 또한 학생들이 지불하는 사례비도 있었던 것이다.

리만이 통과할 마지막 관문은 공개 강의였다. 그는 세 개의 주제를 제출했다. 심사위원회가 그중 하나를 고르도록 되어 있었다. 일반적인 추세에 따르면 위원회는 제출된 첫 번째 주제를 선택한다. 그런 관례에 맞추어 리만은 첫 번째 또는 두 번째 주제를 충실히 준비했다. 학생을 비웃기를 좋아하는 가우스는 세 번째 주제를 선택했다.

리만이 선택한 세 번째 주제는, 그가 분명 흥미를 가졌을 주제이기는 하지만, 그것에 관해서는 아는 것이 거의 없는 주제였다. 임용을 위해서 인터뷰에 임하는 대부분의 학자들은, 예를 들면 전공분야가 룩셈부르크의 정치학일 경우, 설령 세 번째 주제로 스리랑카의 파충류를 제출했다고 할지라도, 그 주제로 강연을 하고 싶어하지는 않을 것이다. 당시 심하게 병이 들어 주치의로부터 죽음이 얼마 남지 않았다는 통보를 받은 가우스가 리만의 세 번째 주제를 선택하는 순간, 리만은 분명 스스로에게 이렇게 물었을 것이다. "내가 도대체 무슨 생각을 한 거지?" 그가 제출한 세 번째 주제는 "기하학의 기반에 있는 전제들에 관하여"였다. 그는 이 주제가 거의 평생 동안 가우스의 마음을 떠나지 않았음을 알고 있었던 것이다.

이후 리만의 반응은 이해할 만한 것이었다 — 리만은 부담감에 짓눌려 벽만 쳐다보면서 몇 주일 동안 일종의 공황상태를 겪었다. 마침내 봄이 오자 그는 정신을 차리고 7주일에 걸쳐서 강연문을 작성했다. 그의 강연은 1854년 6월 10일에 이루어졌다. 이는 임용심사용 강연이 상세한 내용으로 정확한 날짜와 함께 후대에 전해진 드문 사례들 중의 하나이다.

리만은 미분기하학의 맥락 안에서, 표면의 거시적인 기하학적 성질보다는 무한히 작은 부분의 성질에 초점을 맞추어 강연문을 작성했다. 실제로 리만은 어디에서도 비유클리드 기하학을 직접적으로 언급하지 않았다. 그러나 그의 논문에서 얻어지는 귀결은 명확했다. 리만은 구면이 어떻게 2차원 타원 공간으로 해석될 수 있는지를 설명했다.

푸앵카레와 마찬가지로 리만도 **점**, **직선**, **평면** 등의 용어를 독자적으로 해석했다. 그는 구의 표면을 평면으로 정했다. 리만의 점은 푸앵카레와 마찬가지로 위치이다. 리만은 위치를 데카르트의 방법대로 두 개의 수, 즉 좌표로 나타냈다(본질적으로 위도와 경도에 상응하는 좌표를 부여했다). 리만의 직선은 대원, 즉 구면 위의 측지선이다.

푸앵카레 모형과 마찬가지로 리만의 모형도 공리들에 상충되지 않는 해석을 가능하게 한다는 것이 입증되어야 한다. 그런데 우리가 이미 언급했듯이, 타원 공간은 존재할 수 없다. 평행선 공리를 수정하여 새로운 공간을 만드는 일은 물론 가능하다. 그러나 그 새로운 공간이 다른 공리들에 맞을지의 문제는 별개의 문제이다. 리만의 공간은 기존의 다른 공리들에도 맞지 않았다. 예를 들면, 두 번째 공리를 생각해보자. 유클리드에 따르면,

2. 임의의 선분은 양쪽으로 무제한적으로 연장될 수 있다.

구면에 있는 대원의 부분도 이 공리를 만족시키는가? 리만 이전의 사람들은 이 제2공리를, 원하는 만큼 긴 길이를 가지는 선분이 존재해야 한다는 의미로 해석했다. 그러나 대원의 길이에는 한계가 있다. 원주, 즉 $2\pi \times$ 구의 반지름이 대원의 최대길이인 것이다.

수학에서도 때로 법을 어기는 것이 값진 일이 될 수 있다. 리만은 부당하지는 않더라도 정당화되지 않은 반론을 폈다. 제2공리의 목적은 선분의 길이를 마음대로 길게 만드는 것이 아니라, 다만 직선에 끝이 없음을 보장하는 것이라고 그는 주장했다. 직선에 끝이 없어야 한다는 것은 대원에 대해서도 성립한다. 수학적 문제를 재판하는 최고법정은 수학자들의 사회이다. 수학자들은 리만의 반론 앞에서 머리를 긁적였다. 제2공리를 리만이라는 젊은이의 말대로 새롭게 해석할 경우, 얻어지는 귀결은 무엇인가? 새 해석이 다른 법칙들과 충돌하는가? 그 충돌을 교정할 수 있는가?

사실상 문제는 제2공리에서만 일어나는 것이 아니다. 리만의 직선 개념은, 그 자신도 해명하지 못한 많은 문제들을 일으킨다. 예를 들면, 대원은 두 직선이 오직 한 점에서만 교차할 수 있다는 전제를 위반한다. 북극과 남극에서 서로 교차하는 경도선들처럼, 모든 대원들은 구면에서 서로 반대 위치에 있는 두 점에서 서로 교차한다.

그러므로 "사이(inbetweenness)" 개념의 해석도 불분명해진다. 유클리드는 제1공리를 기반으로 해서 이 개념을 설명했다.

1. 임의의 두 점이 있을 때, 그 두 점을 끝점으로 하는 선분 하나를 그을 수 있다.

주어진 두 점 사이에 있는 한 점을 만들려면, 유클리드는 그 두 점을 잇는 선분을 그을 것이다. 이때 선분 위에 있는 모든 점은 (양 끝점만 제외하고) 두 점 "사이"에 있다고 간주된다. 리만의 모형에서 발생하는 문제는, 두 개의 점을 대원의 부분으로 연결하는 방법이 항상 두 개가 있다는 점이다. 인도네시아는 아프리카 적도 지역과 남아메리카 적도 지역 사이에 있는가? 이를 확인하려면, 적도를 따라서 아프리카와 남아메리카를 잇는 대원 선분을 그리고 그 선분이 인도네시아를 통과하는지 조사하면 될 것이다. 그런데 리만의 모형에서는 남아메리카와 아프리카를 잇는 방법이 두 개나 있다. 아프리카에서 동쪽으로 움직여서 남아메리카에 닿을 수도 있고, 서쪽으로 움직여서 닿을 수도 있다. 이때 한 경로는 인도네시아를 통과하지만, 다른 경로는 통과하지 않는다.

　이 모호함 때문에 점들을 잇는 선분을 긋는 것과 관련된 유클리드의 모든 증명들이 구면에서는 제대로 정의되지 않는다. 이 때문에 몇 가지 기묘한 결과가 생기기도 한다. 한 예로, 반지름이 지구처럼 약 6,400킬로미터가 아니라 64킬로미터인 리만의 구면 우주를 생각해보자. 당신이 이 우주에서 산다면, 당신은 맑은 날에 앞을 바라보면서 당신의 뒷모습을 볼 수 있다. 그렇다면 당신의 등은 당신 앞에 있을까, 아니면 뒤에 있을까? 또는 훌라후프를 돌린다고 해보자. 훌라후프의 반지름은 대략 1미터 정도이다. 허리로 훌라후프를 돌릴 때에 당신은 훌라후프 안에 있는가? 당연히 그럴 것 같다. 이제 훌라후프를 확대해보자. 자동차 경주로만큼, 지름이 1.6킬로미터가 되도록 확대하자. 훌라후프치고는 조금 크지만, 우리가 상상한 우주의 반지름인 64킬로미터에 비하면 아직 작다. 그 큰 훌라후프의 중심에 있는 당신은 아직은 안심하고 당신이 훌라후프 안에 있다고 말할 것이다. 이제 훌라후프의 반지름이 64킬로미터가 되도록 확대하자. 훌라후프는 적도처럼 구면을 감싼다. 이렇게 되고 보니, 당신이 훌라후프 안에 있다고 해도 좋고 밖에 있다고 해도 좋을 것 같다. 훌라후프를 더 확장하면, 그러니까 훌라후프의 둘레가 당신에게서 더욱 멀어지게 하면, 훌라후프는 **줄어든다**. 마침내 훌라후프는 처음처럼 반지름 1미터가 되고, 훌라후프의 중심은 당신이 있는 곳에서 정반대쪽에 있는 구면 위의 한 점이 될 것이다. 이제 당신은 훌라후프 밖에 있는 것 같다. 훌라후프를 확대하는 것만으로 당신이 훌라후프 안에서 밖으로 빠져나오다니, 이것이 어떻게 된 일인가? "사이" 개념에 문제가 있을 경우, 앞, 뒤, 안, 밖은 더 이상 간단한 개념들이 아니다. 이 문제들은 초보적인 타원 공간 모형에서 일어나는 모순들이다.

이 모순들을 제거하기 위해서는 많은 개념들을 주의 깊게 재정의해야 한다. 늘 그랬듯이, 가우스는 이 사실도 예견했다. 1832년 볼프강 보여이에게 보낸 편지에서 가우스는 이렇게 말한다. "완벽하게 발전시키려면 '사이' 같은 단어들을 명확한 개념을 토대로 이해하는 작업이 필요하네. 그것은 가능한 작업이지만, 나는 어디에서도 그것이 이루어진 것을 보지 못했어."[4] 가우스는 리만의 논문에서도 그 작업의 실행을 볼 수 없었다. 리만의 연구는 주로 표면 위의 작은 영역에 집중되어 있었으므로, 우리가 살펴본 모순들은 리만의 관심사가 아니었던 것으로 보인다. 이런 해결되지 않은 문제들에도 불구하고 리만의 강연문은 수학의 역사에 남을 걸작 중의 하나로 평가된다. 그러나 리만의 연구는 즉각적으로 수학의 세계를 밝히는 강력한 빛이 되지는 못했다. 리만의 강연이 있고 얼마 후에 가우스는 숨을 거두었다. 리만은 계속해서 공간의 거시적 기하학보다는 국지적 구조에 관한 문제를 집중적으로 연구했다. 그의 연구는 그가 살아 있는 동안에는 큰 반향을 불러일으키지 못했다.

1857년 드디어 리만은 서른한 살의 나이로 오늘날의 가치로 환산해서 약 300달러의 초라한 연봉이 보장된 조교수 자리를 얻었다. 이 연봉으로 리만은 살아 있는 세 명의 자매를 부양했다. 그러나 가장 어린 여동생 마리는 얼마 후에 세상을 떠났다. 1859년 가우스의 후임이었던 디리힐레트가 사망하자, 리만이 그의 자리를 계승했다. 3년 후인 서른여섯 살의 리만은 결혼을 했다. 이듬해에 그는 딸을 낳았다. 이제 남부럽지 않은 수입과 가정을 얻은 리만의 앞날은 밝아 보였다. 그러나 운명은 달랐다. 그는 늑막염에 걸렸고, 합병증으로 폐결핵을 얻어, 그의 형제자매들과 마찬가지로 서른아홉이라는 이른 나이에 삶을 마감했다.

리만이 미분기하학에서 이룬 업적은 아인슈타인의 일반 상대성 이론의 주춧돌이 되었다. 만일 리만이 시험강연의 주제 목록에 기하학을 넣는 경솔함을 범하지 않았다면, 또는 가우스가 그 주제를 선택하는 황당함을 연출하지 않았다면, 물리학 혁명을 위해서 아인슈타인에게 필요했던 수학적 도구들은 존재하지 않았을 것이다. 그러나 물리학의 대격동이 일어나기 이전에 이미 타원 공간에 관한 리만의 연구는 수학의 세계에서 혁명적인 영향력을 발휘했다. 평행선 공리 이외의 공리들을 수정할 필요가 있다는 사실이 수학자들에게 받아들여지기 시작했다. 마치 거대한 밧줄이 조금씩 닳아 가닥들이 끊어져가는 형국이었다. 그리고 얼마 후에 밧줄이 끊어졌다. 그제서야 수학자들은 그 밧줄에 매달려 있는 것이 기하학뿐만 아니라 수학 전체라는 사실을 깨달았다.

20. 2,000년 후의 재건축

1854년에 강연된 리만의 논문은 1868년에야 출간되었다. 그해는 리만이 죽고 2년 후이며, 발처의 책을 통해서 보여이와 로바쳅스키의 연구가 알려지고 1년 후이다. 리만의 논문에서 얻을 수 있는 귀결은 유클리드가 몇 가지 종류의 오류를 범했다는 것이다. 유클리드는 많은 암묵적인 전제를 했으며, 자신의 전제를 올바로 표현하지 못했고, 가능한 것 이상의 정의를 시도했다.

오늘날 우리는 유클리드의 체계 속에 있는 많은 결함을 알고 있다. 쉽게 지적할 수 있는 유클리드의 문제점은, 그가 확고한 근거 없이 공리와 "일반 관념"을 구분했다는 것이다. 그러나 이 문제는 좀더 깊이 생각해볼 필요가 있다. 오늘날 우리는 모든 전제들을 공리화하고, "현실" 혹은 "상식"에 근거한 어떤 주장도 참으로 인정하지 않으려고 노력한다. 이것은 매우 현대적인 태도이며, 칸트에 대한 가우스의 승리라고 할 수 있다. 그러므로 유클리드가 이 근본적인 도약을 이루지 못했다고 비판하는 것은 적절하지 못하다고 할 수 있다.

유클리드 체계가 가지는 또 하나의 구조적 문제점은, 정의되지 않은 용어의 필요성을 의식하지 못했다는 것이다. 사전에 있는 공간의 정의인 "한계가 없는 영역, 또는 모든 방향으로 펼쳐진 장소"를 살펴보자. 이것은 의미 있는 정의인가, 아니면 정의해야 할 단어인 **공간**을 애매한 단어인 장소로 바꾼 것에 불과한가? 장소라는 단어에 대한 우리의 이해가 충분하지 못하다고 느껴지면, 그 단어도 찾아보자. 사전에 따르면, **장소**는 "특정한 사물이 차지한 공간의 부분"이다. 두 단어 **장소**와 공간은 이렇게 흔히 서로 상대방을 통해서 정의된다.

  정의 과정에서 이런 순환적인 정의는 오랫동안 일어나지 않을 수 있다. 그러나 사전에 있는 모든 단어들이 다른 단어들을 통해서 정의되므로, 순환적 정의는 결국 어디에서인가 일어날 수밖에 없다. 유한한 언어 속에서 순환적 정의 및 논증을 막는 유일한 길은 따라서 용어체계 속에 몇 개의 정의되지 않은 용어를 포함시키는 것이다. 오늘날 우리는 수학적 체계조차도 정의되지 않은 용어를 포함해야 한다는 사실을 알고 있으며, 체계를 가능하게 하는 한도 내에서 그런 용어들의 수를 줄이려고 노력하고 있다.

  정의되지 않은 용어들은 조심스럽게 다루어야 한다. 왜냐하면 만일 우리가 먼저 검증해보지 않고 의미를 부여할 경우, 그 의미가 우리의 물리적 직관에 비추어 자명한 듯이 보일지라도, 쉽게 잘못된 길로 나아갈 수 있기 때문이다. 타비트는 바로 그런 오류를 범하여, 직선으로부터 떨어진 거리가 같은 선은 직선이라는 직관적으로 "자명한" 원리를 사용했던 것이다. 우리가 이미 보았듯이, 유클리드의 체계에는 이 원리를 보장해줄 수 있는 것이 평행선 공리 자신 외에는 전혀 없다. 정의되지 않은 용어를 도입할 때에 우리는 그 단어가 내포한다고 여겨지는 모든 의미를 무시해야 한다. 괴팅겐의 위대한 수학자 힐베르트의 말을 약간 바꾸어 인용한다면, "우리는 언제라도 — 점, 직선, 원 같은 말 대신에 — 남자, 여자, 맥주잔이라고 말할 수 있어야 한다."[1]

  정의되지 않은 용어의 의미는 곧 부여된다. 그 용어는 그 용어를 사용하는 공리들과 정리들로부터 정의를 얻게 된다. 예를 들면 정의되지 않은 용어인 **점, 직선, 원**을 **남자, 여자, 맥주잔**으로 바꾼다고 상상해보자. 이 경우에 새 용어들은 수학적으로 볼 때에 다음과 같은 문장들에 의해서 의미를 얻게 될 것이다. 다음은 유클리드의 처음 세 개의 공리들이다.

1. 임의의 두 남자가 있을 때, 그 두 남자를 끝점으로 하는 여자 하나를 그을 수 있다.
2. 임의의 여자는 양쪽으로 무제한적으로 연장될 수 있다.
3. 임의의 남자가 있을 때, 그 남자를 중심으로 임의의 반지름을 가진 맥주잔을 그릴 수 있다.

유클리드는 순전히 논리적인 오류도 범하여, 정당화되지 않은 단계가 들어 있는 증명을 하기도 했다. 예를 들면, 첫 번째 정리에서 그는 주어진 임의의 선분 위에 정삼각형을 작도할 수 있다는 것을 증명했다고 주장한다. 증명에서 그는 선분의 양 끝에 중심을 두고 반지름이 선분의 길이와 같은 원 두 개를 그린다. 그 다음 그는 두 원의 교차점을 이용한다. 그림을 그려보면 물론 분명하게 교차점이 생기지만, 유클리드의 공식적인 논증에는 그 교차점이 있음을 보이기 위한 작업이 전혀 없다. 실제로 그의 체계에는 직선이나 원의 연속성을, 즉 직선이나 원에 구멍이 없음을 보장하는 공리가 들어 있지 않다. 그는 또한 증명에서 그가 빈번히 사용하는 몇몇 가정들을 의식하지 못했다. 예를 들면 점이나 선이 존재한다는 것, 모든 점이 한 직선 위에 있지는 않다는 것, 모든 직선에는 최소한 두 개의 점이 있다는 것 등이 그런 가정들이다.

또다른 증명에서 유클리드는, 만일 세 점이 동일한 직선 위에 있다면, 다른 두 점 사이에 있는 점을 지적할 수 있다고 암묵적으로 전제했다. 그러나 그의 공리들과 정의들로부터 위의 전제를 증명할 길은 없다. 사실상 이 전제는 일종의 곧음(straightness) 조건이다. 이 전제는 휘어진 직선을 배제한다. 직선이 휘어져 원과 같은 폐곡선을 이룬다면, 세 점 중에서 어느 것이나 사이에 있는 점이라고 할 수 있을 것인데, 위의 전제는 바로 이런 경우를 배제하는 것이다.

유클리드의 증명에 대한 몇 가지 반박은 트집잡기처럼 보일지도 모른다. 그러나 눈에 띄는 귀결이 없는 자명하고 사소한 전제들도 때때로 중대한 이론적 명제와 같은 효과를 발휘한다. 예를 들면, 내각의 합이 180도인 삼각형이 단 하나라도 존재한다는 전제를 취할 경우, 모든 삼각형의 내각의 합이 180도임을 증명할 수 있고, 더 나아가 평행선 공리를 증명할 수 있다.

1871년 프로이센의 수학자 클라인[2]은 리만의 구면 모형에 있는 모순들을 수정할 수 있는 방법을 보여줌으로써 유클리드의 체계를 개량하는 작업을 시작했다. 곧이어 벨트라미와 푸앵카레를 비롯한 수학자들이 새로운 기하학의 모형과 접근방식을 제안했다. 1894년 이탈리아의 논리학자 페아노[3]는 유클리드 기하학을 정의하는 새로운 공리체계를 발표했다. 페아노의 연구와는 상관없이 힐베르트도 1899년에 자신의 첫 번째 기하학 원리체계를 발표했다.[4] 그의 체계는 오늘날 가장 널리 인정받는 체계이다.

힐베르트는 기하학의 토대를 밝히는 작업에 모든 노력을 바쳤다(그는 또한 훗날 아인슈타인의 일반 상대성 이론의 발전을 돕기도 했다). 1943년 사망하기까지 힐베르트는 자신의 체계를 여러 차례 수정, 보완했다. 그가 택한 방법의 첫 단계는 유클리드의 암묵적 전제들을 명시적으로 진술된 명제로 바꾸는 것이었다. 힐베르트의 체계에는,[5] 적어도 1930년 발표된 제7판의 경우, 8개의 정의되지 않은 용어와 20개의 공리가 있었다. 힐베르트는 공리들을 4개의 무리로 구분했다. 그의 공리들 중에는 우리가 이미 언급한 것과 같이 유클리드가 간과한 가정들도 들어 있다.

공리 I-3 : 각각의 직선에는 최소한 두 개의 점이 있다. 공간에는 최소한 세 점이, 모두 한 직선 위에 있는 것은 아닌 세 점이 있다.
공리 II-3 : 직선 위에 세 점이 있으면, 그들 중 오직 한 점만이 다른 두 점 사이에 있을 수 있다.

힐베르트를 비롯한 수학자들은, 힐베르트의 공리들로부터 유클리드 공간의 모든 성질들이 도출된다는 것을 증명했다.

● ■ ▲

휘어진 공간의 혁명은 수학의 모든 분야에 근본적인 영향을 미쳤다. 유클리드의 시대로부터 가우스와 리만의 업적이 유고로 발견된 시점에 이르기까지 수학은 대체적으로 실용적인 학문이었다고 할 수 있다. 유클리드의 기하학은 물리적 공간을 기술한다고 해석되었다. 어떤 의미에서 보면 수학이 일종의 물리학이었던 것이다. 수학 이론의 일관성에 관한 문제는 중요하지 않게 여겨졌다 — 증명은 언제나 물리적 세계에 있었기 때문이다. 그러나 1900년경에 이르면, 수학자들은 공리가 체계의 토대를 이루는 임의의 명제이며, 그 체계의 귀결들을 탐구하는 일은 일종의 정신적 게임이라는 입장을 취하게 된다. 어느 날 갑자기 수학적 공간은 추상적인 논리적 구조물로 간주되기 시작했다. 물리적 공간의 성질은 별개의 탐구 주제가 되었다. 그것은 수학이 아닌 물리학의 문제가 되었다.

수학자들은 새로운 유형의 문제를 다루게 되었다. 그들의 체계가 논리적으로 일관적임을 보이는 것이 그들의 주요 과제가 된 것이다. 지난 수백 년 동안 계산기술의 진보 속에 뒷자리로 물러나 있었던 증명 개념이 다시금 주도적인 개념이 된다. 유클리드의 기하학은 일관적인가? 논리적 체계의 일관성을 증명하는 가장 직접적인 방법은, 가능한 모든 정리들을 증명하고, 어떤 정리들도 서로 모순되지 않음을 보이는 것이다. 그런데 가능한 정리들의 수는 무한대이므로, 이 방법은 영생하기로 결심한 사람이나 선택할 만한 방법이다. 힐베르트는 다른 전술을 선택했다. 데카르트나 리만과 마찬가지로 힐베르트도 공간 속의 점을 수로 대체했다. 예를 들면 2차원 공간의 점은 한 쌍의 실수(real number)에 대응한다. 점을 수로 대체함으로써 힐베르트는, 모든 근본적인 기하학 개념과 공리를 산술적인 개념과 공리로 변환할 수 있었다. 따라서 기하학 정리의 증명은, 좌표들의 산술적, 대수적 연산으로 변환된다. 또한 기하학 증명은 공리로부터 논리적으로 도출되므로, 이를 변환한 산술적 연산도 산술적인 공리로부터 논리적으로 도출되어야 한다. 만일 기하학에 어떤 모순이 있다면, 그 모순은 산술적인 모순으로 변환될 것이다. 그러므로 만일 산술이 일관적이라면, 힐베르트가 구성한 유클리드 기하학도 일관적이다(비유클리드 기하학과 관련해서도 훗날 같은 증명이 이루어졌다). 무슨 이야기인지 쉽게 이해하시겠는가? 어쨌든 핵심은 다음과 같다. 힐베르트는 기하학의 **절대적** 일관성을 증명하지 못했지만, 소위 **상대적** 일관성을 증명했다.

가능한 정리들이 무한히 많기 때문에, 기하학, 산술 그리고 특히 수학 전체의 절대적 일관성을 증명하는 것은 매우 어려운 일이다. 이 일을 이루기 위해서 수학자들은, 대상들을 가장 보편적인 차원에서, 그들이 실제로 무엇인지에 관련된 모든 특수한 의미를 배제하고 다루는 추상적인 이론을 개발했다. 그 이론은 오늘날 어떤 형태로든 대부분의 학생이 배우는 집합론(set theory)이다.

그러나 단순한 집합론조차도 골치 아픈 역설에 부딪히고 말았다. 1908년 그렐링과 넬존이 『프리즈란트 학파의 논문집(Abhandlung der Friesschen Schule)』이라는 이름의 학술지에 발표한 역설은 집합론의 유명한 역설 가운데 하나이다. 그렐링과 넬존은 말들의 집합을 연구했다. 첫째, 의미상 자기 자신을 기술하는 말들의 집합. 예를 들면 "여섯 글자이다"라는 말은, 따져보니 정말 여섯 글자이고, "여러 음절이다"는 여러 음절이다. 이런 말들은 이 첫 번째 집합에 속한다. 이 집합에 대립하는 집합은, 의미상 자기 자신을 기술하지 않는 말들의 집합이다. 예를 들면 "빨갛다" 같은 말이 이 집합에 속한다. 이 책과 관련해서, "좋은 글이다", "훌륭하다", "친구에게 권할 만하다" 같은 말도 떠오른다(이 책에서 기억해둘 문장이 있다면, 그것은 바로 이 문장이다). 이 두 번째 집합은 **다른 것을 기술하는**(heterological) 말들의 집합이라고 부른다.

여기까지는 문제가 없다. 그러나 이제 문제가 생긴다. "다른 것을 기술하다"는 다른 것을 기술하나? 만일 그렇다면, "다른 것을 기술하다"는 자기 자신을 기술할 것이므로, 다른 것을 기술하지 않는다. 만일 그렇지 않다면, 자기 자신을 기술할 것이고, 그렇다면 다른 것을 기술한다. 수학자들은 이것을 역설(paradox)이라고 부른다. 수학자가 아닌 사람들은 이 상황을 이해하기도 힘들 것이다(수학자들에게 축복을!).

● ■ ▲

1903년 러셀(얼마 후에 그는 러셀 경이 된다)은 어지러운 판을 깨끗이 정리할 작정으로, 『수학 원리(Principles of Mathematics)』라는 지극히 겸손한 제목을 붙인 책을 발표하여, 수학 전체는 논리학으로부터 도출될 수 있어야 한다고 주장했다. 이어서 그는 논리학에서 수학을 도출하는 작업을 완수하고자 혹은 최소한 도출방법만이라도 보이고자, 옥스퍼드 대학교의 동료 화이트헤드와 공저로 1910년부터 1913년에 걸쳐서 세 권으로 된 거대한 작품을 발표했다. 1903년의 책보다 더 심각한 내용을 담고 있어서 그랬는지, 이 거대한 작품의 제목은 라틴어로 된 『수학 원리(Principia Mathematica)』였다. 이 책에서 러셀과 화이트헤드는 수학 전체를 기본적인 공리들의 체계로 통합시켰고, 그 공리체계로부터 수학의 모든 정리들이 증명될 수 있다고, 즉 유클리드가 기하학에 대해서 의도했던 일을 수학 전체에 대해서 성취했다고 주장했다. 그들의 체계에서는, "수(number)"와 같은 근본적인 대상조차도, 보다 심도 있고 근본적인 공리적 구조에 의해서 정당화되어야 하는 경험적 구성물로 간주되었다.

힐베르트는 이들의 연구에 대해서 회의적이었다. 그는 러셀과 화이트헤드의 기획이 성공적임을 엄밀하게 증명하라고 수학자들을 다그쳤다. 이 문제의 최종적인 결론은 1931년 괴델이 증명한 충격적인 정리[6]에 의해서 내려졌다. 괴델은, 정수론과 같이 충분히 복잡한 체계에서는 참이라고도 거짓이라고도 증명할 수 없는 명제가 존재할 수밖에 없다는 것을 증명했다. 괴델의 정리로부터 나오는 귀결 중의 하나는, 증명될 수 없으면서 참인 명제가 존재한다는 사실이다. 이 사실은 러셀과 화이트헤드의 주장을 무너뜨린다 — 그들은 수학의 모든 정리들이 어떻게 논리학에서 도출되는지를 보이지 못했다. 뿐만 아니라 그들의 기획 자체가 불가능한 기획이었다.

수학자들은 이후에도 각자의 영역에서 연구를 계속하고 있지만, 어떤 분야도 괴델 이후 크게 달라지지 않았다. 유클리드가 시작한 작업 — 수학의 공리화 — 을 이루는 보편적으로 인정된 방법은 여전히 없다.

한편, 정신적 게임을 넘어서는 수학의 힘을 가장 분명하게 보여준 사람은 아인슈타인이었다. 그는 새롭게 발견된 유형의 수학적 공간을 우리가 사는 공간을 기술하기 위해서 적용했다. 완전히 새롭게 거듭났지만 여전히 기하학은 우리가 우리의 우주를 이해하기 위해서 내다보아야 하는 창이다.

제4부

아인슈타인 이야기

무엇이 공간을 휘어지게 하는가?
공간에 새로운 차원이 부가되고,
시공간은 20세기 속으로
폭발하여, 한 특허청 직원을
세기의 영웅으로 만든다.

21. 광속의 혁명

가우스와 리만은 공간이 휘어질 가능성을 증명했고, 휘어진 공간을 기술하는 데에 필요한 수학을 제공했다. 이제 다음 질문은 이것이다. 우리가 사는 공간은 어떤 공간인가? 또한 더 깊이 들어간 질문도 가능하다. 무엇이 공간의 모양을 결정하는가?

1915년 아인슈타인이 제시한 매우 아름답고 정확한 해답은, 사실상 1854년 리만 자신에 의해서 최초로 대체적인 윤곽이 제시되었던 해답이다.

> 기하학의 타당성에 관한 물음은……공간의 거리 관계의 내적인 기반에 관한 물음과 관련된다……우리는 공간의 거리 관계의 토대를 공간 밖에서, 공간에 작용하는 결합력에서 찾아야 한다.[1]

사물들이 멀리 떨어지거나 가까이 있도록 만드는 것은 무엇인가? 리만은 자신의 직관을 근거로 구체적인 이론을 세우기에는 시대를 너무 앞서 있었다. 시대를 너무 앞선 리만의 말은 반향을 일으키지 못했다. 그러나 16년 후에 한 수학자가 리만의 말에 주목했다.

1870년 2월 21일, 클리퍼드는 「물질의 공간 이론에 관하여(On the pace Theory of Matter)」라는 제목의 논문을 케임브리지 철학자협회에 제출했다. 당시 클리퍼드는 스물다섯 살이었다. 아인슈타인 역시 훗날 스물다섯 살의 나이로 특수 상대성 이론에 관한 첫 번째 논문을 발표했다.

나의 주장은 다음과 같다. (1) 공간의 작은 부분은, 대체적으로 평평한 표면에 있는 작은 구릉과 같은 성질을 지닌다. (2) 한 부분이 휘어지거나 변형되면, 마치 파동이 전파되듯이 휘어짐과 변형이 다른 부분들로 전달된다. (3) 우리가 물질의 움직임이라고 부르는 현상의 실상은 바로 이와 같은 공간의 곡률 변화이다.[2)]

클리퍼드의 주장은 리만을 훨씬 능가할 정도로 독특하다. 너무 독특해서 우리는 그의 주장을 쉽게 간과했을지도 모른다 ― 그의 주장이 옳은 주장이 아니었다면 말이다. 오늘날의 물리학자가 위의 주장을 읽는다면 이런 질문을 던질 수밖에 없을 것이다. "아니, 어떻게 알았지?" 아인슈타인은 수 년간의 세심한 추론을 거친 후에 비로소 이와 유사한 결론에 도달했다. 반면에 클리퍼드는 아무 이론도 가지고 있지 않았다. 그래도 그는 이 상세한 결론을 직관적으로 내릴 수 있었던 것이다. 클리퍼드와 리만과 아인슈타인은 모두 동일한 수학적 발상을 길잡이로 삼았다. 자유롭게 운동하는 물체가 직선운동을 한다는 것이 유클리드 공간의 특성이라면, 다른 종류의 운동들은 비유클리드 공간의 곡률에 의해서 설명할 수 있지 않을까? 결국 아인슈타인이 수학이 아닌 **물리학**에 기반한 세심한 추론을 통해서 클리퍼드가 성취하지 못한 이론을 개발할 수 있었다.

클리퍼드는 이론을 개발하기 위해서 열정적으로 연구했다. 낮에는 런던 대학교에서 강의와 행정업무에 시달려야 했으므로, 그의 연구는 주로 밤을 지새우면서 이루어졌다. 그러나 물리학에 대한 깊은 이해 ― 이 이해를 통해서 아인슈타인은 최종 이론으로 가는 중간 단계인 특수 상대성 이론에 도달했다 ― 와 시간의 역할에 대한 깊은 이해가 없는 클리퍼드에게는 그의 착상을 그럴듯한 이론으로 발전시킬 가망이 없었다. 수학적 능력이 물리학적 능력을 앞질러 있었던 것이다 — 나중에 보게 되겠지만, 이는 오늘날 끈 이론이 처한 상황을 떠올리게 하는 난처한 상황이다. 클리퍼드는 어디에도 도달하지 못했다. 그는 1876년 33세의 나이로 사망했다. 어떤 기록에 의하면, 과로사였다고 한다.[3]

클리퍼드가 겪은 어려움 중의 하나는, 아무도 그를 지지하지 않았다는 것이다. 물리학의 세계는 맑고 화창했다. 잘못의 조짐이 전혀 없는 이론을 공격하는 데에 노력과 시간을 투자할 사람은 거의 없었다. 200년 이상의 기간 동안 사람들은 우주에서 일어나는 모든 사건을 뉴턴 역학을 통해서 설명할 수 있다고 믿었다. 뉴턴 역학은 아이작 뉴턴의 사상을 기초로 한 이론이다. 뉴턴의 사상에 따르면, 공간은 "절대적이고", 고정되어 있으며, 데카르트의 좌표를 설정할 수 있도록 신이 주신 바탕틀(framework)이다. 물체의 운동경로는 수들의, 즉 경로 위에 있는 점들을 나타내는 좌표들의 집합으로 기술되는 직선이나 곡선이다. 시간의 역할은 경로를 "매개하는" 역할이다. 이 말은 "네가 경로 위의 어느 지점에 있는지" 시간이 말해준다는 뜻이다. 예를 들면 알렉세이가 5번 대로, 42번가에서 출발해서 분당 1블록의 일정한 속도로 걷는다면, 그의 위치는 5번 대로, (42 + 걸은 시간을 분으로 나타낸 수) 번가임을 간단히 알 수 있다. 그가 걸은 시간이 몇 분인지를 알면, 그가 경로 위의 어느 지점에 있는지를 알 수 있다.

이러한 시간 및 공간에 대한 이해를 바탕으로 뉴턴이 제시한 법칙들은, 알렉세이와 같은 물체가 왜 그리고 어떻게 움직이는지를 예측한다 — 뉴턴의 법칙들은 알렉세이의 위치를 시간이라고 부르는 매개변수의 함수로 나타낸다(물론 이 비유를 적용하려면, 알렉세이가 무생물이라고 가정해야 하는데, 특별한 경우에만 그렇게 가정할 수 있을 것이다. 그러므로 알렉세이가 귀에 이어폰을 끼고 테크노 음악을 듣고 있다고 상상하자). 뉴턴에 따르면, 외적인 힘이 알렉세이에게 작용하지 않는 한, 그러니까 길모퉁이에 비디오 게임 전시장이 있어서 알렉세이를 끌어당기지 않는 한, 알렉세이는 일정한 움직임을 계속 유지할 것이다 — 직선으로 **또한** 일정한 속력으로 움직일 것이다. 또한 게임 전시장 같은 인력이 있을 경우에도, 뉴턴의 법칙은 알렉세이의 이동경로가 일정한 움직임에서 어떻게 빗겨나갈지를 예측한다. 알렉세이의 관성의 크기와, 외적인 힘의 크기와 방향이 주어지면, 뉴턴의 법칙들은 당신에게, 알렉세이가 어떻게 움직일지를 정확히 수량적으로 말해준다. 뉴턴의 방정식에 따르면, 물체의 가속도(속력 또는 방향의 변화)는 작용한 힘에 비례하고 물체의 질량에 반비례한다. 그러나 힘에 반응하여 일어나는 움직임을 기술하는 것은 "운동학(kinetics)"이라고 부르는 분야로, 뉴턴 역학의 일부일 뿐이다. 완성된 이론을 형성하려면, "동역학(dynamics)"도, 즉 힘의 원천(게임 전시장)과 대상물체(알렉세이) 그리고 이 둘 사이의 거리가 주어졌을 때, 힘의 크기와 방향을 알아내는 방법도 있어야 한다. 뉴턴은 이러한 힘의 방정식을 한 가지 종류의 힘에 관해서만, 즉 중력에 관해서만 제시했다.

두 종류의 방정식들, 즉 힘의 방정식(동역학)과 운동의 방정식(운동학)을 결합하면, (원리적으로) 물체의 이동경로를 시간의 함수로 나타낼 수 있다. 예를 들면, 게임 전시장 주위를 배회하는 알렉세이의 궤도나 (슬프게도) 대륙과 대륙 사이를 날아가는 탄도 미사일의 경로를 계산할 수 있다. 뉴턴은 피타고라스에서 시작된 야심을, 운동을 기술하는 수학체계를 창조하겠다는 야심을 실현했다. 또한 그는 동일한 법칙이 지상에서의 운동과 우주에서의 운동을 모두 지배한다는 것을 보여 줌으로써, 오래 전부터 독자적으로 내려온 두 분야를 통합했다 — 주로 사람들의 일상경험과 관련된다고 여겨져온 물리학과 천체의 움직임을 다루는 천문학을 통합했다.

● ■ ▲

만일 시간과 공간에 대한 뉴턴의 사상이 옳다면, 다음과 같은 두 가지 일이 불가능함을 쉽게 알 수 있다. 첫째, 한 물체가 다른 물체에 다가가는 속도에는 한계가 있을 수 없다. 이를 확인하기 위해서, 한계속도가 있다고 가정하고, 그 한계속도를 c라고 하자. 이제 어떤 물체가 당신을 향해서 속도 c로 접근한다고 상상해보자. 이 순간에 당신은 (과학의 발전을 위해서) 물체를 향하여 침을 뱉는다. 만일 이 사건이 소위 절대 공간이라는 실질적인 매체 속에서 일어난다면, 물체는 당신에게 다가오는 것보다 더 빨리 당신의 침에 다가올 것이다. 즉 가정된 한계속도보다 더 빠른 속도가 있고, 따라서 한계속도란 있을 수 없다. 둘째, 빛의 속도가 일정할 수 없다. 보다 정확히 말한다면, 빛은 서로 다른 관찰자에게 서로 다른 속도로 다가가야 한다. 만일 당신이 빛을 향해서 달린다면, 빛은 당신이 빛으로부터 달아날 때보다 더 빨리 당신에게 다가올 것이다.

만일 객관적인 공간구조가 존재한다면, 이 두 불가능성은 자명한 진리이다. 그런데 이 두 "진리"가 거짓이다. 바로 이 사실이 특수 상대성 이론의 주춧돌이 되었다. 특수 상대성 이론은 휘어진 공간의 물리학을 추구했던 사람들이 애타게 찾아왔던 부속품이다. 또한 이 사실은 오래 전부터 "관찰되었지만", "인정받지 못했던" 사실이기도 하다.

22. 상대성 이론과 또 한 명의 알베르트

젊은 리만이 폴란드의 역사에 매우 깊은 관심을 가졌던 때로부터 몇 년 후, 한 젊은 부부가 당시 프로이센의 지배하에 있던 폴란드인 거주지역 포스난에서 사내아이를 낳아 알베르트라고 이름을 붙였다. 폴란드 민족주의자들의 투쟁은 실제로 겪는 것보다는 읽어보는 편이 훨씬 더 즐거우리라는 것을 누구나 쉽게 생각할 수 있을 것이다. 또한 폴란드인들은 영웅이기도 했지만 동시에 반(反)영웅이기도 했다. 그들은 격렬한 반유대주의자들이어서 훗날 히틀러는 가스실을 설치할 지역으로 폴란드를 선택하기도 했다. 무슨 이유에서였는지는 확실하지는 않지만, 가우스가 죽은 해인 1855년 알베르트의 가족인 마이컬슨 일가[1]는 뉴욕으로 이주했고, 얼마 후 다시 샌프란시스코로 거처를 옮겼다. 노벨상을 수상한 최초의 "미국인" 과학자, 프로이센-폴란드 출신의 유대인 앨버트 마이컬슨은 그렇게 세 살의 꼬마로, 노벨상이 제정되기 반세기 전에 미국에 도착했다.

1856년 마이컬슨 가족은 대략 샌프란시스코와 레이크 타호 중간에 위치한 캘러베러스 카운티에 있는 광산도시 머피스로 이주했다. 알베르트의 아버지는 포목점을 열었다. 그러나 그들은 그곳에 오래 머물지 않았다. 마이컬슨 가족은 유대계 독일인이라는 그들의 문화적 뿌리로부터 더욱더 멀리 벗어나서, 마침내 네바다 주의 한 신흥도시에 정착했다. 그 "도시"는 1859년 야영장보다 약간 큰 정도의 규모로 데이비슨 산기슭에 생겨났다. 전설에 의하면, 술취한 광부 하나가 위스키 병을 바위에 던져 그 지역을 기독교화했다고 한다. 머지않아 초기 서부시대의 최대 도시들 가운데 하나가 된 버지니아 시티는 그렇게 탄생했다. 이 멋진 이름은 "올드 버지니"라고 불렸던 광부 핀니가 자신의 이름을 따라서 지은 것이다. 데이비슨 산에 있는 금과 은은 핀니의 작은 마을을 샌프란시스코에 비교할 만한 규모의 초기 공업 도시들 가운데 하나로 순식간에 성장시켰다. 또한 샌프란시스코와 마찬가지로 핀니의 도시에서도 총격전과 도박이 벌어졌고, 당연히 살롱들이 생겨났다. 앨버트의 한 여동생은 훗날 그곳의 삶을 소재로 『매디간스(The Madigans)』라는 장편소설을 썼다. 루스벨트 대통령의 뉴딜 정책을 지지하는 익명의 작가로 활동한 앨버트의 남동생 찰스 또한 그의 자서전 『유령이 전하는 말(The Ghost Talks)』에서 그곳의 삶에 관해서 이야기한다. 그러나 어린 앨버트는 미국으로 이주한 후, 짧은 기간만을 가족과 함께 지냈다. 장래를 기대하게 하는 총명함을 드러낸 앨버트는 친척들과 함께 샌프란시스코로 나와서 링컨 문법 학교에 들어갔고, 이어서 링컨 남자 고등학교에서 공부했다. 고등학교 시절에 그는 교장 선생님의 집에서 하숙했다.

 1869년 어린 마이컬슨은 미국 전체를 가로질러 반대편에 있는 메릴랜드 주 아나폴리스의 미 해군 사관학교에 입학하기 위한 시험을 치른다. 그는 시험에 합격하지 못했다. 지식뿐만 아니라 참을성도 평가하는 시험이었던 것이다. 16세의 소년 마이컬슨은 불과 몇 달 전에 개통된 대륙횡단 철도에 몸을 싣고 그랜트 대통령을 만나러 워싱턴으로 향했다. 한편, 그의 출생지인 네바다의 주의원은 그랜트에게 앨버트를 추천하는 편지를 보냈다. 그가 대통령에게 전한 말은 이것이다. 앨버트 군은 버지니아 시티에 사는 유대인들이 아끼는 학생이다. 만일 그랜트가 그를 돕는다면, 유대인들의 표를 확실히 다지는 데에 도움이 될 것이다. 알베르트는 마침내 대통령을 만나게 되었다.[2] 앨버트와 대통령의 접견이 어떻게 진행되었는지에 관한 기록은 없다. 대중매체에 등장하는 그랜트의 모습은 버지니아 시티의 모습과 크게 다르지 않다. 그랜트에게도 역시 위스키가 중요한 역할을 한다. 그러나 그의 일생에서 짧은 기간만을 제외하면 이 평판은 옳지 않다. 반면에 흔히 언급되지는 않지만 분명한 사실은, 그랜트가 육군 사관학교(West Point) 시절 대단히 뛰어난 수학도였다는 것이다.[3] 그랜트의 의도가 수학에 재능이 있는 젊은이를 지원하는 것이었는지, 아니면 유대인 유권자들에게 아부하는 것이었는지 알 수는 없지만, 어쨌든 그의 조치는 특별했다. 그는 엄격하게 제한된 사관학교 신입생 정원을 그해에만 상향조정하라고 지시하여, 마이컬슨을 특별히 입학시켰다. 긴 안목으로 보면, 그랜트가 남긴 가장 중요한 업적이 마이컬슨-몰리 실험이라고 할 수 있을지도 모른다.

마이컬슨은 교내 권투 챔피언이 되었다. 거칠게 날뛰는 서부 출신이라는 사실이, 그에 관한 사관학교 내에서의 평판에 빠지지 않고 들어갔다. 학업 성적에서 마이컬슨은 29명 중 9등으로 졸업했다. 그러나 이 평균성적으로는 그의 역동적인 활동의 본모습을 거의 알 수 없다. 그는 광학과 음향학에서는 1등이었다. 항해술에서는 25등, 역사에서는 최하위인 29등이었다. 마이컬슨의 재능과 관심이 무엇인지는 크리스털처럼 명확했다. 마이컬슨의 관심에 대한 해군 사관학교의 견해도 또한 명확했다. 사관학교의 책임자인 워든(그는 1862년 북군의 저현철갑함 모니터를 지휘하여 남군의 철갑함 메리맥을 상대로 해전을 벌인 인물이다)은 마이컬슨에게 이렇게 말했다. "자네가 과학에 대한 흥미를 줄이고, 함포 사격에 더 집중한다면, 언젠가 국가에 기여할 수 있을 만큼의 지식을 갖추는 날이 올 것이야."⁴⁾ 이렇게 겉으로는 과학보다 사격을 더 강조했지만, 그 당시 아나폴리스 사관학교 물리학 교과과정은 전국 최고 수준이었다. 그곳에서 마이컬슨이 공부한 물리학 교과서는 프랑스인 아돌프 가노가 1860년에 쓴 교과서의 번역본이었다. 그 교과서에서 가노는 우주 전체에 스며들어 있다고 믿어지는 어떤 물질에 관해서 이야기한다. "……미세하고, 질량이 없고, 매우 탄력적인 에테르라는 이름의 유체(流體)가 우주 전체에 퍼져 있다. 에테르는 모든 물체 속으로 스며든다. 가장 조밀하고 불투명한 물체 속으로도, 가장 가볍고 가장 투명한 물체 속으로도 스며든다."⁵⁾

가노는 더 나아가 당대에 실험적으로 연구되던 대부분의 현상들 — 빛, 열, 전기 — 에서 에테르가 결정적인 역할을 한다고 주장한다. "특별한 종류의 운동이 에테르에 전해지면 열현상이 일어날 수 있다. 같은 종류의 움직임이 더 큰 진동수로 전해지면 빛이 생긴다. 또한 다른 형태 혹은 다른 특성을 가진 운동이 아마도 전기의 원인일 것이다."

현대적인 에테르 개념은 1678년 하위헌스에 의해서 만들어졌다.⁶⁾ 에테르의 원래 의미는 아리스토텔레스가 말한 제5원소, 즉 천구를 이루는 물질이다.⁷⁾ 하위헌스의 생각에 따르면, 신은 우주를 마치 거대한 수족관처럼 창조했고, 우리의 행성은, 당신이 수족관에 있는 물고기를 놀래키려고 떨어뜨리는 것과 같은 떠다니는 장난감에 비유할 수 있다. 우주 수족관을 채운 에테르는 물과는 달리 우리 주변에서 흐를 뿐만 아니라 우리를 관통해서 흐르기도 한다는 사실만이 다르다. 에테르 개념은, 공간에 "아무것도 없음", 즉 공간이 공허함을 생각하면 불편함을 느끼는 아리스토텔레스 같은 사람들에게 인기가 있다. 하위헌스는 덴마크의 천문학자 뢰메르가 발견한 사실을 설명하기 위해서 아리스토텔레스의 에테르를 도입했다. 뢰메르는 목성의 한 위성에서 오는 빛이 순간적으로 지구에 도달하는 것이 아니라 일정한 시간이 경과한 후에 지구에 도달한다는 것을 관찰했다. 이 사실 그리고 빛이 광원의 움직임과는 상관없이 일정한 속도로 움직인다는 사실은, 빛이, 공기 중을 움직이는 소리처럼, 공간 중을 움직이는 파동임을 보여주는 증거이다. 그런데 소리의 파동이나 물의 파동이나 늘어진 밧줄의 파동은 실제로는 공기나 물이나 밧줄 같은 매질의 규칙적인 움직임이라고 간주되었다. 만일 공간이 비어 있다면 파동이 전파될 수 없다고 사람들은 생각했다. 1900년에 푸앵카레가 쓴 글을 참조하자. "에테르의 존재에 대한 우리의 믿음이 어디에서 기원했는지 누구나 안다. 먼 별에서 우리를 향해 빛이 오는 동안……빛은 더 이상 별에 있지 않고, 아직 지구에 있지도 않다. 빛은 어딘가에 있어야 한다. 무엇인가에 보유되어서, 그러니까 어떤 물질적인 것의 지원을 받아서, 어딘가에 있어야 한다."

　대부분의 새로운 이론들이 그러한 것처럼, 하위헌스의 에테르도 훌륭한 면과 취약한 면과 추한 면을 가지고 있다. 하위헌스의 이론이 가지는 취약점과 추한 점은, 이 극도로 미세해서 관찰되지 않는 유체가 우주 전체와 그 안에 있는 모든 것들에 스며들어 있다는 자그마한 가정에 있다. 이 가정 때문에 하위헌스는 많은 사실을 간과하는 오류를 범했다. 무소부재의 유체가 우주를 채운다고 가정하는 일과, 그 가정을 기존의 물리적 법칙과 조화시키는 일은 별개의 일이었던 것이다. 하위헌스의 이론은 그의 생애 동안에, 빛이 입자라는 뉴턴의 이론에 밀려서 인정을 받지 못했다.

　1801년 빛에 관한 주도적인 관점을 바꾼 실험이 이루어졌다. 그 실험은 또한 19세기의 빛 연구에 사용된 가장 중요한 새로운 장치를 제공했다. 좁은 틈(슬릿)을 통해서 빛을 보내는 것을 약간 변형한 것이 실험장치의 핵심이었는데, 이는 이미 수백 년 동안 사용되어온 방법으로 그다지 특별해 보이지 않았다. 그러나 영국의 물리학자 토머스 영은 단일한 광원에서 나온 광선 두 개를 두 개의 슬릿을 통과하도록 비춘 다음, 통과된 두 빛의 중첩 무늬를 영사막에서 관찰했다. 그는 밝은 부분과 어두운 부분이 반복되는 간섭 무늬를 관찰할 수 있었다. 간섭은 파동을 통해서 쉽게 설명되는 현상이다. 겹쳐진 파동들은 어떤 부분에서는 서로 보강되고 어떤 부분에서는 상쇄될 수 있다. 물결이 서로 만날 때에 물결의 마루와 골이 겹치면서 보강되거나 상쇄되는 것을 본 적이 있을 것이다. 빛의 파동 이론이 힘을 얻으면서 에테르 이론이 부활하게 된다.

하위헌스의 이론에 대한 반박이 그 사이에 완전히 사라진 것은 아니다. 오히려 빛에 관한 이론의 장은 논쟁의 장이 된다. 한쪽 진영에는 빛이 매질 없이 일어나는 파동이라는 주장이 있었다. 그러나 물이 없이 물결이 일어난다는 주장을 수긍하기 어려운 것과 마찬가지로 이 주장은 호응을 얻기 어려웠다. 다른 한편에는, 빛이 모든 곳에 있지만 어디에서도 감지되지 않는 매질 속에서 일어나는 파동이라는 주장이 있었다. 이 주장 역시, 물이 어디에나 있지만 볼 수 없다고 주장하는 것과 마찬가지여서 지지할 만한 입장이 되기 어렵다. 있느냐(하지만 아무 효과도 없이), 없느냐? 그것이 문제였다. 전문가가 아닌 사람이 보기에는, 이 두 주장을 구분하는 것이 머리카락을 가르는 일처럼 보일지도 모른다. 그러나 당대의 과학자들 사이에서는 분명한 승자가 있었고, 그것은 바로 에테르 이론이었다. 아무것이라도 있는 편이 "없는" 것보다는 나았던 것이다. 과학자들이 에테르가 무엇인지 모른다는 사실은

"중요하지 않다"라고 피셔는 그의 저서 『자연과학의 요소들(Elements of Natural Philosophy)』(1827)에서 주장했다.[8]

프랑스의 물리학자 프레넬은 에테르의 본질에 관한 문제가 중요하지 않은 문제가 아니라고 생각한 여러 과학자들 중 한 사람이다. 1821년 그는 빛을 다루는 수학적 논문을 발표했다. 파동은 근본적으로 다른 두 방향의 진동을 가질 수 있다 — 음파와 같이 파동의 진행방향에 나란한 진동을 가질 수도 있고, 밧줄에서의 파동과 같이 진행방향에 수직인 진동을 가지고 구불거릴 수도 있다. 프레넬은 빛의 파동이 거의 확실하게 후자임을 증명했다.[9] 그런데 이런 종류의 파동, 즉 횡파는 매질에 일정한 탄성이 있어야만 가능하다 — 대략적으로 말해서 매질이 고체의 성질을 가져야 한다. 이러한 점을 근거로 프레넬은 에테르가 우주 전체에 스며 있는 기체 같은 것이 아니라, 우주 전체를 채운 **고체**라고 주장했다. 취약점이고 추한 점이었던 것이 이제는 거의 상상할 수 없을 만큼 기괴하게 발전했다. 그러나 19세기 내내 프레넬의 입장은 모두에게 인정받았다.

23. 공간의 재료

공간이 어떤 물질로 이루어졌는지를 알아내려는 시도의 와중에 어쩌면 역사를 통틀어 가장 커다란 과학의 진보가 이루어졌다. 그 시도는 자신들이 어디로 가고 있는지, 혹은 어디에 도달했는지, 대부분의 과학자들이 모르는 채로 이루어진 힘든 과정이었다. 우리가 사는 공간이 그러한 것처럼, 그들이 겪은 여정 역시 굴곡으로 가득 차 있었다.

● ■ ▲

1865년 키가 약 160센티미터에 불과한 스코틀랜드의 한 물리학자가 「전자기장의 동역학 이론」이라는 제목의 논문을 발표함으로써 긴 여정의 막이 올랐다. 그는 이어서 1873년 『전기와 자기에 관하여(*A Treatise on Electricity and Magnetism*)』라는 저술을 발표했다. 저자의 원래 이름은 제임스 클러크였는데,[1] 훗날 그의 아버지가, 사망한 삼촌의 유산상속을 위한 자격을 갖추게 하기 위해서, 삼촌의 이름인 맥스웰을 아들의 이름에 덧붙였다. 이리하여 그 삼촌은 이상한 상속법 조항 덕분에 약간의 비용만으로 자신의 이름을 불멸의 지위에 올리게 되었다. 물론 과학자들과 과학사가들 사이에서만 그 이름이 기억되고 있는지도 모르지만 말이다.

맥스웰의 전자기학 이론은 역학, 상대성 이론, 양자역학과 더불어 현대 물리학의 주춧돌을 이룬다. 우리는 진지한 표정으로 커피를 음미하는 수염이 덥수룩한 맥스웰의 모습을 볼 기회가 거의 없다. 뉴욕의 문화 권력도 할리우드의 문화 권력도 맥스웰을 매력적인 인물이라고 생각하지 않기 때문이다. 그러나 그의 삶은, 고등학교와 대학 초년 시절에 다양하고 복잡한 전기현상과 자기현상과 빛을 이해하려고 노력했고, 후에 벡터 미적분학(vector calculus)을 배운 다음, 놀랍게도 그 모든 현상들이, 알렉세이라면 "숫자 문장"이라고 표현했을 몇 줄의 평범한 방정식에 포함되어 있음을 깨닫게 된 사람들 사이에서, 위대한 삶으로 추앙된다. 패서디나에 있는 캘리포니아 공과대학 근처의 한 상점에 특이한 문양의 티셔츠가 진열된 적이 있다. 그 티셔츠에는 창세기의 문구를 변형한 다음과 같은 글이 새겨져 있었다. "태초에 하느님이 [네 개의 방정식]이 있으라 하시니 빛이 있었다." 그 방정식들은 맥스웰 방정식이었다.[2] 몇 개의 문자와 기이한 기호로만 이루어졌지만, 그 네 개의 방정식은 당대의 과학이 알고 있던 중력 이외의 모든 힘을 설명할 수 있다.

라디오, 텔레비전, 레이다, 통신위성 등은 맥스웰 방정식에 포함된 내용을 적용한 사례에 불과하다. 한편 맥스웰 방정식을 양자 이론에 맞게 변형한 이론은, 현재까지 개발된 것들 중에서 가장 정확하고 폭넓게 검증된 양자장 이론(quantum field theory)이다. 이 이론은 오늘날 우리가 아는 물질의 최소 입자인 기본 입자를 설명하는 "표준 모형"의 역할을 한다. 맥스웰 이론을 자세히 분석하면, 특수 상대성 이론을 도출할 수 있고, 어떤 종류의 에테르도 존재하지 않는다는 사실도 알 수 있다.

이 모든 사실이 맥스웰의 시대에는 드러나지 않았다.

오늘날의 물리학도들은 두 개의 벡터 함수에 관한 일련의 미분방정식 형태로 간략하게 정리된 맥스웰의 이론을 접할 수 있다. 이 방정식들로부터 우리는 원리적으로 진공에서 일어나는 모든 광학적, 전자기적 현상들을 도출할 수 있다. 이는 정녕 아름다운 이론적 성취이다. 그러나 교과서에 정리된 맥스웰 이론을 배우는 것으로는, 그 이론의 의미가 실제로 어떻게 발견되었는지를 전혀 알 수가 없다. 이는 마치 라마즈 분만법을 배우는 것만으로는, 아이를 낳는 경험을 이해할 수 없는 것에 비유할 수 있다. 강한 통증과 비명이 동반되는지의 여부는 두 경험을 사뭇 다른 것으로 만든다. 오래 전에 한 대학원생(바로 이 책의 저자 자신이다)이 복잡한 전자기 복사에 관한 문제를 두 가지 방법으로 풀어서 과제로 제출한 일이 있었다. 그 학생은 이를 통해서 보다 효율적인 계산법이 지니는 엄청난 위력을 보이려고 했다. 현대적인 텐서 기법을 이용한 간단한 계산은 한 페이지에도 미치지 않았다. 반면에 원시적으로 힘을 계산한 해법에는 무려 18페이지가 소모되었다(담당교수는 그 긴 계산을 검토하는 수고를 맡겼다는 이유로 평가점수를 감점했다). 두 번째 계산방법은 맥스웰 이론의 원본에 보다 가깝지만, 그것 역시 원본에 비하면 덜 복잡한 편이었다. 1865년 맥스웰이 발표한 이론은 20개의 미지항이 포함된 20개의 미분방정식으로 이루어져 있다.

그 당시 아직 개발되지 않았거나 널리 사용되지 않았던 단순화 기법들을 사용하지 않았다는 이유로 맥스웰을 탓하는 것은 적절하지 못할 것이다. 한편, 맥스웰의 이론은 그저 복잡하거나 복잡해 보이는 것이 아니라, 설명도 대단히 부족했다. 아마도 당대의 광대한 지식을 모두 흡수하고 통합하여 머릿속에서 복잡한 이론을 뽑아낸 맥스웰의 완벽주의적 성격이 자신의 이론을 설명하는 데에 방해가 되었던 것 같다. 맥스웰의 이론을 단순화하고 해석한 중심인물 중 한 사람인 로런츠는 훗날 이렇게 말했다. "때로는 맥스웰의 생각을 이해하기가 쉽지 않다. 그의 책에는, 그가 이전의 생각에서 새로운 생각으로 어떻게 발전시켰는지가 충실하게 기록되어 있기 때문에, 그의 책을 읽다 보면 통일성이 결여되었다는 느낌을 받게 된다."[3] 보다 덜 우호적인 에렌페스트의 견해에 따르면, 맥스웰의 글은 "일종의 지적인 정글이다."[4] 맥스웰이 동시대의 과학자들에게 내놓은 것은 교과서적인 설명이 아니라, 갓 채굴한 원석 더미였다. 불분명한 설명에도 불구하고 맥스웰은 역사가 경험한 가장 위대한 전자기 현상의 대가이다. 이렇게 뛰어난 통찰력을 갖춘 맥스웰이 공간을 이루는 물질에 대해서 가졌던 입장은 무엇이었을까? 1878년 브리태니커 백과사전 제9판에서 그는 이렇게 말한다.

에테르의 본성에 관해서 일관된 이해를 하기가 아무리 어렵다고 할지라도, 행성 사이의 공간과 항성 사이의 공간이 비어 있는 것이 아니라, 물리적인 물질 혹은 물체로 채워져 있다는 점에는 의심이 있을 수 없다. 그 물체는 분명 우리가 알고 있는 가장 큰 물체이며, 아마도 가장 균일한 물체일 것이다.[5]

위대한 맥스웰조차도 빈 공간을 그냥 내버려둘 수 없었던 것이다.
그러나 맥스웰은 그의 명성에 걸맞게, 단지 입장만을 밝히고 마는 대부분의 학자들과는 달리, 처음으로 에테르의 존재가 함축하는 핵심적이고 관찰 가능한 귀결을 발견했다. 만일 빛이 일정한 속도로 에테르 속을 움직이고, 지구가 에테르를 뚫고 타원 궤도로 움직인다면, 우주에서 비친 빛이 지구에 접근하는 속도는 지구가 궤도 위의 어느 지점에 있는가에 따라서 달라질 것이다. 지구는 1월에 움직이는 방향과, 궤도의 반대편에 있는 7월에 움직이는 방향이 다르다. 1864년 4월 23일 맥스웰은 지구가 에테르 속을 얼마나 빠르게 움직이는지를 알아내는 실험을 시도했다.
맥스웰은 「지구의 운동이 빛의 산란에 미치는 영향에 관한 실험」이라는 제목으로 자신의 시도를 소개하는 논문을 작성하여 『왕립 학술회

회보(*Proceedings of the Royal Society*)』에 제출했다. 불행히도 그 논문은 편집자였던 스토크스의 반대에 부딪혀 출간되지 않았다. 스토크스는 맥스웰의 실험방법에 문제가 있다는 것을 지적했고, 맥스웰은 이를 수긍했다. 그러나 맥스웰의 방법에는 본질적으로 문제가 없었다. 맥스웰은 생전에 에테르에 관한 문제가 해결되는 것을 보지 못했다. 그러나 그의 사인이 된 위암으로 고통받던 1879년 맥스웰은 에테르에 관해서 언급한 편지를 한 친구에게 보냈다. 이 편지가 결국 에테르가 존재하지 않음을 밝힌 실험의 계기가 되었다.

맥스웰의 편지는 그의 사후에 『네이처(*Nature*)』지에 발표되었고, 마이컬슨이 그 편지를 읽었다. 마이컬슨은 이를 계기로 실험을 계획하게 되었다. 마이컬슨의 실험장치를 이해하기 위해서, 니콜라이와 알렉세이와 아빠가 공원에서 공놀이를 한다고 상상해보자. 세 사람은 직각 이등변삼각형을 이루도록 위치해 있다. 아빠를 중심으로 니콜라이가 북쪽에 있고, 알렉세이는 같은 거리만큼 떨어져 서쪽에 있다.

이제 세 사람이 모두 같은 속도로 북쪽으로 달린다고 상상해보자. 아빠가 두 아이로부터 떨어진 거리가 10미터이고, 셋이 달리는 속도가 시속 10킬로미터라고 해보자. 아빠는 공을 가지고 달아나는 니콜라이를 쫓아가고, 알렉세이는 아빠와 보조를 맞추어 평행한 경로를 따라서 달린다. 아빠가 시계를 보고 "집에 갈 시간이다"라고 외친다. 아이들은 이 소리를 듣자마자 "싫어요!"라고 대답한다. 이때 문제는 이것이다. 두 대답 중 어느 하나가 아빠에게 먼저 들릴까?

정답은 "그렇다"이다. 말하는 사람이 얼마나 빨리 움직이는지에 상관없이 그 사람의 외침은 움직이지 않는 공기 속으로 일정한 속도로 전파될 것이다. 그 전파속도를 c라고 하자. 그런데 니콜라이는 아빠의 외침

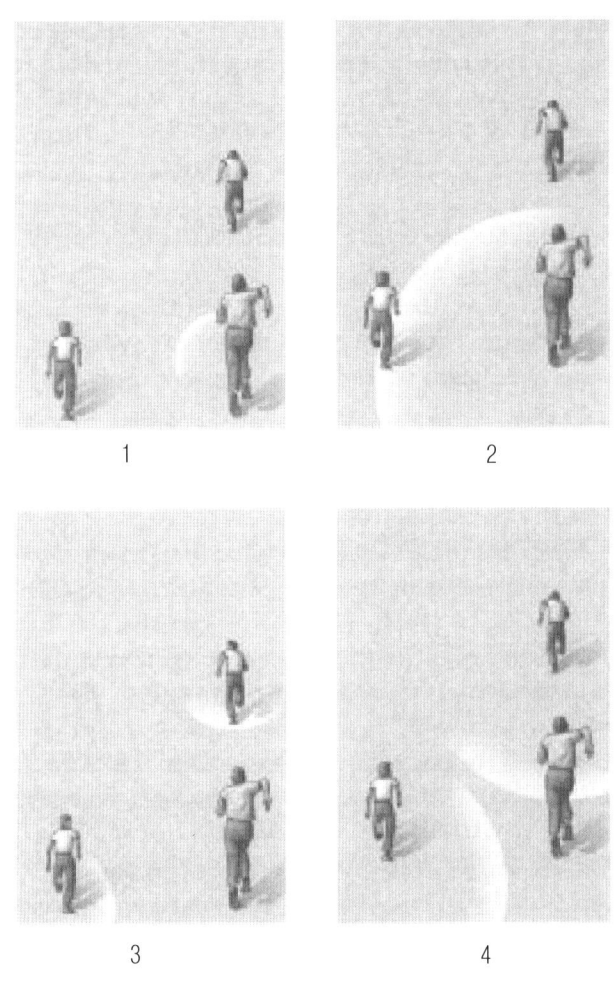

달리면서 대화하기

으로부터 멀어지고 있으므로, 아빠의 외침은 둘 사이의 거리인 10미터 이상을 움직여야만 니콜라이에게 닿을 수 있다—아빠의 외침이 닿는 동안 니콜라이가 움직인 거리만큼 더 전파되어야 한다. 반면에 니콜라이의 대답은 아빠에게 닿기까지 10미터보다 적게 전파되는 것으로 충분하다. 왜냐하면 아빠가 대답을 향해서 움직이기 때문이다. 니콜라이의 대답은, 그 대답이 아빠에게 닿는 동안 아빠가 움직인 거리만큼 10미터보다 적게 움직이는 것으로 충분하다. 다른 말로 표현한다면, 아빠의 외침은 시속 c − 10킬로미터의 속도로 니콜라이에게 접근하고, 니콜라이의 외침은 시속 c + 10킬로미터의 속도로 아빠에게 접근한다. 한편 알렉세이는 아빠로부터 멀어지지도 가까워지지도 않으므로, 서로의 외침은 변화 없이 c의 속도로 서로에게 접근할 것이다.

이렇게 분석하고 보니 외침이 서로 교환되는 데에 걸리는 시간이 두 아이의 경우에 각각 다를 것처럼 보인다. 그런데 누가 빠를까? 일정한 속도 c로 왕복하는 것과, 더 느린 속도인 c − 10으로 가고, 더 빠른 속도인 c + 10으로 돌아오는 것 중에서 누가 더 빠를까?

가끔 내가 (아이들이 잠자리에 들기 싫어할 때) 읽어준 동화를 기억하고 있기 때문에 알렉세이와 니콜라이는 정답을 안다. 그 동화의 교훈은, 느릿느릿 꾸준히 하는 사람이 이긴다는 것이었다. 이 사실을 확인하기 위해서 소리의 속도 c가 시속 10.00001킬로미터(시속 10킬로미터보다 눈꼽만큼 빠르다는 것을 십진법으로 표기했다)라고 잠정적으로 가정하자. 그렇다면 알렉세이와 아빠의 외침은 시속 10.00001킬로미터의 속도로 교환되며, 걸리는 시간은 각각 2초 정도이다. 니콜라이의 대답은 이보다 훨씬 빠르게 시속 c + 10 = 20.00001킬로미터로 아빠에게 접근하므로, 걸리는 시간은 약 1초이다. 그런데 먼저 아빠의 외침이 니콜라이에게 닿아야 한다. 아빠의 외침이 니콜라이에게 접근하는 속도는 겨우 시속 c − 10 = 10.00001 − 10 = 0.00001킬로미터이다. 이 속도로 니콜라이에게 닿으려면 약 3주일이 걸린다. 따라서 승자는 알렉세이이다. 물론 실제 소리의 속도는 시속 1,087킬로미터, 즉 대략 초속 300

미터이므로, 두 아이에게 갔다가 돌아오는 외침 사이의 승부는 간발의 차이가 되겠지만, 승패 여부에는 변화가 없다.

 소리를 빛으로 바꾸고 공기를 에테르로 바꾸면, 위의 실험은 맥스웰이 고안한 실험과 뼈대가 같다. 아빠와 아이들은 달릴 필요가 없다. 왜냐하면 지구가 이미 초속 29.8킬로미터의 엄청난 속도로 태양 주위를 달리고 있기 때문이다. 그런데 한 가지 미묘한 점이 있다. 지구가 어떤 주어진 속도로 태양 주위를 움직인다는 사실이, 지구가 같은 속도로 에테르 속을 움직인다는 것을 함축하지는 않는다. 그러나 그 사실은 지구가 **어떤** 속도로든 에테르 속을 움직인다는 것을 함축하는 듯이 보인다. 그 속도는 계절에 따라 지구의 운동방향이 달라지므로, 계절에 따라서 다를 것으로 예상된다. 실제로 아빠와 아이들을 동원한 실험을 통해서 우리는 에테르 속을 움직이는 지구의 속도를 측정할 수 있다. 왜냐하면, 속도 c를 알고, 알렉세이가 얼마만큼 이기는지를 알면, 그 속도를 계산할 수 있기 때문이다. 마이컬슨의 실험도 본질적으로 이와 동일하다. 그의 실험은 간단하다. 다만 실제 세계라는 실험실에서 실험이 이루어진다는 점 때문에 복잡해지지만 말이다.

 빛은 지구가 궤도를 움직이는 속도보다 훨씬 빠르게, 약 1만 배 정도 빠르게 움직인다. 이론가에게는 그 정도는 흔히 있는 적당한 차이이지만, 실험을 하는 사람에게 1만 배의 차이는 거의 악몽이다. 수학적으로 상황을 분석해보면, 빛이 이렇게 빠를 경우, 알렉세이와 니콜라이의 대답이 아빠에게 돌아오는 시간 차이는 100만 분의 1퍼센트가 된다는 것을 알 수 있다. 다시 말해서, 만약 아빠와 아이들의 거리가 1광년이라면, 돌아오는 두 외침 사이의 시간 간격이 ⅓초가 된다. 이런 방법으로 실험을 해서 성공할 수 있을까? 성공의 가능성은 희박해 보였다.

마이컬슨에게 다행스럽게도, 피조라는 프랑스인이 의사였던 아버지로부터 많은 재산을 상속받아 그의 관심사였던 광학에 시간과 비용을 투자했다. 피조는 빛의 속도를 지상에서 측정하는 도구에 특별한 관심을 가지고 있었다. 갈릴레오도 같은 작업을 기획한 일이 있다. 그러나 갈릴레오는 19세기 중반에 이루어진 정밀기계의 발전[6]과 산업혁명의 혜택을 누릴 수 없었다. 목적을 달성하기 위해서 피조는, 광선이 8킬로미터 이상의 거리를 방해 없이 움직이도록 하는 장치를 만들었다. 완행버스로 가려면 8킬로미터도 꽤 먼 거리이다. 그러나 빛은 초속 299,000 킬로미터라는 엄청난 속도로 움직인다. 그럼에도 불구하고 피조는 1849년에 실제값과의 오차가 5퍼센트에 불과한 측정값을 얻었다.[7] 그는 1851년에 에테르가 지구의 움직임의 영향을 받아 끌려간다는 이론을 검증하는 일련의 실험을 했다. 1818년 프레넬에 의해서 제기된 이 이론은, 지구 표면에서 에테르에 대한 지구의 상대속도가 매우 작거나 0일 수 있다는 것을 함축하기 때문에, 매우 중요했다. 1851년 피조가 만든 실험장치는 복잡하고 인상적이며, "분광기(beam splitter)"라는 새로운 발명품이 장착되어 있다. 그의 분광기는 은막을 얇게 입힌 거울로, 광선을 둘로 나누어 서로 다른 경로를 움직이게 한 다음, 두 광선이 다시 합쳐지도록 만든다. 마이컬슨의 실험장치에서는, 작은 광원에서 나오는 광선이 분광 거울에 닿으면, 광선의 절반은 그대로 통과하고 나머지 절반은 90도로 굴절된다. 직각 이등변삼각형에서 아빠가 맡았던 역할을 은막이 반만 입혀진 거울이 대신하는 것이다. 알렉세이와 니콜라이를 대신하는 것은 보통 거울로, 거울에 닿은 빛을 반사하여 분광 거울로 되돌려 보낸다.

　마이컬슨은 광선을 가늘고 일정하게 분광기로 보내는 작은 광원을 사용했다. 빛은 파동의 성질을 가지므로, 갈라졌다가 합쳐진 광선 중에서 어느 하나가 더 먼저 되돌아왔다면, 두 광선의 진동상태가 같지 않을 것이다. 따라서 간섭현상이 일어나고, 이 간섭현상을 분석하면, 에테르 속을 움직이는 지구의 속도를 계산할 수 있다(이 간섭효과를 이용해서 측정할 계획이 아니었다면, 서로 다른 방향으로 빛을 쏘고 속도를 측정하는 것으로 충분했을 것이다).

마이컬슨이 서로 수직인 두 경로를 빛의 파장 이내의 오차로 같은 길이가 되도록 만든다는 것, 혹은 경로의 길이를 그 오차 이내에서 측정한다는 것은, 기대할 수 없는 일이었다. 뿐만 아니라, 실험장치가 에테르의 움직임에 대해서 어떤 각도로 놓여 있는지를 알 길도 없었다. 지혜롭게도 마이컬슨은, 간섭 무늬 자체를 관찰하는 것이 아니라, 장치를 90도 회전시켜 두 광선의 "역할을 바꾸었을 때", 간섭 무늬가 어떻게 달라지는지를 관찰함으로써 이 문제를 해결했다.

마이컬슨이 권투 선수로 성공하기를 원했다면 해외로 나갈 필요가 없었을 테지만, 과학자가 되기 위해서는 사정이 달랐다. 1880년 마이컬슨은 해군으로부터 발전된 공부를 위해서 대서양을 건너라는 허가를 받았다. 이런 종류의 연구원 제도는 지성을 갖춘 전문인을 군대 내에 두려는 미국 정부의 정책으로 당시에 흔히 볼 수 있었다. 아직 서른이 되지 않은 청년 마이컬슨은 그의 천재적 발상인 간섭측정기(interferometer)를 베를린과 파리에 머무는 동안에 개발했다.

마이컬슨이 고안한 장치는 예술의 경지라고 할 만큼 정밀하게 만들어져야 한다. 한쪽 경로의 길이가 다른 경로의 길이를 $1/1000$ 기준으로 밀리미터만큼 달라지면, 측정은 물거품이 된다. 한쪽 경로의 온도가 다른 쪽보다 $1/100$ 도만 높아도, 실험은 실패하게 된다. 실험을 시작하기에 앞서서 마이컬슨은 온도를 변화시키는 바람을 차단하기 위해서 경로를 종이로 감싸고, 장치 전체를 녹고 있는 얼음으로 덮어서 온도를 섭씨 0도로 유지했다. 마침내 그의 측정장치는 극도로 예민해져서, 실험실에서 90미터 떨어진 곳의 보도 블럭을 발로 구르는 것까지도 감지할 수 있게 되었다.

이런 실험장치에는 많은 비용이 들어간다. 마이컬슨은 유명한 기계 제작사인 독일의 슈미트 & 헨쉬 사에 주문하여 금속제 실험장치를 만들기를 원했다. 그러나 그는 엄청난 비용을 감당할 수 없었다. 다행스럽게도 몇 년 전에 오늘날의 전화인 "말하는 전보"를 발명하여 부와 명예를 거머쥔 한 미국인이 있었다. 전화의 발명자 벨은 1880년에 새로운 발명품인 화상전화를 개발하고 있었다. 벨은 슈미트 & 헨쉬 사에 실험 장치 제작을 의뢰하고, 대금 지급을 약속했다. 마이컬슨의 실험장치는 이렇게 벨의 신용결제에 의해서 제작되었다.

마이컬슨의 실험은 1881년 4월 독일 포츠담에서 이루어졌다. 그는 두 경로의 왕복시간 차이를 발견하지 못했다. 이는 무엇을 뜻하는가? 마이컬슨의 의도는 에테르 가설을 검증하는 것도 반박하는 것도 아니었다. 그의 의도는 에테르 속을 움직이는 우리의 속도를 측정하는 것이었다. 차이를 발견하지 못하자 그가 내린 결론은, 에테르가 존재하지 않는다는 것이 아니라, 이유는 모르겠지만 우리가 에테르 속을 움직이고 있지 않다는 것이었다. 어떻게 지구가 에테르 속을 움직이지 않을 수 있을까? 한 가지 가능한 대답은 프레넬이 제안했고, 마이컬슨의 실험만큼의 정밀성은 없었지만 피조에 의해서 검증된 에테르 끌림 이론이었다. 어쨌든 마이컬슨 자신을 비롯한 그 누구도 그의 실험 결과가 에테르의 존재를 반박한다고 보지 않았다. 1884년 미국을 방문한 톰슨 경

(캘빈 경)은 이렇게 단언했다.[8] "빛을 전달하는 에테르는, 동역학에서 우리가 확신하는 유일한 물질이다. 우리가 확신하는 것은 빛을 전달하는 에테르의 실재성과 실체성이다." 이 주장의 확고한 기반은, 맥스웰의 전자기 이론에 파동이 필요하고, 파동에는 매질이 필요하다는 사실이다. 대부분의 과학자들은 마이컬슨의 실험을 무시했다. 훗날 마이컬슨은 이렇게 말했다. "나는 과학자 친구들이 이 실험에 관심을 가지게 하려고 여러 번 노력했지만 허사였다……나는 실험이 불러일으킨 관심이 아주 적은 것에 실망했다."[9]

● ■ ▲

마이컬슨의 실험을 매우 중요하게 생각한 사람들 가운데 네덜란드의 물리학자 로런츠가 있었다. 1886년 로런츠는, 사실상 1882년 프랑스의 물리학자 포티에가 처음 언급한 문제를 지적함으로써, 마이컬슨의 이론적 분석에 의문을 제기했다.[10] 마이컬슨의 분석에는, 우리의 아빠와 아이들 분석에서와 마찬가지로, 작은 오류가 있다. 우리는 아빠의 외침이 알렉세이에게 닿기까지 수평으로 전파된다고 가정했다. 그러나 외침이 알렉세이에게 닿는 동안 아빠도 알렉세이도 약간 더 위로 움직일 것이다. 따라서 아빠의 외침은 우리의 가정과는 달리 10미터보다 약간 더 먼 거리를 움직여야 한다. 이 부가된 거리 때문에 걸리는 시간은 더 길어지고, 따라서 니콜라이와 알렉세이의 승부 차이도 더 줄어든다. 이것을 감안하여 새롭게 분석해보면, 간섭 무늬의 변화는 마이컬슨이 예측한 것의 절반 만큼만 일어나게 된다는 것을 알 수 있다. 이렇게 올바르게 분석할 경우, 마이컬슨의 실험에는 오차의 한계가 너무 커서 관찰 결론을 받아들일 수 없다고, 로런츠는 주장했다.

마이컬슨은 미국으로 돌아와 클리블랜드에 있는 케이스 스쿨의 교수가 된다. 얼마 후 로런츠와 레일리 경이 실험을 개량하여 다시 시도할 것을 부추긴다. 마이컬슨은 담 너머 이웃 학교인 웨스턴 리저브 칼리지에 근무하는 몰리와 함께 작업에 착수한다. 얼마 후인 1885년 마이컬슨은 신경쇠약으로 쓰러져 학교를 떠나 뉴욕으로 갔다. 몰리는 마이컬슨의 회복을 기대하지 않은 채 연구를 계속했고, 마이컬슨은 학기가 끝날 즈음 돌아왔다. 1887년 7월 8일 정오에, 그리고 이어서 9일 11일 12일 정오에, 마이컬슨과 몰리는 오늘날 모든 물리학과 학생의 정규 교과과정에 들어 있는 중대한 실험을 했다. 개량된 실험에 대한 반응은 이전과 마찬가지로 미온적이었다. 오늘날 우리가 혁명적이라고 평가하는 부정적인 결론은, 당대의 많은 사람들에게는 기대한 결과를 — 에테르 속을 움직이는 우리의 속도를 — 찾아내지 못한 실패에 지나지 않았다. 그러나 마이컬슨과 몰리는 이어질 실험들을, 예를 들면 서로 다른 계절에, 즉 지구가 궤도 위의 다른 지점에 있을 때에 이루어질 실험을 계획했다. 그러나 이 실험들도 과학자들의 관심을 끌지 못했다.[11]

휘어진 공간의 발견과 마찬가지로 마이컬슨-몰리 실험도 사상사에 폭발적인 영향을 미치지 못했다. 그 실험은 오히려 불붙은 도화선에 더 가까웠다. 그 도화선에서 피어오른 첫 번째 연기는, 그들의 실험이 이미 잊힌 듯하던 1889년 미국의 정기간행물 『사이언스(*Science*)』에 실린 짧은 편지였다. 그 편지는 대략 다음과 같이 시작된다.

에테르가 얼마나 많이 지구에 끌려가는가라는 중요한 문제에 답하기 위한 마이컬슨과 몰리의 놀랍도록 정밀한 실험을 대단히 흥미롭게 읽었다. 그들의 결론은, 공중의 에테르가 미미한 정도로만 끌려다닌다는 것을 보여주는 다른 실험들에 대립하는 것으로 보인다. 이 대립을 해결하는 거의 유일한 가설은, 물체가 에테르 속을 움직일 때, 빛의 속도에 대한 물체의 속도의 비율의 제곱에 의해서 결정되는 양만큼 물체의 길이가 변화한다는 가설뿐이라고 나는 주장한다…….[12]

이것이 무슨 이야기인가? 물체의 길이가 **변화한다고**? 우리가 사는 공간이 물질을 변화시킨다고? 그 편지는 두 개의 긴 문장이 이어진 다음에 끝난다. 아일랜드의 물리학자 피츠제럴드가 쓴 이 편지는, 마침내 마이컬슨과 몰리의 실험을 설명하게 될 이론, 즉 상대성 이론의 근본 개념 가운데 일부를 표현하고 있다.

여전히 마이컬슨의 실험을 분석하고 있던 로런츠도 거의 같은 시기에 동일한 결론에 도달했다. 그러나 1890년대를 이끈 최고의 이론물리학자 로런츠는, 분자의 힘이 에테르 속으로 전달되는 방식을 근거로 해서 물체의 축소를 설명하려고 노력했다(이번에는 에테르가 물리적 힘의 영향을 받지 않는다는 생각을 철회하면서까지 에테르를 구제하려고 노력한 것이다).[13] 만일 물리적인 설명이 이루어지지 않는다면, 물체의 축소 가설은 프톨레마이오스의 보조원(epicycle)과 마찬가지로 임시방편적 가설에 불과할 것이다. 그러나 로런츠의 시도는 실패했다. 무엇보다도 그가 가정할 수밖에 없는 힘이 뉴턴 역학과 조화될 수 없었기 때문이다.

● ■ ▲

상대성 이론에 관한 아인슈타인의 첫 논문이 발표되기 1년 전인 1904년 로런츠를 비롯한 여러 과학자들이 몇 가지 기이한 발견을 했으나, 그 발견의 중요성을 의식하지 못했다. 로런츠는 새로운 이론을 통해서 두 가지 종류의 시간인 "국지적 시간(local time)"과 "보편 시간(universal time)"을 구분했다(하지만 결국 보편 시간이 더 선호할 만한 측정기준이라고 인식되었다). 로런츠는 또한 에테르 속을 전자가 움직일 때에 전자의 질량이 변한다는 사실을 간파했다. 이 질량 변화는 물리학자 카우프만에 의해서 실험적으로 검증되었다. 푸앵카레는 빛의 속도가 우주에서 가능한 속도의 한계가 아닐까 하는 의문을 품었다. 그 사실은 물체의 축소 이론에서도 비슷한 방식으로 도출되었다. 푸앵카레는 또한 시간과 공간의 주관성에 관해서도 사색하여, 다음과 같은 주장을 폈다. "절대적인 시간은 없다. 두 개의 시간 간격이 같다는 것은 그 자체로 의미가 없는 말이다……심지어 우리는 서로 다른 장소에서 일어난 두 사건의 동시성도 직접 지각할 수 없다……."[14] 시간적인 사태들과, 그 사태들이 자리잡는 무시간적 공간 사이의 경계가 허물어지고 있었다. 그렇다면 이제 어떤 종류의 기하학이 발생하게 될까?

  공간 속을 움직이는 빛의 행태를 관측하여 얻은 결론을 설명하기 위해서 아인슈타인은 새로운 이론을 구성해야 했다. 그후 공간과 시간은 영원히 결합되었고, 둘의 친척인 기하학은 참으로 괴상한 모습으로 발전하게 되었다.

24. 임시직 3급 기술 전문가

1805년 가우스의 집 앞을 지나간 나폴레옹은 울름에서 있었던 결정적인 전투에서 승리하여 개선하는 중이었다. 나폴레옹은 가우스를 존중하여 괴팅겐을 파괴하지 않았지만, 그의 승전지인 울름 역시 얼마 후에는 역사상 가장 위대하다고 할 수 있는 물리학자의 출생지로 추앙받는 도시가 될 운명이었다. 알베르트 아인슈타인은 맥스웰이 세상을 떠난 해인 1879년에 태어났다.

　가우스와는 달리 아인슈타인은 천재 소년이 아니었다.[1] 그는 늦게 말을 시작했다 — 어떤 사람들은 그가 세 살이 되어 말을 시작했다고 전한다. 어린 시절 알베르트는 늘 조용하고 소극적이었다. 그는 어느 날 짜증을 내며 개인교사에게 의자를 집어던지는 일이 있기까지 집에서 교육을 받았다. 초등학교에서 그의 성적은 형편없었다. 그는 가끔씩 우수하기도 했지만, 몇몇 선생님들은 그가 어리석고, 심지어 지적 장애가 있을지도 모른다고 생각했다. 불행히도 오늘날과 마찬가지로 당시에도 기계적인 암기가 학업 대부분의 핵심이었고, 아인슈타인은 기계적인 암기에 유능하지 못했다. 나침반이 어느 방향을 가리키느냐고 물으면 즉각적으로 "북쪽이오!"라고 대답하는 어린이를 사랑하는 선생님들은, 다섯 살의 아인슈타인처럼, 대답은 하지 않고, 무슨 힘 때문에 바늘이 움직일까 곰곰이 생각하고 있는 어린이를 높이 평가하지 않았다. 독일의 학교가 뷔트너 선생과 가우스의 시대 이래로 답보하고 있었던 것은 아니다. 틀린 답을 말했을 때에 주어지는 벌은 더 이상 채찍질이 아니었다. 대신에 손마디를 아프게 때리는 현대적인 기술이 도입되어 있었다. 아인슈타인이 천재성을 감추고 늘 늦게서야 대답하곤 했던 이유는, 겁을 집어먹고 아픔을 피하기 위해서 애썼기 때문이다. 아인슈타인은 해답을 머릿속에서 반복해서 점검하곤 했던 것이다.

알베르트가 아홉 살이 되자 엄마와 아빠는 학부모 면담 시간에 선생님으로부터 이런 말들을 듣곤 했다. 알베르트는 수학과 라틴어는 잘하는데, 나머지 과목은 전부 유급할 수준입니다. 선생님의 도리질과 부모님의 한숨을 충분히 상상할 수 있을 것이다. 이 4학년 학생이 언젠가 대단한 인물이 될 수 있을까? 돌이켜보면, 아인슈타인은 열세 살부터 탁월한 수학적 재능을 보이기 시작했다. 그는 또한 칸트의 철학, 특히 시간과 공간에 대한 칸트의 사상을 공부했다. 수학적 증명에서 직관이 차지하는 역할에 대해서는 칸트가 오류를 범했을지라도, 시간과 공간이 우리의 직관의 산물이라는 칸트의 생각은 이미 10대 시절에 아인슈타인의 마음을 사로잡았다. 인간의 정신에 대한 함의는 전혀 없지만, 시간과 공간 측정이 주관적이라는 주장은, 상대성 이론에서 이론의 명칭의 근거가 될 정도로 중요한 주장이다.

1895년경 젊은 아인슈타인은 마이컬슨-몰리 실험과 피조의 연구와 로런츠의 연구를 알고 있었다. 이 시절 아인슈타인은 에테르의 존재를 믿고 있었지만, 아무리 빨리 움직여도 빛의 속도를 따라잡을 수 없다는 것을 의식했다. 상대성 이론이 태동하고 있었던 것이다.

외부를 향한 아인슈타인의 지적인 열정은 학교 안에서의 생활에서는 드러나지 않았다. 알베르트가 열다섯 살이었을 때, 분명 따뜻한 교육자가 아니었을 그리스어 선생님은 학급 안에서 공개적으로, 아인슈타인은 지적으로 희망이 없으며, 다른 학생들의 시간만 빼앗으므로, 즉시 학교를 떠나야 한다고 공언했다. 지혜롭게도 그 선생님은 이 말을 그리스어가 아닌 독일어로 했다. 그리스어로 했다면, 알베르트가 아마도 그 말을 이해하지 못했을 테니 말이다. 알베르트는 즉시 떠나지는 않았지만, 얼마 후 선생의 조언을 따랐다. 그는 가족의 주치의로부터 신경 쇠약의 조짐이 있다는 소견서를 받고, 수학 선생으로부터 수학 교과과정 전체를 이미 익혔다는 소견서를 받았다. 알베르트는 두 소견서를 교장에게 제출하고 자퇴 허가를 받았다.

당시 알베르트는 하숙집에서 살고 있었다 — 그의 가족은 이미 이탈리아로 이주한 상태였다. 이제 알베르트는 가족에게 갈 수 있게 되었다. 명예롭게 학교에서 나온 것은 아니지만, 알베르트는 자퇴생의 삶이 자신에게 어울림을 발견했다. 이리하여 미래의 물리학의 영웅이요, 뉴턴의 경쟁자인 한 청년은 이후 6개월을 밀라노와 인근의 농촌을 돌아다니며 지냈다. 희망하는 직업을 물으면, 그는 가망이 없다고 대답했다. 그가 바라는 직업은 대학교에서 철학을 가르치는 것이었다. 그러나 불행히도 대학교의 철학과는 고등학교 중퇴생을 즐겨 고용하지 않았다. 고등학교 교사직을 위해서도 대학교 졸업장이 필요했다. 남아 있는 가능성이 무엇인지는 아인슈타인이 아니라도 쉽게 알 수 있었을 것이다. 남은 길은 그럭저럭 즐겁게 사는 것뿐이었다.

그러나 알베르트의 아버지 헤르만 역시 아인슈타인이었고, 이 아인슈타인은 아들의 삶이 그렇게 흘러가도록 내버려두지 않았다. 아들의 수학적 재능을 간파한 아버지는, 아들을 들볶고 구워삶고 코뚜레를 꿰어 — 아인슈타인의 모국어인 유대어로는, 혹트 아 채닉(hocked a chainik)[2] — 학교로 돌아가 전기공학을 공부하는 데에 동의하도록 만들었다. 헤르만 자신은 전기 기술자가 아니었지만, 당시 그는 전기재료 사업을 시작한 상태였다(그는 전기 기술자가 되지도 못했고, 사업에도 실패했다). 알베르트는 최고의 명성을 지닌 학교들 중 한 곳인 취리히 공과대학에 지원하기로 마음먹었다. 이 대학은 영어권에서 여러 이름으로 불리는데, 그 이름들에는 대개 "종합기술(polytechnic)"이라는 말이 들어간다. 취리히 공대는 국제적으로 유명했다 — 또한 김나지움 졸업장을 요구하지 않는 몇 안 되는 대학들 중 하나였다. 입학을 위해서는 시험에 합격하는 것으로 충분했다. 알베르트는 응시했고, 낙방했다.

늘 그랬듯이 알베르트는 수학시험을 훌륭하게 치렀지만, 늘 그랬듯이 몇 가지 성가신 과목들도 시험에 포함되어 있었던 것이다. 이번에는 프랑스어, 화학, 생물학이 그의 발목을 잡았다. 아인슈타인이 프랑스어로 생리화학 논문을 쓸 계획이 아닌 한, 이 과목들 때문에 그의 입학을 막는 것은 의미 없는 일이라고 할 수 있을 것이다. 실제로 많은 사람들이 그렇게 생각했다. 바야흐로 알베르트는 메이저 리그의 문을 두드리고 있었던 것이다. 그리고 메이저 리그는 그의 수학적 재능을 간과하지 않았다.

취리히 공대의 교수인 수학자 겸 물리학자 베버는 자신의 강의에 알베르트를 초대했다. 교장 헤어초크는 알베르트가 인근의 학교에서 1년간의 예비과정을 거치도록 했다. 이듬해 김나지움 졸업장을 받은 아인슈타인은 별도의 시험 없이 취리히 공과대학에 입학했다. 베버와 교장의 신뢰에 대한 아인슈타인의 보답은, 입학시험의 필요성을 확인시켜준 것이었다. 예상대로 아인슈타인은 열등한 대학생이 되었다. 왜 열등했을까? 입학시험과 마찬가지로 대학의 교육과정을 지배하는 것도 문제 있는 교육철학이었다. 아인슈타인의 표현을 빌린다면, "좋든 싫든 그 모든 내용을 시험을 보기 위해서 머릿속에 처넣어야 했다. 이런 강압의 결과 나는 기말시험이 끝나면 그후 1년 내내 어떤 과학적 문제를 생각하는 일에도 흥미를 느낄 수 없게 되곤 했다."[3]

　아인슈타인은 훗날 그의 수학적 연구에 핵심적인 기여를 한 학우 그로스만의 노트 필기에 의존해서 간신히 유급을 면해갔다. 베버는 아인슈타인의 행동을 탐탁히 여기지 않았고, 그가 거만하다고 생각했다. 아인슈타인이 베버의 강의를 진부하고 들을 가치가 없다고 평가한 것도 이런 사정과 관계가 있을지도 모른다. 아인슈타인의 무례한 행동 앞에서 베버는 훌륭한 스승의 역할을 사양하고 복수의 여신의 역할로 돌아섰다. 1900년 여름 졸업시험을 3일 앞두고 베버는 복수의 일격을 가했다. 베버는 아인슈타인이 이미 제출한 논문이 규격 용지에 작성되지 않았다는 이유로 다시 써서 제출하라고 지시했다. 1980년 이후에 태어난 독자를 위해서 한마디 한다면, 컴퓨터 이전의 시대에는 이 일이 프린터를 켜고 마우스를 몇 번 클릭하는 것으로 될 일이 아니었다. 아인슈타인은 논문을 지루하게 손으로 다시 쓸 수밖에 없었다. 이 일 때문에 그는 시험을 준비할 시간을 많이 빼앗겼다.

　아인슈타인은 네 명의 졸업생 중 3등을 했다. 그러나 어쨌든 졸업은 했다. 동료들은 대학에 자리를 잡았다. 그러나 베버는 아인슈타인에게 좋지 않은 추천서를 써서 그의 앞길을 막았다. 아인슈타인은 잠시 동안 보조강사로 일하고, 그후 가정교사를 거쳐, 1902년 6월 23일 마침내 오늘날 유명해진 그의 직장인 스위스 특허청에 취직했다. 그의 거창한 직함은, 임시직 3급 기술 전문가이다. 특허청에 근무하는 동안 아인슈타인은 취리히 대학교에서 박사학위를 취득했다. 훗날 그는 그의 논문이 처음에는 너무 짧다는 이유로 불합격 처리되었다고 회고했다. 아인슈타인은 문장 하나를 더 보태서 논문을 다시 제출했고, 논문은 통과되었다. 이 이야기가 진실인지, 아니면 전날 코냑을 너무 많이 마셔서

꾼 악몽인지 판별하기는 어려워 보인다. 왜냐하면 사실을 입증할 증거가 없기 때문이다. 어쨌든 이 이야기는 그 시점까지 아인슈타인이 겪은 학교생활의 본질을 보여준다.

"배움"의 시대는 지나고, 아인슈타인의 두뇌는 1905년 혁명적인 발상으로 폭발했다. 만일 노벨상이 객관적인 기준에 따라서 수여된다면, 이때 아인슈타인이 이룬 혁명적 업적은 서너 개의 노벨상을 받기에 충분하다. 1905년은 뉴턴이 어머니의 농장에 머물며 보냈던 1665-1666년 이후로, 한 명의 과학자가 경험한 가장 생산적인 한 해이다. 더군다나 아인슈타인은 여가를 즐기면서 사과가 떨어지는 모습을 지켜볼 여유가 없었다 — 그는 그 모든 생산적 연구를 특허청 직원으로 일하면서 이루어냈다. 아인슈타인의 산물은 6편의 논문이다(그중 5편이 그해에 발표되었다). 한 논문은 그의 박사논문을 발전시킨 기하학 논문으로, 공간의 기하학이 아닌 물질의 기하학을 다루고 있다. 아인슈타인은 이 논문을 「분자 규모의 새로운 측정(A New Determination of Molecular Dimensions)」[4]이라는 제목으로 『물리학 연감(Annalen der Physik)』에 발표했다. 이 논문에서 그는 분자의 크기를 측정하는 새로운 이론적 방법을 제시했다. 이 연구는 훗날, 시멘트 혼합물 속의 모래알의 움직임에서부터, 우유 속의 단백질 입자의 움직임에 이르기까지 광범위한 분야에서 응용되었다. 페이스가 1970년대에 한 연구에 의하면,[5] 1912년 이전에 쓰인 논문들 중에서 — 아인슈타인의 상대성 이론 논문도 포함해서 — 1961년부터 1975년 사이에 가장 많이 인용된 논문이 바로 이 논문이다. 아인슈타인은 또한 브라운 운동에 관하여 2편의 논문을 썼다. 브라운 운동은 스코틀랜드의 식물학자 브라운이 1827년에 처음 발견한 운동으로, 액체 속에 들어 있는 미세한 입자의 불규칙적인 운동을 말한다. 액체의 분자가 입자에 무작위하게 부딪히기 때문에 운동이 생긴다는 생각에 기초한 아인슈타인의 분석은, 프랑스의 실험과학자 페랭이 만든 물질에 관한 새로운 분자 이론을 입증하는 데에 도움을 주었다. 페랭은 이 업적으로 1926년에 노벨상을 받았다.

1905년에 작성된 또 하나의 논문에서 아인슈타인은, 특정한 금속들이 빛을 받으면 전자를 방출하는 이유를, 즉 광전자 효과(photoelectric effect)를 설명했다. 설명되어야 할 중심적인 문제는, 주어진 금속에 따라서 한계 진동수가 있어서, 빛이 그 진동수보다 낮은 진동수를 가질 경우, 광선이 아무리 강해도 광전자 효과가 일어나지 않는다는 점이다. 아인슈타인은 한계 진동수를 설명하기 위해서 플랑크의 양자 이론을 적용했다 — 만일 빛이 입자(이후 광자[photon]라는 이름으로 불리게 된다)이고, 그 입자의 에너지가 진동수에 의해서 정해진다면, 일정한 진동수 이상일 때에만 투입된 광자가 전자를 배출하기에 충분한 에너지를 가질 것이다.

이 논문에서 아인슈타인은 마치 보편적인 물리적 법칙인 듯이 과감하게 양자 개념을 사용했다. 당시에 양자는 복사현상과 물질의 상호작용을 설명하기 위한 불분명한 개념적 구성물에 불과했다. 아무도 이 문제를 지적하지 않았던 것은, 당시 이 분야가 어차피 의문부호로 가득 차 있었기 때문이다. 그러나 아인슈타인처럼 양자를 복사광선에 적용하는 만용을 부린 사람은 아무도 없었다. 그렇게 할 경우 잘 이해되고 잘 검증된 맥스웰 이론에 반기를 들게 되기 때문이다. 아인슈타인의 다른 혁명적 작업과 마찬가지로 이 논문도 처음에는 신뢰를 얻지 못했다. 로런츠와 심지어 플랑크 자신도 아인슈타인의 생각에 반대했다. 오늘날 우리는 아인슈타인의 논문이 플랑크의 양자 발견에 버금가는 중요성으로 양자 이론의 역사를 장식하는 이정표를 이룬다고 평가한다. 이 논문으로 아인슈타인은 1921년의 노벨 물리학상을 받았다. 하지만 1세기 후에 아인슈타인을 가장 유명하게 만든 것은, 1905년의 다른 2편의 논문이다. 그 논문을 통해서, 가우스와 리만이 가능성을 증명한 새롭고 신비한 휘어진 공간의 우주로 과학자들을 이끈 11년 동안의 대항해가 시작되었다.

25. 상대적으로 유클리드적인 접근

1905년 『물리학 연감』에 실린 2편의 논문에서 아인슈타인은, 자신의 첫 번째 상대성 이론인 특수 상대성 이론을 설명했다. 첫 논문은 9월 26일에 발표된 「운동하는 물체의 전기동역학에 관하여」[1]이며, 두 번째 논문은 12월에 발표된 「물체의 관성은 물체의 에너지 보유량에 의존하는가?」이다.

아인슈타인은 김나지움에 다니던 시절에 유클리드에 관한 책을 접했다. 데카르트나 가우스와는 달리 아인슈타인은 유클리드에 매료되었다. "거기에는 예를 들어 삼각형의 세 수선(altitude)이 한 점에서 만난다는 것과 같은 명제들이 있고, 그 명제들이 — 전혀 자명하지 않음에도 불구하고 — 전혀 의심의 여지가 없이 확실하게 증명되었다. 그 명확성과 확실성은 내게 말로 표현할 수 없이 큰 인상을 남겼다."[2] 역설적이게도 아인슈타인이 훗날 이룬 이론에서는 비유클리드 기하학이 핵심적인 역할을 수행하게 된다. 그러나 특수 상대성 이론에서 아인슈타인은 유클리드적인 접근방법을 사용했다. 그는 두 개의 공리를 기반으로 해서 특수 상대성 이론을 만들어갔다.

1. 다른 물체와 비교하지 않는 한, 당신이 정지해 있는지 아니면 일정한 속도로 움직이는지 판정할 수 없다.

아인슈타인의 첫 번째 공리는, 흔히 상대성의 원리, 혹은 갈릴레오의 상대성이라고 불리는 것으로 이를 처음 주장한 사람은 오렘이다. 이 원리는 뉴턴의 이론에서도 성립한다. 최근 어느 날 니콜라이가 집 안에서 불자동차 모양의 장난감 자동차를 타고 놀고 있었다. 알렉세이는 부엌에 있는 의자에 앉아서 어린이용 공포소설을 탐독하고 있었다. 쏜살같이 옆을 지나가던 니콜라이는 트럭과 헬멧과 함께 장난감 세트에 들어 있는 플라스틱 도끼를 쳐들었다. 니콜라이의 도끼가 알렉세이의 책과 부딪히고, 둘 다 땅으로 떨어지고, 두 아이는 늘 하던 대로 공격과 방어를 주고받았다. 알렉세이는 동생이 지나가면서 도끼로 그를 때려 책이 땅에 떨어졌다고 주장했다. 니콜라이는 그가 도끼를 가만히 들고 있는데 알렉세이가 도끼에 달려들었다고 반박했다. 법적 책임 소재를 추궁하기를 원하지 않았던 아빠는, 그 상황을 설명하는 과학 강의를 시작했다.

뉴턴의 법칙들은, 니콜라이가 멈춰 있고 알렉세이의 책이 움직였든, 알렉세이가 멈춰 있고 니콜라이의 도끼가 움직였든 상관없이, 동일한 사태가 일어날 것을 예측한다. 이것이 아인슈타인의 첫 번째 공리이다—진실이 어느 쪽인지 판정할 길이 없다. 그러므로 두 아이의 주장은 모두 타당하다(두 아이는 작전시간에 돌입한다).

2. 빛의 속도는 광원의 속도에 의존하지 않으며, 우주에 있는 모든 관측자에게 동일하다.

첫 번째 공리와 마찬가지로 아인슈타인의 두 번째 공리도 그 자체로는 혁명적이지 않다. 이미 언급했듯이, 맥스웰의 방정식에서도 빛의 속도가 광원과 무관하다는 것이 도출되었는데, 이 사실은 파동의 일반적인 성질이기 때문에 아무 문제가 되지 않았다. 아인슈타인의 공리의 핵심은

"모든 관측자에게 동일하다"라는 문구에 있다. 이 말은 무슨 뜻인가?

당신이 움직이고 있는지의 여부를 말할 수 있다면, 이 문구가 뜻하는 바는 미미할 것이다. 모든 관측자들은 합의를 통해서 "멈춰 있는" 대상에 빛이 접근하는 속도를 빛의 속도로 정할 수 있을 것이다. 이것은 뉴턴의 바탕틀 — 절대 공간 — 내에서, 혹은 에테르 가설하에서, 즉 운동의 측정에 기준으로 삼을 기준틀이 있을 때에, 가능한 상황이다. 그러나 만일 정지와 일정한 운동을 구분할 수 없다면, 그리고 모든 관찰자들이 그들의 상대적인 운동에 상관없이 각자에게 다가오는 빛의 속도를 동일하게 관측한다면, 이미 언급한 바 있는 침뱉기 역설에 부딪히게 된다. 어떻게 빛이 당신에게 다가오는 속도와 당신이 뱉은 침에 다가오는 속도가 같을 수 있다는 말인가?

빛이 어떻게 이런 성질을 가질 수 있는지를 이해하기 위해서, 우리가 추론할 때에 전제하는 것들을 살펴보아야 한다. 우리가 아인슈타인의 두 개의 공리를 공리로서 취급하기를 원한다면, 그 공리들을 의문시하지 않을 것이다. 우리가 전제하고 있는 다른 공리들은 무엇일까? 우리는 동시성 개념을 강하게 사용할 것을 전제하고 있으므로, 그 개념을 검토할 필요가 있다. 아인슈타인 자신도 같은 검토를 했다.

아인슈타인 자신이 1916년의 저술 『상대성(*Relativity*)』[3]에서 예로 든 것과 매우 유사한 상황을 생각해보자. 아인슈타인은 기차를 예로 들기를 좋아했다. 왜냐하면 그가 실제 세계에서 경험한 것들 중에서 가장 강력하게, 등속운동 여부를 판정할 수 없음을 보여준 것이 비로 기차였기 때문이다. 오늘날 기차나 지하철을 타본 사람이라면 누구나 아인슈타인이 말하는 경험을, 즉 당신의 차량이 움직이는지 아니면 옆의 차량이 움직이는지 (아니면 둘 다 움직이는지) 확신할 수 없는 경험을 해보았을 것이다. 우리는 알렉세이와 니콜라이가 차량의 맨 앞과 맨 뒤에 있는 상황을 예로 들기로 하자.

알렉세이와 니콜라이는 오늘 처음으로 보호자 없이 지하철을 탔다. 엄마와 아빠는 승강장에서 손을 흔든다. 지하철 유리창에 "운행하지 않음"이라는 표지판이 붙어 있으므로, 차내가 그다지 혼잡할 것 같지는 않다. 엄마와 아빠 사이의 거리가 알렉세이와 니콜라이 사이의 거리와 같아서, 열차가 출발하는 순간, 엄마가 알렉세이 앞에, 아빠가 니콜라이 앞에 있게 된다고 가정하자. 알렉세이와 니콜라이가 멋진 자세를 취하는 이유는 간단하다. 엄마와 아빠가 사진기를 꺼내든다. 엄마는 지하철에서 찍은 아들의 첫 사진을 간직하기 위해서, 아빠는 아이들이 귀가하지 않을 경우 경찰에 넘겨줄 사진을 확보하기 위해서 사진을 찍으려는 참이다. 형제간 경쟁심이라는 자연법칙을 고려하여, 엄마와 아빠는 정확히 같은 순간에 사진을 찍기로 했다. 엄마는 알렉세이의 웃는 모습을, 아빠는 니콜라이의 웃는 모습을 찍을 것이다. 동시에 사진을 찍으므로, 어느 아이도 자신의 사진이 먼저 찍혔다고 자랑하지 못할 것이다. 그러나 곧 엄청난 가족 분쟁이 일어나고야 만다.

분쟁의 원인은 아인슈타인이 제기한 다음과 같은 간단한 질문에 대한 대답에 있다. 부모가 동시라고 판단한 두 사건을 아이들도 동시라고 판단할까? 우리가 물어야 할 첫 번째 질문은 이것이다. 두 사건이 동시에 일어난다는 것이 무슨 뜻일까? 만약 두 사건이 한 장소에서 일어난다면, 대답은 간단하다. 같은 시각에 (그 장소에 있는 시계로 측정했을 때에 같은 시각에) 일어난 사건들이 동시에 일어난 사건들이다. 사건들이 같은 장소에서 일어나지 않을 경우에는 대답이 이렇게 간단하지 않다는 사실을 이해하려면 정말 뛰어난 통찰력이 필요하다.

빛이 (혹은 신호를 보내기 위해서 쓸 수 있는 어떤 것이) 무한한 속도로 움직인다고 가정해보자. 이 경우에는 플래시가 터지는 순간, 불빛은 즉각적으로 알렉세이와 니콜라이에게 도달할 것이다. 그렇다면 두 아이는 쉽게 동시성 여부를 판정할 수 있다 — 한 지점에서 두 사건을 비교하는 것으로 충분하다. 즉 우리의 예에서는, 두 아이가 각자 자기의 자리에서 불빛이 도착하는 시각을 비교하는 것으로 충분하다. 만일 한 불빛이 먼저 지각되면, 그 불빛이 먼저 터진 것이다. 그러나 빛은 무한한 속도로 움직이지 않으므로, 이 방법은 사용될 수 없다. 늘 과학자다운 아빠가 제안을 한다. 그는 엄마와 자신 사이에 감광기를 설치한다. 만일 동시에 사진을 찍는다면, 플래시에서 나온 빛은 엄마와 아빠 사이의 중간지점에서 만날 것이다. 아빠의 설명을 들은 니콜라이는, 그 생각이 자기 생각인 양 따라 한다(그것은 니콜라이가 즐기는 버릇이다). 알렉세이는 그들이 탄 차량의 중간지점에 감광기를 설치한다.

기차가 움직이기 시작한다. 엄마와 아빠는 똑같이 맞춘 시계를 가지고 있다. 사진을 찍는다. 당연히 플래시 불빛은 엄마와 아빠의 중간지점에서 만난다. 알렉세이와 니콜라이가 만족했을까? 아니다. 불빛이 만나는 순간에는, 그들의 차량이 이미 약간 움직였으므로, 불빛은 차량의 중간지점에서 만나지 않을 것이다. 다음 페이지에 있는 그림에 이 상황이 묘사되어 있다.

아이들의 관점에서 보면, 각각의 불빛은 그들의 세계 안에서, 즉 그들이 정당한 권리로 멈춰 있다고 생각하는 지하철 안에서 일정한 시각과 일정한 장소에서 일어난 사건이다. 그들의 부모와 마찬가지로, 아이들도 불빛이 중간지점이 아닌 곳에서 만나야 할 이유를 알 수 없다. 따라서 만일 알렉세이에게 더 가까운 곳에서 불빛이 만난다면, 아이들

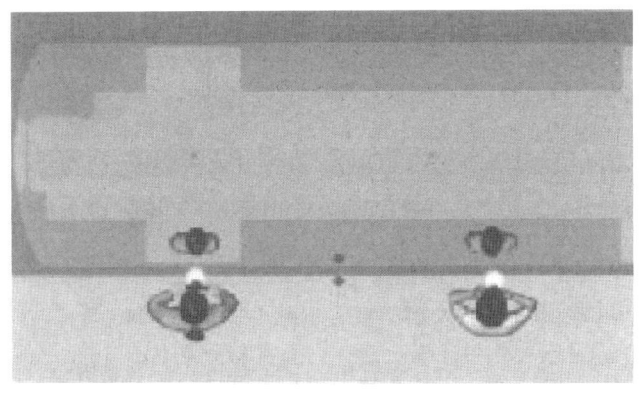

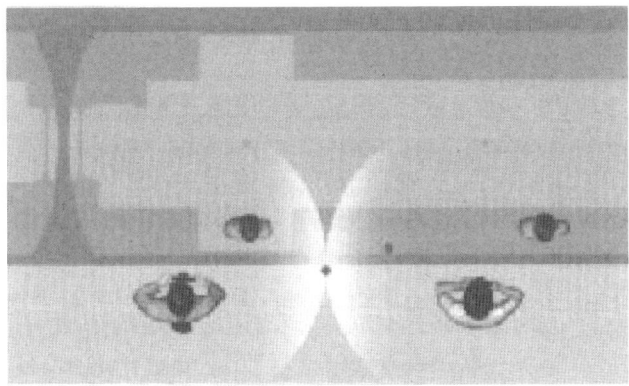

지하철과 동시성

은 니콜라이가 먼저 찍혔다고 판단한다. 엄마와 아빠가 동시에 사진을 찍었음에도 불구하고, 그들에 대해서 상대적으로 움직이는 기준틀 안에서 나타난 모습은 다르다. 아빠는 일을 잘못 처리한 것을 후회한다 — 아빠의 입장에서는 동시가 아니지만 아이들이 보기에는 동시가 되도록 사진을 찍었어야 했다.

알아, 알아, 그런데 이 말장난을 왜 하는데?라고 당신은 물을지도 모른다. 실제로 움직이는 것은 아이들이고, 부모는 승강장에 멈춰 있다고 당신은 생각할 것이다. 우리는 지구가 움직이지 않는다고 생각하기 때문에, 쉽게 그렇게 생각한다. 하지만 지구는 움직인다. 외계에 있는 관측자를 상상해보라 — 지구는 태양 주위를 쏜살같이 달리고, 더군다나 자전을 한다. 이때 승강장과 차량 중에 어느 쪽이 더 "정지 상태"에 가까운지 묻는 것은 참으로 무의미한 질문일 것이다. 혹은 배경을 다 지워버리고, 아이들과 부모가 빈 공간에 있다고 상상해보자. 이제 정말로 누가 움직이는지 말할 길이 없다. 나타나는 효과는 동일하고 실질적이다 — 부모에게 동시로 보이는 것이 아이들에게는 동시가 아니게 보일 것이며, 그 역도 마찬가지이다.

동시성 개념이 무너지면 거리와 시간이 상대화된다. 이 사실을 이해하기 위해서는, 우리가 측정을 할 때, 먼저 측정하려는 물체의 양 끝점을 확인하고, 그 다음 두 끝점을 이어서 자를 댄다는 사실을 눈여겨보는 것으로 충분하다. 만일 물체가 우리에 대하여 정지해 있다면, 측정은 간단히 이루어진다. 그러나 만일 물체가 움직이고 있다면, 측정과정에 중간단계가 추가되어야 한다. 예를 들면 물체가 지나갈 때, 우리가 그 밑에 정지해 있는 종이 위에 물체의 양 끝점을 표시할 수 있을 것이다. 그 다음 원래와 마찬가지로 자를 대어 표시된 양 끝점 사이의 거리를 측정할 수 있을 것이다. 그런데 우리는 양 끝점 — 여기에서 동시성이라는 성가신 단어가 다시 등장한다 — 을 동시에 표시해야 한다. 만약 실수를 범해서 한쪽 끝을 다른 쪽보다 먼저 표시하면, 다른 쪽 끝은 약간의 거리를 더 이동한 후에 표시될 것이므로 올바른 측정값을 얻을 수 없다. 불행히도, 우리가 우리의 지각에 따라서 동시적으로 측정을 하면, 이미 보았듯이, 물체와 함께 움직이는 사람은 우리의 측정에 동의하지 않을 것이다. 그 사람은 우리가 한쪽 끝을 더 먼저 표시해서 잘못된 측정값을 얻었다고 비난할 것이다. 이는 물체가 절대적인 의미의 길이를 가지고 있지 않다는 것을 뜻한다. 물체의 길이는 관찰자에 의존한다. 이것은 새로운 종류의 기하학이다.

흔히 상대성 이론에 따르면, 움직이는 물체는 운동방향으로 축소되어 보인다고 이야기된다. 이것은 물체가 움직인다고 간주하는 관찰자가 측정한 물체의 길이가 그 물체를 정지한 것으로 보는 관찰자가 측정한 길이보다 짧게 나타남을 의미한다. 아인슈타인은 시간 또한 이와 유사하게 상식을 벗어난 모습을 보인다는 것을 발견했다. 서로에 대하여 움직이는 관찰자들은 시간 간격의 길이나 시간 경과의 길이에 대해서 일치된 측정을 할 수 없다. 길이와 마찬가지로 시간 지속도 절대적인 의미를 가지고 있지 않다.

관찰자가 제자리 — 그 자리는 관찰자의 기준틀 안에서 고정된 지점이다 — 에서 두 사건 사이의 간격으로 측정한 것을 **고유시간**(proper time)이라고 부른다. 이 관찰자에 대하여 상대적으로 (등속도로) 움직이는 관찰자는 두 사건 사이의 간격이 더 길다고 지각할 것이다. 우리는 우리 자신에 대하여 항상 정지해 있으므로, 우리가 측정한 우리 삶의 길이는, 다른 사람들이 측정한 것보다 항상 더 짧을 것이다. 다른 사람들에게는 우리의 시계가 더 느리게 가는 것으로 보일 것이다. 그러나 우리는 우리와 함께 움직이는 내적인 시간에 맞추어, 아하! 슬프도다, 죽음을 맞게 될 것이다. 특수 상대성 이론에 따르면, 남의 떡이 더 커 보일 뿐만 아니라, 더 크다.

그렇다면 운동의 법칙들은 어떻게 될까? 특수 상대성 이론에서는 물체들이 여전히 뉴턴의 제1법칙을 따른다. 물체들은 외적인 힘이 가해지지 않는 한, 직선으로 움직인다. 관찰자들은 특정한 선분의 길이에 관해서는 서로 동의하지 않을지 몰라도, 그 선분이 곧바른지에 대해서는 이론을 제기하지 않는다. 그러나 뉴턴의 제1법칙을 "상대론적으로" 표현하는 방법은 꽤 복잡하다. 상대성 이론에서는 관찰자에 따라서 서로 다른 방식으로 시간과 공간이 결합된다. 공간뿐만 아니라 시간도 포함하도록 기하학 개념이 수정되어야만 하는 것이다.

사건이 발생한 시간상, 공간상의 위치를 말하기 위해서 우리는 **사건**(event)이라는 단어를 전문화하여, 4차원 공간-시간 안에 있는 한 점을 뜻하는 말로 사용한다. 공간 속의 경로 대신에 공간-시간 속의 **세계선**(worldline)이라는 용어를 쓴다. 거리 대신에 우리는 두 사건 사이의 시간 간격과 공간적 거리를 이야기한다. 직선 대신에 측지선을 다루는데, 이때 측지선은 (전문적인 이유 때문에) 두 사건을 연결하는 가장 짧은 세계선, 또는 가장 긴 세계선으로 정의된다.[4] 사건의 전형적인 예를 하나 들면, 지금 이 특정한 시간에, 특정한 장소인 책상에 앉아 글을 쓰고 있는 저자를 생각할 수 있다. 세계선의 예로는, 저자가 여러 시간 동안 계속해서 글을 쓰는 것을 들 수 있다. 이 세계선에서는 시간 좌표는 변하지만, 공간 좌표는 변하지 않는다. 세계선에서는 이런 경우도 가능한 것이다. 저자는 공간 속에서 움직이지 않으므로 공간적 경로는 다만 한 점이지만, 그럼에도 불구하고 저자는 세계선을 그리고 있는 것이다. 이는 마치 상승하는 승강기에서 동-서 좌표는 변함이 없지만 고도가 변하는 것과 같다. 공간-시간 안에 그어진 세계선 위에 있는 두 점 사이의 거리는 — 물론 그 점들 사이의 공간적 거리는 0이지만 — 0이 아니다. 왜냐하면 점들이 시간적으로 분리되어 있기 때문이다.

뉴턴의 제1법칙을 상대론적인 언어로 재구성하기 위해서, 어떤 물체가 알렉세이로부터, 알렉세이의 시계로 측정하여 시각 0에 출발하여, 니콜라이에게로 움직여서 니콜라이의 시계로 측정했을 때에 시각 1초에 도착했다고 가정해보자. 외적인 힘이 없다면 물체는 어떤 경로를 그릴까? 상대론의 용어를 쓴다면, 우리가 고려하는 두 사건은 (공간 = 알렉세이의 위치, 시간 = 0)과 (공간 = 니콜라이의 위치, 시간 = 1)이다. 두 아이가 서로에 대해서 정지해 있고, 그들이 서로 시간을 맞춘 시계를 가지고 있다면, 물체는 일정한 속도로 직선으로 움직여서 1초 만에 니콜라이에게 도착할 것이다. 이것이 바로 특수 상대성 이론에서 말하는 자유운동하는 물체의 세계선이다.

이 세계선을 지배하는 법칙은 무엇일까? 물체가 직선으로 움직이지 않고 우회로를 따라서 움직인다면 무엇이 달라질지 생각해보자. 같은 시간에 더 긴 거리를 완주하기 위해서, 물체는 목적지에, 즉 사건(시간 1에서의 니콜라이의 위치)에 도달하기까지 더 빨리 움직여야 할 것이다. 그런데 이미 보았듯이, 물체가 다른 물체에 대하여 상대적으로 움직이면, 움직이는 물체의 시계는 더 느리게 간다. 따라서 더 빨리 움직인 물체는 자신의 시계로 측정했을 때, 1초가 채 경과하기 전에 목적지에 도달할 것이다.

같은 속도로 공간 속을 직선으로 움직이는 물체는, 처음 사건과 도착 사건 사이의 시간 간격을 물체의 시계로 측정했을 때에 **최대**가 되도록 세계선을 그린다. 따라서 뉴턴의 제1법칙은 새로운 기하학에서 다음과 같이 표현될 수 있다.

외부의 힘이 작용하지 않는다면, 물체는 항상 한 사건에서 다른 사건으로 특정한 세계선을 따라서 움직이는데, 그 세계선은 물체 자신을 기준으로 측정한 시간(즉 고유시간)이 최대가 되도록 하는 세계선이다.

아인슈타인은 자신의 이론이 근대 물리학의 성에 투하된 폭탄이라는 것을 알고 있었다. 그는 뉴턴을 흠모했지만, 뉴턴의 가장 기본적인 믿음 중의 하나인 절대적 공간과 시간의 존재에 대한 믿음을 파괴하고 있었던 것이다. 그는 또한 두 세기 동안 물리학을 떠받친 주춧돌인 에테르를 제거하고 있었다. 자신의 상대성 이론이 많은 성취를 이룬 것은 사실이지만(빠르게 움직이는 방사성 입자의 반감기가 더 길어지는 것을 설명했고, 에너지와 물질의 등가성과 전환 가능성을 설명했다), 평생 동안 근대 물리학의 성을 지키고 치장해온 사람들이 그 성을 파괴하는 녀석의 등을 두드리며 칭찬을 하는 일은 일어나지 않으리라는 것을 아인슈타인은 잘 알고 있었다. 아인슈타인은 공격에 대비했다.

몇 개월이 흘렀고, 그 사이에 공격은 없었다. 『물리학 연감』이 여러 권 더 간행되었지만, 물리학의 세계는 아인슈타인의 폭탄에 관해서 아무 할말이 없는 듯했다. 마침내 아인슈타인은 플랑크로부터 몇 가지 논점을 분명히 해줄 것을 요구하는 편지를 받았다. 몇 개월이 더 흘렀다. 아니 이것이 다란 말인가? 자연에 관한 혁명적으로 새로운 이론에 영혼 전체를 쏟아붓고 얻은 것이, 겨우 베를린에 사는 친구가 던진 몇 개의 질문뿐이란 말인가?

1906년 4월 1일 아인슈타인은 특허청에서 2급 기술 전문가로 승진했다. 특허청 직원의 입장으로 보면 영광스러운 일이겠지만, 노벨상과는 거리가 먼 성취이다. 아인슈타인은 자신이 — 알렉세이가 가끔 말하곤 하듯이 — 혹시 실패자의 행성에서 온 외계인이 아닐까 갸우뚱거리기 시작했다. 혹은 아인슈타인의 말을 인용한다면, "낡은 잉크 전용 폐기

물통"[5]이 아닌가 의심했다. 사태는 더욱 악화되어, 스물일곱 살의 아인슈타인은 자신의 창조적 시기가 끝나가고 있다는 두려움마저 느꼈다. 어쩌면 그는 자신이, 보여이나 로바쳅스키처럼, 아니 이름조차 들어보지 못한 수많은 사람들처럼, 이해받지 못한 채 생을 마치지 않을까 걱정했을지도 모른다.

아인슈타인은 그가 받은 편지가 플랑크라는 거대한 빙산의 일각이었음을 알지 못했다. 1905-1906년 겨울 학기에 플랑크는 베를린에서 아인슈타인의 이론을 주제로 물리학 세미나를 열었다. 이어 1906년 여름 플랑크는 자신의 제자인 라우에를 보내서 특허청에 있는 아인슈타인을 방문하게 했다. 마침내 아인슈타인은 정식 물리학자들의 세계와 교류할 기회를 얻었다.

라우에가 기다리고 있는 면회실에 들어선 아인슈타인은 너무 수줍어 자신을 소개하지도 못했다.[6] 라우에는 그를 한번 쳐다보고 무시했다. 왜냐하면 라우에는 상대성 이론의 저자가 그토록 볼품없는 사내라고는 상상도 하지 못했기 때문이다. 아인슈타인은 밖으로 나갔다. 아인슈타인은 잠시 후에 돌아왔지만, 여전히 라우에에게 다가설 용기를 내지 못했다. 결국 라우에가 자신을 먼저 소개했다. 아인슈타인의 집으로 가는 길에 아인슈타인은 라우에에게 시가를 권했다. 라우에가 시가의 향기를 맡았다. 그것은 끔찍한 냄새를 풍기는 싸구려 시가였다. 라우에는 대화 도중에 몰래 아래 강에 시가를 던졌다. 이렇게 라우에는 보고 냄새 맡은 것에는 좋은 인상을 받지 못했지만, 들은 것에는 깊은 인상을 받았다. 1914년 (X-선 회절을 발견한 공로로) 노벨상을 수상하게 되는 라우에와 1918년 노벨상을 받는 플랑크는 둘 다 아인슈타인과 상대성 이론의 핵심적인 지원자가 되었다. 몇 년 후에 플랑크는 프라하 대학교 교수직에 아인슈타인을 추천하면서, 그를 코페르니쿠스에 비유했다.

상대성 이론에 대한 플랑크의 지원은, 그가 아인슈타인의 광전자 효과에 대한 설명 — 그 설명은 플랑크 자신의 양자 이론을 새롭게 해석한 것이었음에도 불구하고 — 을 선뜻 받아들이지 않았다는 것을 고려하면, 예외적인 일이라고 할 수 있다. 어쨌든 플랑크는 상대성 이론에 대해서는 개방적이고 융통성이 있었으며, 그 이론이 옳다는 것을 즉각적으로 간파했다. 플랑크는 1906년에 상대성 이론에 관한 논문을 발표하여, 아인슈타인을 제외하고는 최초로 상대성 이론 논문을 발표한 과학자가 되었다. 그 논문에서 플랑크는 또한 처음으로 양자 이론에 상대성 이론을 적용했다. 그는 1907년 최초로 상대성 이론을 주제로 한 박사학위 논문을 지도했다.

과거 취리히 공대에서 아인슈타인을 가르쳤고, 그후 괴팅겐 대학교로 옮긴 민코프스키는 상대성 이론의 깃발을 높이 휘날린 또 한 명의 과학자이다. 그는 초기에 상대성 이론에 커다란 기여를 한 소수의 학자들 중 한 사람이다. 그는 시간을 네 번째 차원으로 둔다는 발상과 기하학을 도입하는 것과 관련하여 상대성 이론에 관한 세미나를 했다. 1908년의 강의에서 그는 이렇게 말했다.[7] "그러므로 독자적인 공간, 독자적인 시간은 한갓 그림자처럼 사라질 운명이며, 이 둘의 모종의 결합만이 독자적인 실재성을 유지하게 될 것이다."

주로 독일에서 물리학계 핵심인물들의 지원을 받았음에도 불구하고, 특수 상대성 이론은 단시일에 국제적인 인정을 받지는 못했다. 1907년 7월 플랑크는 아인슈타인에게 편지를 보내, 상대성 이론을 전공하겠다는 학생들이 "떼로 몰려든다"[8]고 말했다. 그러나 많은 학자들은 끝내 상대성 이론을 받아들이지 않았다. 이미 보았듯이, 마이컬슨은 에테르를 포기할 수 없었다. 아인슈타인을 존중했고 아인슈타인이 존중했던 로런츠는 최종적인 판단을 내리지 못했다.[9] 상대성 이론을 결국 이해하지 못한 푸앵카레[10]는 1912년 사망할 때까지 계속해서 상대성 이론에 반대했다.

그러나 물리학계가 천천히 아인슈타인의 생각을 곱씹고 있는 동안, 아인슈타인은 더 큰 규모의 두 번째 혁명을 향한 작업을 시작했다. 그 혁명은, 뉴턴이 미적분학 방정식을 도입하면서 물리학의 중심에서 밀려난 기하학을 다시 물리학의 중심에 복귀시켰다. 또한 그 혁명은 아인슈타인의 첫 번째 혁명을 비교적 이해하기 쉬운 혁명이 되게 했다.

26. 아인슈타인의 사과

훗날 아인슈타인이 스스로 말했듯이, 1907년 11월, "나는 베른에 있는 특허청 의자에 앉아 있었는데, 갑자기 이런 생각이 떠올랐다. '사람이 자유낙하를 하면, 그 사람은 자신의 몸무게를 느끼지 못할 것이다.'"[1)]

 아인슈타인이 맡은 업무는 이런 종류의 생각을 하는 것이 아니었다. 그의 업무는, 영구운동 기관에 퇴짜를 놓고, 개량형 쥐덫 설계도를 검토하고, 퇴비를 다이아몬드로 바꾸는 진기한 장치의 정체를 폭로하는 것이었다. 그 업무는 때때로 흥미롭고, 많이 고되지는 않았다. 그러나 근무시간은 적지 않았다. 하루 여덟 시간, 일주일에 6일을 일해야 했다. 그럼에도 불구하고 아인슈타인은 퇴근 후에 물리학 연구를 하곤 했다. 훗날 밝혀진 일이지만, 아인슈타인은 가끔 연구 노트를 사무실까지 가져와서 몰래 연구를 하다가 상급자가 나타나면 재빨리 노트를 책상 속에 감추곤 했다. 아인슈타인은 개구쟁이! 그러므로 특허청장은 1909년 아인슈타인이 사표를 제출했을 때, 별로 불만이 없었다. 대학에 자리가 생겼기 때문이라는 아인슈타인의 말을 듣고 그는 미소를 지었고, 아인슈타인이 농담을 한다고 생각했다. 브라운 운동에 대한 설명, 광자의 발견, 특수 상대성 이론의 개발 — 이 모든 일들이 특허청장의 어두운 등잔 밑에서 이루어졌던 것이다.

 "만약 사람이 자유낙하하면, 그 사람은 자신의 몸무게를 느끼지 못할 것이다." 훗날 아인슈타인은 이 생각이 "내 일생에서 가장 행복한 생각"[2)]이었다고 말했다. 아인슈타인이 그렇게 슬프고 외로운 사람이었나? 사실 그의 개인적인 삶은 행복한 할리우드 드라마가 아니었다. 그는 결혼했고, 이혼했고, 재혼했고, 결혼생활에 부정적인 태도를 유지했다. 그는 친권을 포기하고 첫 아이를 입양시켰다. 그의 가장 어린 자식은 정신분열증으로 병원에서 죽었다. 그는 나치에 의해서 고향인 유럽에서 추방되었고, 이주한 나라에서는 끝내 완전한 편안함을 느끼지 못했다. 그러나 아인슈타인이 그토록 기뻐한 생각의 의미를 제대로 안다면, 누구라도 그 생각을 소중히 여길 것이다.

아인슈타인은 그 생각이 떠오르자 "소스라치듯 놀랐다"고 말했다. 그것은 그의 위대한 성취로 이어진 놀라운 깨달음이었다. 아인슈타인이 생각한 자유낙하하는 사람은 아인슈타인의 사과라고 할 수 있다. 그 사과가 씨앗이 되어, 새로운 중력 이론과 새로운 우주론과 물리학 이론에 대한 새로운 접근방식이 탄생했다. 1905년 이래로 아인슈타인은 더 나은 상대성 이론을 찾아가는 데에 길잡이가 될 수 있는 새로운 원리를 찾고 있었다. 그는 자신의 첫 번째 이론이 미완성임을 알고 있었다. 시간과 공간의 주관성을 포함해서 특수 상대성 이론이 말하는 것은 결국, 모두 일종의 운동학(kinetics)에 불과했다. 그 이론은 물체들이 특정한 힘에 어떻게 반응하는지를 기술할 뿐, 힘 자체를 다루지는 않는다. 물론 특수 상대성 이론은 맥스웰의 이론과 완벽하게 조화되도록 고안되었으므로, 전자기적 힘에 적용하여 세부화하는 것은 문제가 아니었다. 그러나 중력과 관련해서는 사정이 전혀 달랐다.

1905년에 있었던 유일한 중력 이론은 뉴턴의 이론이다. 영리한 뉴턴은 자신의 중력 이론이 운동학과, 즉 운동의 법칙들과 완벽하게 결합되도록 중력 이론을 만들었다. 그런데 특수 상대성 이론이 뉴턴의 법칙들을 새로운 운동학으로 교체했으므로, 아인슈타인이 뉴턴의 중력 이론을 부적절하게 여긴 것은 당연한 일이다. 뉴턴의 중력 이론은 다음과 같다.

어떤 주어진 순간에 일정한 거리만큼 떨어져 있는 두 질점(point mass) 사이의 중력은, 각각의 질량에 비례하고, 그 순간에 떨어진 거리의 제곱에 반비례한다.

이것이 실제로 뉴턴의 중력 이론 전체이다. 이 법칙을 수량화하기 위해서 수학의 언어로 번역하고, "질점"을 연장된 물체로 키우기 위해서 미적분학을 동원할 수 있다. 또한 이 이론과 운동의 법칙들을 연결하여, 천체들이 서로 영향을 받으면서 어떻게 움직일지를 보여주는 방정식들을 만들 수 있다. 또한 가우스가 처음으로 명성을 얻는 계기가 된 작업에서처럼, 많은 수고와 재능을 들여 그 방정식들을 (근사적으로) 풀어 새롭게 발견된 소행성 — 가우스의 경우에는 소행성 세레스 — 의 궤도를 예측할 수도 있다. 뉴턴의 중력법칙에서 얻어지는 귀결들을 발견하는 일은, 법칙의 단순성과는 대조적으로 매우 복잡하다. 물리학자들은 별 어려움 없이 수천 명이 1년 내내 해야 할 과제들을 그 법칙에서 뽑아낼 수 있다.

  정작 뉴턴 자신은 그 법칙에 만족하지 못했다. 그는 힘이 순간적으로 전달된다는 생각을 의심스러워했다. 상대성 이론에서 보면, 그 생각은 명백한 오류이다. 그 어떤 것도 빛의 속도보다 빠르게 전달될 수 없다. 다른 문제점들도 있다. "어떤 주어진 순간에"라는 말을 눈여겨보자. 이미 보았듯이 상대성 이론에서는 주어진 특정한 시점이 주관적이다. 만일 두 질량이 서로에 대해서 움직이고 있다면, 한 질량의 입장에서 동시적인 사건들이, 다른 질량에게는 서로 다른 시점에 일어난 사건들로 보일 것이다. 로런츠가 발견했듯이, 두 주관은 질량값에 관해서도 거리에 관해서도 동의할 수 없을 것이다.

아인슈타인은 이론을 완성하려면 특수 상대성 이론과 조화를 이루는 중력 이론을 찾아내야 한다는 것을 알고 있었다. 그러나 아인슈타인의 발목을 잡은 또다른 철학적 문제가 있었다. 그는 특수 상대성 이론에서, 관찰자가 물리학의 이론들을 변형시키지 않고도, 예를 들면, 빛의 속도가 상수라는 원리를 그대로 유지하면서도 자신이 정지해 있다고 간주할 수 있어야 한다는 것을 강조했다. 이 사실은 어떤 관찰자에게도 타당해야 한다. 그러나 특수 상대성 이론에서는 이 사실이 등속운동을 하는 관찰자에게만 적용된다.

"소위 등속운동이라고 부르는 특권적인 상태가 도대체 무엇이길래?" 회의주의자나 논리학자는 책상을 내리치며 이렇게 물을지도 모른다. 물론 등속운동은 일정한 속도로 직선을 그리며 움직이는 상태를 말한다. 실제로 서로에 대해서 직선으로 일정한 속도로 움직이는 관찰자들은 말하자면 "동창회" 회원들처럼 자신들의 동질성에 대해서 산뜻하게 동의할 수 있다. 그런데 어떤 외부인이 나타나서 그들은 단지 서로에 대해서만 등속운동을 할 뿐이라고, 사실은 그들 모두가 똑같이 방향과 속도를 바꾸고 있다고 주장한다면, 그들은 이 외부인의 주장을 반박할 수 있을까?

숨을 죽이고 집중한 관중들이 가득 찬 운동 경기장을 상상해보자. 관중들은 등속운동을 하고 있다 — 말뚝처럼 가만히 있다(속도가 0인 등속운동이다). 한편 또다른 말뚝을 상상해보자. 이 말뚝은 바르카라운저 우주정거장으로 다가가는 우주선 안에서 조종석에 앉아 텔레비전으로 경기를 관람하는 우주인이다. 그 우주인이 보면, 경기장 안에 있는 관중들은 미친 듯이 지구의 자전축을 중심으로 돌고 있다. 그는 당연히 이 움직임을 등속운동이라고 생각하지 않을 것이다. 자신이 멈쳐 있고 관중들이 회전하고 있다는 우주인의 주장을 어떤 심판이 나서서 수정할 수 있겠는가? 또는 경기장의 관문이 열리고 어떤 다른 관찰자가 나타나서, 경기장도 우주인도 모두 미쳐 날뛰고 있다고 주장한다면 어떻게 될까?

우연히도 해결책이 있기는 하다. 이 책의 저자는 지금 등속운동을 하고 있다. 가만히 자리에 앉아 뉴턴의 법칙이 주변의 세계를 얼마나 아름답게 기술하는지를 골똘히 생각하는 중이다. 반면에 너무 많은 가속을 겪을 경우, 저자는 얼굴이 노래지고 구토를 할 것이다. 이것은 1960년대 초반에 저자가 승용차를 몰면서 처음 발견한 현상이다. 가속이 인체에 미치는 영향은 물론 복잡하지만, 이면에 있는 물리학은 간단하다. 가속이 있는 것과 없는 것은 물리적으로 다르다. 아인슈타인의 아들 한스 알베르트를 실험용 쥐로 동원해서 사고실험을 해보자. 한스 알베르트는 1907년 당시 다섯 살, 그러니까 아직은 매우 일정하지 않은 움직임을 더 좋아할 나이였다. 한스 알베르트가 회전목마를 타고 있고, 그의 아빠인 우리의 아인슈타인 박사가 승강장에 서 있다고 상상하자.

한스 알베르트는 손에 막대사탕을 들고 있다. 그가 사탕을 놓친다. 만약 회전목마가 멈춰 있다면, 사탕은 그냥 바닥으로 떨어질 것이다. 그러나 회전목마가 돌고 있다면, 사탕은 놓친 지점에서 그은 접선 방향으로 멀리 날아갈 것이다. 어린 아이들은 자신이 우주의 중심이라고 생각하는 경향이 있다. 한스 알베르트도 같은 경향이 있어서, 회전목마가 멈춰 있을 때나, 돌 때나, 자신은 멈춰 있다고 주장한다고 해보자. 회전목마가 돌 경우, 한스 알베르트는 회전목마가 도는 것이 아니라 세상이 그를 중심으로 회전한다고 생각할 것이다. 늙은 아인슈타인을 고민하도록 만든 것은, 니콜라이의 도끼가 알렉세이의 책에 부딪히는 상황과는 달리, 이 경우에는 두 관찰자가 바라본 사건이 서로 다른 법칙을 따르는 듯이 보인다는 사실이었다. 이것을 확인하기 위해서, 두 관찰자가 상황을 어떻게 분석할지 검토해보자. 아버지 아인슈타인은 지구 위에 고정된 좌표계(coordinate system)를 설정할 것이다. 이 좌표계에서는 그의 위치가 불변이고, 한스 알베르트가 그리는 경로는 회전목마의 중심을 중심으로 하는 원일 것이다. 막대사탕은 얼마 동안 한스 알베르트의 손에 붙들려 그와 함께 원형 궤도를 돌 것이다. 한스 알베르트가 사탕을 놓는 순간, 막대사탕은 뉴턴의 운동법칙에 따라서 움직임을 계속할 것이다. 즉 사탕을 놓는 순간 가졌던 방향과 속도로 계속 움직이며 원을 떠날 것이다. 아버지 아인슈타인은 일어난 사건을 기술하기 위해서 뉴턴의 법칙이나 특수 상대성 이론을 수정할 필요가 없다.

이제 꼬마 한스 알베르트의 입장을 살펴보자. 그는 회전목마에 고정된 좌표계를 설정하며, 그 좌표계에서는 그가 정지해 있다. 막대사탕은 얼마 동안 한스 알베르트의 위치에 멈춰 있다. 그러나 한스 알베르트가 손을 벌리자, 막대사탕은 갑자기 날아가버린다. 이것은 뉴턴의 물리학에서도 아인슈타인의 물리학에서도 일반적으로 나타나는 운동행태가 아니다. 두 물리학의 법칙이 막대사탕에는 적용되지 않는 것 같다. 대신에 이 좌표계에 있는 한스 알베르트는 뉴턴의 제1법칙을 이런 식으로 수정할 필요를 느낄 것이다.

멈춰 있는 물체는, 그 물체를 꽉 쥐고 있을 때에만 멈춰 있으려는 경향이 있다. 그 물체를 놓으면, 물체는 별다른 이유가 없어도 멀리 날아가 버린다.

한스 알베르트처럼 회전하는 관찰자가 자신이 멈춰 있다고 주장한다면, 그의 세계에서 물체들이 어떻게 움직이는지를 기술하기 위해서 물리학의 법칙들을 바꾸어야 할 것이다. 뉴턴의 운동법칙들(즉 운동학)을 바꾸는 것이 유일한 길일 것이다. 만일 한스 알베르트가 뉴턴의 법칙들을 "구제하려고" 한다면, 대신에 우주에 있는 모든 사물들에 작용하여 이들을 회전목마의 중심에서 밀어내는 신비로운 "힘"을 정의해야 한다. 이 신비로운 힘은 인력이 아닌 척력이라는 점만 제외하면 중력과 꽤 유사하므로, 이 힘을 **목마척력(Schmarity)**이라고 부르기로 하자.

뉴턴은 기준틀이 가속운동을 할 경우, 사물들이 목마척력과 같은 신비로운 힘의 영향을 받는 것처럼 움직인다는 것을 알고 있었다. 이러한 외관상의 힘을 **가상적인 힘**이라고 부른다. 왜냐하면 이 힘은 전하(電荷)와 같은 물리적인 원천에서 발생하는 힘이 아니고, 다른 기준틀에서, 즉 등속운동을 하는 기준틀(이 기준틀을 **관성계**[inertial frame]라고 부른다)에서 상황을 분석할 경우 제거될 수 있기 때문이다. 뉴턴의 이론에서는 등속운동 여부를 판정할 수 있는 참된 기준이 가상적인 힘의 존재 여부이다. 만일 가상적인 힘이 나타나지 않으면, 당신은 등속운동을 하고 있다. 만일 가상적인 힘이 나타나면, 당신은 가속하고 있다. 많은 과학자들이, 특히 아인슈타인이 이 설명을 불만스럽게 여겼다. 좋다, 이런 의미에서 등속운동을 물리적으로 정의할 수 있을 것도 같다. 하지만 절대공간이라는 고정된 틀이 없는 한, 이런 식으로 등속운동을 정의하는 것은 가속하는 기준틀을 논의에서 배제하는 것 이상의 의미가 없지 않은가? 정지한 기준틀을 위해서 움직이는 기준틀을 배제한 것과 같은 상황이 아닌가?

어떤 질량도 에너지도 없는 공간에 실험 물체가 있다고 상상해보자.

운동 측정에 기준으로 삼을 것이 전혀 없다면, 당신은 어떻게 직선운동과 원운동을 구분하겠는가? 뉴턴은 절대공간에 대한 믿음을 통해서 이 질문에 답했다. 완벽하게 빈 공간이라고 할지라도, 그 공간에는 운동을 정의하는 고정된 틀이 설정되어 있다. 신은 "배터리는 따로 구입하시오"라고 말하는 유형의 제작자가 아니다 — 우주는 이미 갖추어져 있다. 유클리드도 있고 데카르트도 있다. 당대에 유행했던 대안적인 이론은 오스트리아인 마흐의 이론이었다. 우주 안에 있는 모든 질량의 질량 중심점이 운동을 판정할 기준점이다. 그러므로 대략적으로 말해서, 멀리 있는 별들에 대해서 상대적으로 등속인 운동이 참된 관성운동(inertial motion)이다. 그러나 아인슈타인은 독자적인 철학을 가지고 있었다.

특수 상대성 이론을 통해서 아인슈타인은 정지와 등속운동(속도가 0이 아닌) 사이의 구분을 제거하는 데에 성공했다. 그는 관성계 안에 있는 모든 관찰자들을 평등하게 만들었다. 이제 그는 이론을 확장하여, 관성계에 대해서 상대적으로 가속하는 관찰자도 포함해서 모든 관찰자들을 끌어안으려고 한다. 만일 그가 성공한다면, 그의 새 이론에서는, "비-등속운동"을 설명하기 위해서 가상적인 힘을 동원할 필요도 없고, 운동의 물리적 법칙들이 변경될 필요도 없을 것이다. 경기장의 말뚝도, 달에 있는 우주인도, 회전목마를 탄 한스 알베르트도, 승강장에 있는 아인슈타인 자신도, 어떤 것이 참된 관성계인지 고민하지 않고, 새 이론을 사용할 수 있을 것이다. 철학적 동기는 마련되었다. 이제 필요한 것은 과학적인 이론이다. 어떻게 그 이론에 다가갈 것인가? 아인슈타인에게는 길잡이가 될 원리가 필요했다.

"가장 행복한 생각"의 결과로 얻은 깨달음이 아인슈타인에게 길잡이가 되었다. "사람이 자유낙하하면, 그 사람은 자신의 몸무게를 느끼지 못할 것이다." 이것이 바로 새 이론을 향한 긴 여정의 첫 번째 이정표이자 나침반이었다. 이 말을 일반화하면, 아인슈타인의 세 번째 공리인 등가 원리(equivalence principle)가 된다.

다른 물체들과 비교하지 않는다면, 물체가 일정한 가속을 겪고 있는지, 아니면 일정한 중력장 안에 정지해 있는지 구분할 수 없다.[3]

다른 말로 한다면, 중력도 가상적인 힘이라는 것이다. 목마척력과 마찬가지로 중력도 우리가 특정한 기준틀을 선택했기 때문에 생긴, 그래서 다른 기준틀을 선택하면 제거할 수 있는 인공물에 불과하다고 볼 수 있다. 이 원리는 일정한 중력장에서 성립하며, 이 경우에 관한 연구가 아인슈타인이 첫 번째로 착수한 가장 단순한 형태의 이론이다. 이어서 아인슈타인은 가우스와 리만의 연구에 힘입어, 일정하지 않은 중력장을 무한소의(infinitesimal) 일정한 중력장 조각들의 집합으로 간주함으로써, 등가 원리를 임의의 중력장에도 적용할 수 있었다. 그러나 아인슈타인은 5년 후인 1912년에 비로소 자신의 생각을 주위에 알렸다. 그가 등가 원리를 정확한 말로 구체화한 것도 그때였다.

최초의 연구 대상이었던 일정한 중력장에 관해서 아인슈타인이 주장하는 바가 무엇인지 살펴보자. 등속으로 움직이는 기준틀을 비유하기 위해서 뉴턴이 사용한 예는 배[船]였다. 같은 목적으로 아인슈타인은 기차를, 그리고 가끔 승강기를 예로 들었다. 만약 뉴턴이 승강기를 예로 들었다면, 중력에 대한 그의 이론이 달라졌을지도 모르지만, 아쉽게도 그의 시대에는 아직 승강기가 유행하는 탈것이 아니었다. 승강기는 1852년 오티스가 작은 공학적 문제를, 즉 연결선이 끊어졌을 때에 승강기와 함께 떨어지는 승객의 생명을 어떻게 보장할 것인지를 해결한 후에 비로소 인기를 얻게 되었다. 아인슈타인이 사고실험에 동원한 것은 오티스가 개량하기 이전 형태의 승강기이다. 승강기에 오른 직후 당신이 갑자기 무중력 상태를 느낀다고 상상해보자. 등가 원리는 다음과 같은 직관적인 결론을 구체적으로 표현한 것에 불과하다. 이 상황에서 당신은 승강기의 연결선이 끊어졌는지, 아니면 (당연히 이렇게 생각하고 싶겠지만) 중력장이 사라졌는지 판정할 수 없다. 어떤 환경(environment)이 일정한 중력장 안에서 자유낙하하면, 물리적 법칙들은 무중력인 환경에서와 같다. 커피를 쏟으면 커피가 그 자리에 떠 있다. 당신이 외계에 있어도 그렇게 되고, 91층에서 아래로 떨어지고 있어도 그렇게 된다.

이번에는 당신이 어느 빌딩 1층에서 승강기에 오른다고 해보자. 자동문이 닫히고, 당신은 눈을 감는다. 이제 눈을 뜬다. 당신은 평소처럼 당신의 몸무게를 느낀다. 아래를 향하는 이 힘의 원인은 무엇일까? 그것이 지구의 중력일 수도 있지만, 외계인들이 갑자기 나타나서 지구를 없애버리고 승강기를 납치하여 위를 향해서 초당 초속 9.8미터로 가속하면서 끌고 가기 때문인지도 모른다. 면접시험에서 이런 이야기를 진지하게 하는 것은 별로 좋지 않은 일이겠지만, 등가 원리에 따르면, 이 두 경우에 일어나는 효과는 동일하다. 커피를 쏟으면, 두 경우에 모두 바닥으로 쏟아진다.

자유낙하하는 승강기 속의 물체가 떠다닌다는 것, 혹은 무중력 공간에서 가속하는 승강기 속의 물체가 바닥으로 떨어진다는 것은 물론 뉴턴의 법칙들에 의해서 예견된다. 그러므로 이 모든 상황 속에 그 자체로 새로운 물리학은 없다고 할 수 있다. 그러나 늘 그랬듯이 아인슈타인은 상황을 집요하게 심문하여 숨겨진 비밀들을 자백하게 만들었다. 아인슈타인이 자백받은 비밀은 이상한 비밀이었다 — 중력은 시간의 경과와 공간의 모양에 영향을 미친다.

시간에 미치는 영향을 설명하기 위해서 아인슈타인은 기차에 적용했던 것과 같은 종류의 분석을 승강기에도 적용했다. 그는 다양한 관찰자들의 지각을 빛 신호의 교환과 동시화를 통해서 추적했다. 아인슈타인의 계획은 특수 상대성 이론을 이용하여 승강기의 물리학을 설명하는 것이었으나, 문제에 봉착했다. 승강기 안의 관찰자들은 가속하고 있기 때문에, 특수 상대성 이론이 적용될 수 없었던 것이다. 그리하여 아인슈타인은 훗날 그의 최종 이론에서 핵심적인 주춧돌 중의 하나가 된 다음과 같은 가설을 세웠다. 충분히 작은 공간과 충분히 짧은 시간과 충분히 작은 가속도에서는 특수 상대성 이론이 근사적으로 적용될 수 있다. 이제 아인슈타인은 특수 상대성 이론과 등가 원리를, 일정하지 않은 중력장에서도 무한소인 영역들에 적용할 수 있게 되었다.

알렉세이가 머리에, 니콜라이가 꼬리에 타고 있는 거대한 로켓을 상상해보자. 두 아이는 동시화한 시계를 가지고 있다. 알렉세이는 초침 소리가 날 때마다 플래시를 터뜨린다. 간단히 하기 위해서, 알렉세이와 니콜라이의 측정에 따를 경우 로켓의 길이가 1광초(light-second)라고 하자(다시 말해서, 알렉세이의 불빛이 니콜라이에게 닿으려면 1초가 걸린다). 니콜라이는 어떤 관찰을 하게 될까?

알렉세이가 매초 불빛을 보내고, 각각의 불빛이 동일한 거리인 1광초를 움직여서 니콜라이에게 닿으므로, 니콜라이는 1초 후부터 매초 불빛을 관측할 것이다. 이제 로켓이 일정한 가속도로 발사된다고 해보자.

어떤 변화가 생길까? 다음 번 불빛이, 니콜라이가 빛을 향해서 가속하면서 움직이기 때문에, 예상보다 빨리 니콜라이에게 닿을 것이다. 불빛이 대략 0.1초 정도 일찍 니콜라이에게 닿았다고 가정하자. 등가 원리에 따르면, 니콜라이와 알렉세이는 움직임이 있다는 사실을 부정하고, 그들이 느끼는 "끌림"을 중력장에 돌릴 수 있다. 그런데 그들이 가속을 부정하고 힘을 중력장에 돌린다면, 그들은 또한 니콜라이가 불빛을 향해서 움직였다는 사실도 부정할 것이다. 대신에 그들은 빛 신호가 0.1초 빨리 도착했다는 것으로부터, 중력장 때문에 알렉세이의 시계가 더 빨라져서 알렉세이가 0.1초 먼저 신호를 보냈다는 결론을 내릴 수 있다.

등가 원리가 말하는 것처럼 양쪽 해석이 모두 수용되어야 한다면, 우리는 중력장 안에서 더 높은 곳에 있는 시계가 더 빨리 간다는 결론을 받아들일 수밖에 없다. 지구의 중력장 때문에 로켓의 머리에 있는 알렉세이의 시간이 로켓의 꼬리에 있는 니콜라이의 시간보다 약간 더 빠르게 흘러가는 것이다. 아주 조금만 빠르다. 태양의 중력처럼 거대한 중력하에서도, 1억5,000만 킬로미터 떨어져 있는 지구에서의 시간이 태양에서의 시간보다 겨우 $2/_{100만}$배 빨리 가는 정도이다. 이 정도의 차이라면, 태양에 사는 존재가 더 누릴 수 있는 시간이 1년에 1분[4] 정도에 지나지 않는다. 기후를 감안한다면, 태양은 이주할 만한 가치가 없는 곳이라고 하겠다. 이와 같은 시간의 굴곡은 빛의 진동수에도 영향을 미친다. 진동수는 빛의 파동이 1초 동안 진동하는 횟수이다. 효과는 크지 않지만, 그 효과는 아인슈타인이 예측한 것들 중의 하나이다(이 효과는 중력에 의한 적색편이[redshift]라고 부른다[5]). 이 때문에 만일 당신이 좋아하는 라디오 방송이, 110층짜리 높은 빌딩 꼭대기에서 송출되는 AM 1070(즉 1070kHz) 방송일 경우, 지상에서 당신이 맞추어야 하는 주파수는 AM 1070.00000000003이다. 음악 애호가 여러분들은 반드시 숙지해두시기를 바란다.

아인슈타인은 중력에 의해서 시간의 흐름이 바뀐다는 것을 1907년에 처음으로 입증했다. 우리는 특수 상대성 이론에서 시간과 공간이 서로 얽혀 있다는 것을 배웠다. 그렇다면 우리의 임시직 기술 전문가께서 중력에 의해서 공간의 모양이 바뀐다는 것을 깨닫는 데에는 시간이 얼마나 더 걸렸을까? 무려 5년이 걸렸다 — 당연한 일을 간과했음을 깨닫는 데에 이토록 오랜 시간이 걸렸던 것이다. 아인슈타인은 말한다. "우리가 무엇을 하고 있는지 알고 있다면, 그것은 연구라고 할 수 없지요, 안 그래요?"[6]

공간도 마찬가지로 휜다는 사실을 아인슈타인은 1912년 여름 프라하에서 깨달았다. 그는 벌써 6년째 일반 상대성 이론을 부화시키는 중이었다. 또 한번 번갯불처럼 깨달음이 왔다. 아인슈타인은 이렇게 썼다. "관성계에 대하여 상대적으로 회전하는 기준틀에서 일어나는 로런츠 축소 때문에, 강체(rigid body)를 지배하는 법칙들이 유클리드 기하학에 맞지 않게 된다. 그러므로 유클리드 기하학을 버려야 한다……."[7] 쉬운 말로 바꾸면, "당신이 직선으로 움직이지 않을 경우, 유클리드 기하학이 구겨진다."

당시 열 살이던 한스 알베르트가 다시 한번 회전목마를 타고 돈다고 상상해보자. 승강장에 "멈춰 있는" 아빠의 눈에는 회전목마의 모양이 완벽한 원으로 보인다고 하자. 이 상황에서 특수 상대성 이론은 공간에 대해서 무슨 말을 하는가? (앞에서와 마찬가지로 이 분석은 엄밀히 말해서 정확하지 않다. 특수 상대성 이론을 비등속운동에 적용하기 때문이다.) 매순간 한스 알베르트의 위치에서 서로 수직인 두 개의 축을 긋는다고 하자. 한 축의 방향은 반지름 방향으로 한다(회전목마 중심에서 밖을 향하는 방향). 이 방향은 그 순간에 한스 알베르트가 느끼는 힘의 방향이다. 한스 알베르트는 이 방향으로 전혀 움직이지 않는다. 회전목마 중심에서 그에게 이르는 거리는 불변이다. 다른 한 축의 방향은 회전목마의 접선 방향이다. 주어진 순간에 이 방향은 한스 알베르트가 움직이는 방향이다. 또한 이 방향은 그가 느끼는 힘의 방향에 항상 수직이다.

이제 아빠가 한스 알베르트에게 조그만 정사각형을 던진다고 상상해보자. 정사각형은 한 변이 회전목마의 접선에 나란한 방향으로 놓이도록 던져진다. 아빠는 한스 알베르트에게 그 정사각형을 관찰하고 모양을 말하라고 한다. 한스 알베르트가 어떻게 말할까? 아빠가 보기에는 정사각형인 것이, 그의 눈에는 직사각형으로 보인다. 이것은 로런츠 축소의 효과이다. 한스 알베르트는 항상 접선 방향으로 움직이고, 반지름 방향으로는 움직이지 않으므로, 접선에 평행인 두 변은 축소되고, 나머지 두 변은 축소되지 않는다. 만약 한스 알베르트가 축소된 길이를 기준으로 원주를 측정하고, 축소되지 않은 길이를 기준으로 반지름을 측정한다면, 회전목마의 원주율이 π가 아님을 발견하게 될 것이다. 한스 알베르트의 공간은 휘어져 있다. 아빠는 유클리드 기하학을 포기해야 한다는 결론을 내린다. 이제 남은 유일한 질문은 이것이다. 포기하고 대신에 무엇을 선택할 것인가?

27. 영감에서 노력으로

포기하기는 쉽고, 건설하기는 어렵다. 새로운 물리학 건설에 나서는 아인슈타인에게 필요한 것은 공간의 굴곡을 기술하는 새로운 기하학이었다. 다행히도 리만이 (그리고 몇몇 후계자들이) 그 기하학을 완성했는데, 불행히도 아인슈타인은 리만이라는 사람을 몰랐다 — 리만을 아는 사람은 거의 없었다. 그러나 아인슈타인은 가우스를 알고 있었다.

아인슈타인은 학생시절에 들었던 미분기하학 수업을 떠올렸다. 그 과목에서 그는 표면에 관한 가우스의 이론 전체를 배웠다. 아인슈타인은 친구인 그로스만을 찾아갔다. 1905년에 그는 이 친구에게 자신의 박사학위 논문을 헌정한 바 있다. 아인슈타인이 찾아갔을 때, 그로스만은 취리히에서 우연히도 기하학을 전공하는 수학자가 되어 있었다. 친구를 보자마자 아인슈타인은 이렇게 외쳤다. "그로스만, 제발 도와줘, 안 그러면 나 미칠 것 같아."[1]

아인슈타인은 무엇이 필요한지 설명했다. 문헌들을 뒤진 그로스만은 리만을 비롯한 여러 학자들의 미분기하학 논문들을 발견했다. 그것은 불가사의했다. 복잡했다. 아름답지 않았다. 그로스만은 아인슈타인에게 말했다. "그래, 그런 수학이 있기는 한데, 난장판이야. 물리학자는 뛰어들지 않는 게 좋겠어."[2] 그러나 아인슈타인은 진심으로 그 난장판에 뛰어들기를 원했다. 그는 자신의 이론을 구성할 도구들을 발견한 것이다. 그러나 아인슈타인은 곧 그로스만의 견해가 옳았음을 깨달았다.

1912년 10월 아인슈타인은 친구이자 동료인 물리학자 조머펠트에게 이렇게 썼다. "내 일생에서 이렇게 열심히 공부한 적은 없습니다. 나는 수학을 매우 존경하게 되었습니다……이 문제와 비교하면 나의 원래 이론[특수 상대성 이론]은 아이들 장난입니다."[3]

공부는 이후 3년 동안 계속되었고, 그중 2년 동안은 그로스만의 적극적인 도움이 있었다. 아인슈타인에게 노트를 빌려주어 졸업할 수 있도록 도왔던 학우가 다시 한번 선생의 역할을 했다. 아인슈타인의 연구를 전해들은 플랑크는 그에게 이렇게 말했다. "선배로서 그 연구를 그만두라고 권하지 않을 수 없네. 우선은 자네가 성공하지 못할 것이기 때문이고, 둘째로 자네가 성공한다고 할지라도, 아무도 믿지 않을 것이기 때문이네."[4] 그러나 1915년 아인슈타인은 베를린으로 돌아왔다. 플랑크 자신이 그를 부른 것이다. 그로스만은 그후 단 몇 편의 논문만을 썼고, 채 10년이 지나지 않아 다발경화증으로 심하게 앓다가 세상을 떠났다. 자신에게 필요한 것이 무엇인지를 배운 아인슈타인은 그로스만 없이 이론을 완성했다. 1915년 11월 25일,[5] 아인슈타인은 프로이센 과학 아카데미에 「중력의 장 방정식(The Field Equations of Gravitation)」이라는 제목의 논문을 제출했다. 이 논문에서 그는 선언했다. "마침내 일반 상대성 이론이 완결된 논리적 구조를 갖추었다."[6]

일반 상대성 이론은 공간의 본성을 어떻게 기술할까? 그 이론은 물질과 에너지가 점들 사이의 거리에 어떻게 영향을 미치는지를 보여준다. 공간을 집합으로 보면, 공간은 단지 원소인 점들의 무리일 뿐이다. 우리가 기하학이라고 부르는 공간의 구조는, 거리라고 부르는 점들 사이의 관계로부터 생겨난다. 점들의 집합에 이 구조가 추가된다는 것은, 주소만 적힌 전화번호부가 지도책이 되는 것에 비유할 수 있다. 가우스는 독일 곳곳을 탐사하는 동안에 한 쌍의 점 사이의 거리를 정의함으로써 공간의 기하학을 결정할 수 있다는 것을 발견했다. 리만은 세부적인 내용을 발전시켜, 아인슈타인이 물리학을 기하학의 용어로 새로 쓰는 데에 필요한 도구들을 제공했다.

결국 모든 논의의 핵심은 우리의 옛 친구 피타고라스와 비(非)피타고라스 사이의 논쟁으로 귀결된다. 유클리드적 세계에서는, 피타고라스 정리를 이용하여 두 점 사이의 거리를 측정할 수 있다는 것을 상기하라. 우리는 다만 직교좌표계만 설정하면 된다. 두 좌표축을 동/서 축과 남/북 축으로 부르자. 피타고라스 정리에 따르면, 두 점 사이의 거리의 제곱은, 두 점 사이의 동/서 간격의 제곱과 남/북 간격의 제곱의 합과 같다.

비피타고라스가 발견한 바와 같이, 지구 표면처럼 휘어진 공간에서는, 피타고라스 정리가 성립하지 않는다. 오히려 피타고라스 정리를 대체하는 새로운 공식이, 이를테면 비피타고라스 정리가 사용되어야 한다. 비피타고라스 거리 산출 공식에서는, 동/서 항과 남/북 항이 반드시 같은 값어치로 취급되지는 않는다. 또한 동/서 간격과 남/북 간격의 곱도 새로운 항으로 들어갈 수 있다. 수학적으로 표현하면 다음과 같다.[7] (거리)^2 = g_{11} × (동/서 간격)^2 + g_{22} × (남/북 간격)^2 + g_{12} × (동/서 간격) × (남/북 간격). 이때 g항들 전체는 공간의 **메트릭(metric)**이라고 부른다(각각의 g항은 메트릭 **성분**이라고 부른다). 메트릭이 임의의 두 점 사이의 거리를 정의하므로, 메트릭은 기하학적으로 공간의 성질을 완벽하게 규정한다. 직교좌표계가 설정된 유클리드 공간의 메트릭 성분들은 다음과 같다. g_{11} = g_{22} = 1, g_{12} = 0. 즉 이 경우에는 비피타고라스 공식과 피타고라스 정리가 동일하다. 다른 종류의 공간에서는 성분들이 이렇게 간단하지 않으며, 당신의 위치에 따라서 성분들이 달라질 수도 있다. 일반 상대성 이론에서는 이 생각이 보다 일반화되어, 세 개의 공간 차원과, 또한 특수 상대성 이론에서와 마찬가지로, 네 번째 차원인 시간 차원으로까지 확장된다(4차원에서는 서로 독립적인 메트릭 성분이 10개 있다[8]).

아인슈타인의 1915년 논문이 내놓은 것은 다름이 아니라, 공간 속의 (또한 시간 속의) 물질 분포와 4차원 시공간의 메트릭 사이의 관계를 규정하는 방정식이다. 메트릭이 기하학을 결정하므로, 아인슈타인의 방정식은 시공간의 모양을 정의한다. 아인슈타인의 이론에서 질량이 발휘하는 효과는 중력이 아니라, 시공간의 모양을 바꾸는 것이다.

공간과 시간은 얽혀 있지만, 만일 우리가 속도가 낮고 중력이 약한 상황만을 고려한다면, 공간과 시간이 분리되어 있다고 근사적으로 간주할 수 있다. 이런 영역에서는 독자적으로 공간에 대해서 말하는 것이, 특히 공간의 곡률에 대해서 말하는 것이 무의미하지 않다. 아인슈타인의 이론에 따르면, 공간의 한 영역의 곡률은 (모든 방향을 평균했을 때), 그 영역 안에 있는 질량에 의해서 결정된다.

앞에서 언급했듯이, 곡률은 원의 면적과 반지름 사이의 관계, 혹은 구의 체적과 반지름 사이의 관계에 반영된다. 아인슈타인의 방정식은 다음과 같은 관계를 보여준다. 물질이 균일하게 내부에 분포되어 있는 구형의 공간 영역에서, 구의 반지름을 측정해보면 (체적이 주어져 있을 때) 당신이 기대한 값보다 물질의 양에 비례하는 만큼 작게 측정된다. 비례상수는 극도로 작다. 물질 1그램당 반지름이 겨우 2.5×10^{-29}센티미터 줄어든다. 밀도가 균일하다고 가정하고 지구에서의 반지름 축소를 계산해보면, 1.5밀리미터가 된다. 태양의 경우에는 0.5킬로미터[9] 정도이다.

지구의 곡률 때문에 생기는 효과는 매우 미세해서 최근에 이르러서야 실질적으로 응용될 수 있게 되었다(예를 들면 광역 위치확인 위성 [Global Positioning Satellite][10]에서는 동시화를 유지하기 위해서 일반 상대성 이론에 의거한 수정이 필요하다). 여러 해 동안 아인슈타인은 중력에 의해서 빛이 휘는 것을 측정하는 일이 불가능하다고 생각했다. 마침내 그는 하늘을 올려다볼 생각을 했다. 실험은 원리적으로 간단하다. 다음 번 개기일식이 언제 어디에서 일어나는지 찾는다. 일식 중에 태양 근처에 보이는 별 하나의 위치를 측정한다(이 측정을 위해서 일식이 필요하다. 만일 태양이 가려지지 않으면 이 별의 위치를 측정할 수 없을 것이다). 다른 자료를 통해서, 예를 들면 6개월 후에 태양이 다른 위치에 있을 때에 이 별을 관측하여 얻은 자료를 통해서 별의 위치를 확인한다. 일식이 진행되는 동안에 별의 위치가, "있어야 할 곳"에 있는 것으로 보이는지, 아니면 약간 "빗나간 위치"에 있는 것으로 보이는지 검사한다.

지금 이야기되는 약간은 정말 약간이다. 호도법으로 겨우 1¾초, 즉 0.00049도이다. 뉴턴의 이론도 굴절효과를 예측하는데, 그 예측은 아인슈타인의 예측과는 다르다. 1915년에 아인슈타인은 장 방정식과 함께 이 확인 가능한 예측을 내놓았다. 일반 상대성 이론에 부여된 첫 번째 실질적 시험은, 빛이 휘는지의 여부가 아니라, 빛이 얼마나 휘는가에 답하는 것이었다. 아인슈타인은 성공을 확신했다.

28. 파란 머리의 승리

1919년 5월 29일의 일식을 관측하기 위해서 두 팀의 영국 원정대가 파견되었다. 관측에 성공하게 되는 한 팀[1]은 에딩턴의 지휘하에 브라질의 소브라우로 향했다. 출발에 앞서 에딩턴은 이렇게 썼다. "이번 일식 관측 원정은 최초로 빛의 무게[즉 빛이 중력에 의해서 끌림 — '뉴턴의' 분석]를 보여줄 것이다. 또는 아인슈타인의 기묘한 비유클리드 공간 이론을 입증할 것이다. 또는 더 심각한 결과 — 굴절이 없음 — 를 얻게 될지도 모른다."[2] 관찰 자료를 분석하는 데에 여러 달이 걸렸다. 마침내 11월 6일 왕립 학회와 왕립 천문학회의 연합 모임에서 결과가 발표되었다.[3] 그때까지 아인슈타인의 이름조차 거론한 일이 없었던 「뉴욕 타임스」는 이 발표가 기사화할 만한 가치가 있음을 간파했다. 그러나 발표의 중요성을 오판했기 때문이었는지, 「뉴욕 타임스」는 골프 전문 기자 크루치를 파견하여 발표 내용을 취재하게 했다. 크루치는 연합 모임에 참석조차 하지 않았다. 하지만 그는 에딩턴을 만나서 대화를 나누기는 했다.

이튿날 「타임스(The Times)」(런던)의 머릿기사 표제는 다음과 같았다. "과학의 혁명", 이어지는 작은 활자, "새로운 우주론", 그리고 "뉴턴의 생각이 전복되다." 「뉴욕 타임스」에는 3일 후에 기사가 실렸다. 표제는 "아인슈타인 이론 승리하다"였다. 「뉴욕 타임스」의 기사는 아인슈타인을 칭찬하는 한편, 그 효과가 어쩌면 광학적 착각인지도 모른다는 견해와, 아인슈타인이 어쩌면 웰스의 소설 『타임머신(The Time Machine)』에서 발상을 훔쳤는지도 모른다는 견해를 첨부했다. 아인슈타인의 나이는 잘못 보도되었다. 당시 그는 40세였는데, 기사에는 "약 50세"로 되어 있었다. 그러나 아인슈타인의 이름만은 제대로 표기되었다. 즉각적으로 아인슈타인은 전 세계의 유명인사가 되었다. 어떤 사람들은 그를 거의 초자연적인 천재로 추앙했다. 어떤 해맑은 눈동자의 여학생은 그에게 편지를 보내, 그가 정말로 존재하느냐고 물었다. 채 1년이 가기 전에 상대성 이론에 관해서 100권 이상의 책이 출간되었다. 전 세계의 강연장은 상대성 이론을 대중적으로 설명하는 강연을 들으려고 모인 사람들로 넘쳤다. 과학잡지 『사이언티픽 아메리칸(Scientific American)』은 5,000달러의 상금을 걸고 3,000단어로 된 상대성 이론 설명을 공모했다(주변의 친구들 중에 자신만이 유일하게 응모하지 않았다고 아인슈타인은 회고했다).

그러나 많은 대중들이 아인슈타인을 우상화하는 한편, 몇 명의 동료들은 그를 공격했다. 당시 시카고 대학교의 물리학과 학과장이던 마이컬슨은 에딩턴의 관찰 결과를 인정하면서도, 상대성 이론의 수용을 거부했다. 천문학과에 있던 마이컬슨의 친구는 이렇게 말했다. "아인슈타인의 이론은 오류이다. '에테르'가 존재하지 않으며, 중력이 힘이 아니라 공간의 속성이라는 주장은 정신이상자의 말이라고밖에 표현할 길이 없다. 우리 시대의 치욕이다."[4) 테슬라도 아인슈타인을 비난했다. 하지만 훗날 밝혀졌듯이, 그는 도처에서 반론이 날아올 것을 두려워했던 것이다.

얼마 전 알렉세이는 저녁을 먹다가 최근에 생긴 그의 예술적 욕구를 표명했다. 머리를 파랗게 염색하고 싶어. 지금은 21세기이고, 아이들은 최소한 20-30년 전부터 머리를 파랗게 염색해왔다. 비록 아홉 살짜리가 그렇게 하는 경우는 드물지만 말이다. 다음 주 월요일 알렉세이는 전교에서 최초로 잉크 색깔과 같은 머리카락을 가진 학생이 되었다. 네 살의 알렉세이 추종자 니콜라이는 푸른 풀빛의 머리카락 앞에서 충격적이라고 솔직히 고백했다.

학교에서의 반응은 쉽게 예측할 수 있는 것들이었다. 소수의 아이들(대부분 알렉세이의 친구들)은 보기 좋다고 논평함으로써 그들의 지적인 통찰력과 깊이를 증명했다. 많은 아이들은 전통과의 단절을 인정하지 못하고, 알렉세이를 "블루베리" 등의 별명으로 놀렸다. 선생님은 알렉세이를 잠시 응시한 후, 아무 말도 하지 않았다.

물리학도 4학년 아이들과 꽤 유사하다. 20세기 초의 물리학자들에게 비유클리드 공간은 연구의 사각지대였다. 파란 머리처럼 호기심의 대상일 수는 있어도, 주류와는 거리가 멀었다. 그때 아인슈타인이 나타나서 파란 머리가 유행되어야 한다고 주장했다. 아인슈타인의 경우, 저항은 수십 년 동안 계속되었지만, 구세대가 세상을 떠나고 새로운 세대들이 무엇이든 가장 납득할 만한 것 ─ 우주 전체를 채우는 에테르라는 고체는 정녕 납득하기 힘들었을 것이다 ─ 을 선택하게 되면서, 저항은 차츰 사라졌다.

상대성 이론의 반대자들이 마지막으로 활개를 편 곳은 독일이었다. 역설적이게도 독일은 가장 먼저 상대성 이론을 지지했던 곳이기도 하다. 독일은 바야흐로 반유대주의 전성기를 맞고 있었다. 노벨상 수상자인 레나르트(1905)와 슈타르크(1919)는 상대성 이론이 유대인의 세계 정복을 위해서 꾸며낸 책략이라고 생각하는 사람들을 지지했다. 1933년 레나르트는 이렇게 썼다. "유대인들이 자연 탐구에 미친 가장 위험한 영향은 아인슈타인의 수학적으로 누더기 같은 이론들이다."[5] 1931년 독일에서는 「아인슈타인에 반대하는 100명의 작가들」이라는 제목의 소책자가 출간되었다.[6] 그 작가들의 수학지식의 수준을 반영하기라도 하듯이, 실제로 책 속에 들어 있는 반대자들의 수는 120명이다. 그중에 잘 알려진 물리학자는 거의 없었다.

과거 아인슈타인을 지지했던 플랑크와 라우에는 입장을 바꾸지 않았다. 레나르트의 이름을 딴 연구소가 문을 여는 첫날의 기념행사에서 슈타르크는 이들을 비난하여 이렇게 연설했다.

……불행히도 그[아인슈타인]의 친구들과 지지자들이 아직도 그의 정신을 따라 연구를 계속할 기회를 누리고 있다. 그를 지지한 중심인물인 플랑크는 여전히 빌헬름 황제 학술회의 회장이며, 그의 친구이자 해석자인 라우에도 여전히 베를린 과학 아카데미의 물리학 자문위원직을 수행하고 있고, 아인슈타인의 정신 그 자체라고 할 만한 이론가 하이젠베르크는 심지어 대학교수로 임명될 것으로 보인다.[7]

하이젠베르크는 독일의 원자탄 개발을 지휘함으로써 나치의 호의를 얻었다. 다행히도 그는 상대성 이론을 **매우** 잘 알지는 못했다. 독일의 개발 팀은, 이탈리아 출신의 페르미, 헝가리 출신의 텔러, 그리고 독일 출신의 바이스코프 등의 뛰어난 미국인들에게 패배했다. 아인슈타인은 신중한 반대에도 몰상식한 반대에도 거의 반응을 보이지 않고 조용히 관조하기만 했다.

독일의 대통령 힌덴부르크가 히틀러를 수상으로 임명했을 때, 아인슈타인은 패서디나에 있었다. 그는 두 달 동안 머물 계획으로 캘리포니아 공과대학에 와서 체류기간의 절반을 보낸 상태였다. 얼마 후에 나치 돌격대가 베를린에 있는 아인슈타인의 아파트와 여름 별장에 들이닥쳤다. 1933년 4월 1일 나치는 그의 재산을 압류하고, 그를 국가의 적으로 규정하여 현상금을 내걸었다. 당시 유럽을 여행 중이던 아인슈타인은, 미국으로 망명하여 새로 생긴 프린스턴 고등연구소에 자리잡기로 결심했다. 그가 (캘리포니아 공대를 버리고) 프린스턴을 택한 결정적인 이유는 아마도, 프린스턴이 그의 조교 마이어를 함께 고용하겠다고 제안했기 때문인 것으로 보인다. 아인슈타인은 1933년 10월 17일 뉴욕에 도착했다.

아인슈타인은 모든 힘들을 통합하는 이론을 창조하기 위해서 애쓰면서 말년을 보냈다. 그 이론을 성취하려면, 일반 상대성 이론과 맥스웰의 전자기 이론과 강한 핵력 및 약한 핵력에 관한 이론을 통합해야 하고, 무엇보다도 가장 큰 과제는 양자역학도 통합해야 한다는 것이었다. 아인슈타인의 통합 계획의 성공 가능성을 믿은 물리학자는 거의 없었다. 유명한 오스트리아 출신의 미국인 과학자 파울리는 그의 계획에 고개를 저으며 이렇게 말했다. "신이 따로 떼어놓은 것은, 누구도 붙일 수 없다."[8] 아인슈타인 자신도 이렇게 말했다. "대부분의 사람들이 나를 노쇠하여 귀도 눈도 어두워진 일종의 화석 정도로 취급한다. 그런 평가가 매우 불쾌하지는 않다. 내 기질에 잘 맞는 평가이기 때문이다."[9] 나중에 보게 되겠지만, 아인슈타인은 올바른 방향으로 나아가고 있었다. 다만 시대를 수십 년 앞질렀을 뿐이다.

1955년 아인슈타인은 복부 대동맥 동맥류 진단을 받았다. 동맥이 파열되었고, 아인슈타인은 심한 고통과 혈액 손실을 겪었다. 뉴욕 종합병원의 외과 주임의사가 그를 진찰하고 수술이 가능하다고 제안했지만, 아인슈타인은 이렇게 대답했다. "나는 인위적으로 생명을 연장할 수 있다고 믿지 않습니다."[10] 당시 캘리포니아 대학교의 유명한 토목공학과 교수였던 한스 알베르트가 버클리에서 날아와 아버지를 설득하려고 했다. 그러나 아인슈타인은 이튿날 새벽 1시 15분에 사망했다. 1955년 4월 18일이었고, 그의 나이는 76세였다. 한스 알베르트는 18년 후인 1973년 심장마비로 사망했다.

아인슈타인이 경험한 저항과 증오, 그리고 경외와 영웅 숭배를 돌아보노라면, 어쩌면 그가 쓴 다음과 같은 문학적인 글에 기하학에 대한 그의 기여가 가장 잘 요약되어 있지 않은가 생각하게 된다. 아인슈타인은 자신의 혁명적 업적에 관해서 이렇게 썼다. "구의 표면을 기어가는 눈먼 딱정벌레는 자신이 지나온 경로가 휘어 있다는 것을 알지 못한다. 나는 그것을 발견한 행운아이다."[11]

제5부

위튼 이야기

21세기의 물리학에서는 공간의
성질이 자연의 힘을 결정한다.
물리학자들은 또다른 차원에
대해서 이야기한다.
보다 근본적인 의미에서는 공간과
시간이 아예 존재하지 않을지도
모른다는 이야기도 들려온다.

29. 이상한 혁명

공간 속에 있는 것들을 지배하는 법칙들과 공간의 성질이 서로 연관되어 있는가? 아인슈타인은, 물질이 있으면 공간이 휘어져 (그리고 시간도 휘어져) 기하학이 변형됨을 보여주었다. 그의 시대에는 이것이 획기적인 사실로 여겨졌다. 그러나 오늘날의 이론들에서는, 물질과 공간의 성질이 아인슈타인이 생각했던 것보다 훨씬 더 근본적으로 얽힌다. 그렇다, 물질이 공간을 약간 구부릴 수 있고, 물질이 아주 많이 모여 있을 경우에는 크게 구부릴 수도 있다. 그러나 새로운 물리학에서는 공간이 충분하고도 남을 만큼 물질에게 복수한다. 이 이론들에 따르면, 공간의 가장 기초적인 속성들 — 예를 들면 차원의 수 — 이 자연의 법칙들 및 우리의 우주를 구성하는 물질과 에너지의 속성을 결정한다. 우주만물을 담는 통이었던 공간이 이제 존재 가능한 것을 재단하는 공간이 되었다.

끈 이론(string theory)에 따르면, 공간에는 추가적인 차원들이 있는데, 이 차원들로 펼쳐진 영역은 매우 작아서 오늘날의 실험으로는 관측할 수 없다(그러나 간접적인 관측은 곧 가능해질지도 모른다). 비록 미세하지만 그 차원들과 그 차원들의 위상학(topology)이 — 즉 그들이 평면처럼 생겼는지, 구면처럼 생겼는지, 혹은 매듭처럼, 혹은 도넛처럼 생겼는지와 관련된 속성들이 — 그 안에 존재하는 (당신이나 나와 같은) 것들을 결정한다. 그 미세한 도넛 차원들을 비틀어 매듭으로 만들면 — 세상에! — 전자의 (따라서 인간의) 존재가 불가능해질 수 있다. 이뿐만이 아니다. 여전히 이해가 부족함에도 불구하고 끈 이론은 M-

이론(M-theory)이라는 새로운 이론으로 진화했다. M-이론에 대해서 우리는 더욱 무지하지만, 그 이론이 다음과 같은 귀결을 함축하고 있는 것으로 여겨진다. 공간과 시간은 사실상 존재하지 않으며, 무엇인가 보다 복잡한 것의 근사치일 뿐이다.

당신의 성격에 따라서 다르겠지만, 이쯤 되면 당신은 웃음을 터뜨리든지, 아니면 피땀으로 낸 세금을 낭비하는 학자들을 비난하기 위해서 고함을 칠지도 모른다. 곧 보게 되겠지만, 여러 해 동안 물리학자들도 대부분 그런 반응을 보였다. 몇몇 물리학자들의 반응은 여전히 그러하다. 그러나 오늘날 기본 입자 이론을 연구하는 물리학자들에게는 끈 이론과 M-이론이, 비록 아직 엄밀한 이론이 아닐지라도, 필수적인 지식이다. 또한 그 이론들이나 후대의 어떤 파생 이론이 완성된 "최종 이론"의 지위에 오를지의 여부와 상관없이, 그 이론들은 이미 수학과 물리학을 바꾸어놓았다.

끈 이론이 출현하면서 물리학은 그의 단짝인 수학에 보다 유사해졌다. 힐베르트 이래로 수학은 실재가 아닌 규칙들에 관한 학문으로 규정되었는데도 말이다. 오늘날까지 끈 이론과 M-이론의 발전을 추진한 동력은 새로운 물리적 통찰이나 실험자료가 아니었다. 이 이론들과 관련된 물리적 통찰이나 실험자료는 지금도 부재하는 상태이다. 끈 이론과 M-이론은 이론 자체의 수학적 구조를 발견해가는 방식으로 발전해왔다. 학자들은 새로운 입자를 예측하게 된 것을 기뻐하면서 축배를 드는 것이 아니라, 그들의 이론이 이미 존재하는 것들의 기술임을 발견하고 기뻐하며 축배를 들었다. 이런 발견은 과학활동의 통상적인 진행에 반대되는 방향으로 일어난다는 것을 유념하라. 물리학자들은 이런 발견들을 가리키기 위해서 **후측(postdiction)**이라는 새로운 과학용어를 만들어냈다. 이렇게 과학의 방법이 이상하게 뒤틀리면서 이론 자체가 실험의 대상이 되었다. 이제는 실험가가 다름 아닌 이론가이다. 오늘날 끈 이론의 대표주자인 위튼이 노벨상 수상자가 아니라 수학의 노벨상에 해당하는 필즈 메달 수상자라는 사실은 우연이 아니다. 기하학과 물질이 서로를 반영하는 것과 마찬가지로, 기하학 연구와 물질 연구도 서로를 반영할 수밖에 없는 것이다. 위튼은 한 걸음 더 나아가, 끈 이론이 결국에는 기하학의 새 분야가 될 것이라고 말한다.[1]

공간에 대한 생각뿐만 아니라, 공간에 대한 연구방법까지도 바꾼다는 점은, 이 혁명뿐만 아니라 이전의 혁명들도 공유하는 성질이다. 그러나 이 혁명은 한 가지 중요한 점에서 이전의 혁명들과는 다르다. 우리는 이 혁명의 한가운데에 있고, 이 혁명의 결말이 어떠할지를 아는 사람은 아무도 없다.

30. 내가 당신의 이론에서 싫어하는 것 열 가지

1981년이었다. 슈워츠는 복도 저쪽에서 들려오는 낯익은 목소리를 들었다. "어이, 슈워츠! 오늘은 몇 차원 속에 계시나?" 당시에는 아직 소수의 물리학자들 사이에서만 대단한 인물이었던 파인먼이었다. 파인먼은 끈 이론이 헛소리라고 생각했다. 슈워츠는 파인먼의 말을 묵묵히 받아넘겼다. 이미 놀림감이 되는 데에 익숙해져 있었던 것이다.

그해 어느 날 한 대학원생이 믈로디노프라는 이름의 물리학과 신임 교원에게 슈워츠를 소개해주었다. 슈워츠가 자리를 뜨자 그 대학원생은 고개를 가로젓는다. "정식 교수가 아니고 강사예요." 낄낄거린다. "정신나간 26차원 이론을 연구하고 있죠." 그 대학원생의 정보는 정확하지 않았다. 그 이론은 원래 26차원으로 시작되었지만, 당시에는 10차원으로 줄어 있었으며, 그것도 너무 많아 차원을 더 줄이는 중이었다.

그 이론은 여러 해 동안 많은 "난처함"을 경험했다. 물리학자들이 말하는 "난처함"이란, 이론에서 귀결된 예측들이 실재와 아무 관련이 없어 보인다는 말이다. 0보다 작은 확률. 허수 질량을 가지고 빛보다 더 빠르게 움직이는 입자들. 그럼에도 불구하고 슈워츠는 물리학자로서의 자신의 미래를 크게 희생하면서 그 이론에 매달렸다.

알렉세이가 즐겨 보는 영화 중에 「내가 당신에게서 싫어하는 열 가지」라는 제목의 영화가 있다. 영화에는 한 무리의 고등학생들이 등장한다. 마지막 장면에서 여주인공은 교탁에 서서 그녀가 남자친구에게서 싫어하는 열 가지를 말하는 시를 낭송하는데, 그 시는 사실상 그녀가 남자친구를 얼마나 사랑하는지를 말하는 시이다. 슈워츠가 그렇게 시를 낭송하는 모습을 쉽게 떠올리게 된다. 제거할 수 없는 작은 결점들에도 불구하고, 아니 어쩌면 그 결점들 때문에 그가 사랑하고 집착하는 이론을 위해서 쓴 시 말이다.

슈워츠는 끈 이론에서 다른 사람들은 거의 보지 못한 그 무엇을 보았다. 그가 느낀 근본적인 수학적 아름다움은 우연일 리가 없었다. 그 이론을 발전시키기가 매우 어렵다는 사실은 그의 기를 꺾지 못했다. 그는 아인슈타인과 이후의 모든 과학자들을 괴롭힌 문제를 해결하려고 시도하고 있었다 ─ 그는 양자 이론과 상대성 이론을 결합하려고 하고 있었던 것이다. 쉽게 해결될 문제가 아니었다.

상대성 이론과는 달리, 포괄적인 양자 이론은 플랑크의 에너지 준위 양자화 발견 이후 수십 년이 지나도록 만들어지지 않았다. 이 상황은 1925-1927년 오스트리아인 슈뢰딩거와 독일인 하이젠베르크에 의해서 바뀐다. 두 사람은 각자 독자적으로, 지난 수십 년에 걸쳐서 추론된 양자 원리를 구현한 새로운 방정식들을 제시하고, 이 방정식들로 뉴턴의 운동법칙을 어떻게 대체할 것인지를 보이는 훌륭한 이론을 발견했다 ─ 아니, "발명했다"가 더 좋은 표현인지도 모른다. 두 이론은 각각 **파동역학(wave machanics)과 행렬역학(matrix mechanics)**이라고 부른다. 특수 상대성 이론과 마찬가지로, 양자 이론의 귀결도 일상생활을 멀리 떠난 영역에서만 직접적으로 분명하게 드러난다. 양자 이론의 경우에는, 매우 빠른 영역이 아닌 매우 작은 영역에서 효과를 분명히 알 수 있다. 처음에는 두 이론과 상대성 이론 사이의 관계뿐만 아니라, 두 이론 사이의 관계도 불분명했다. 두 발견자가 다른 것만큼이나, 두 이론도 수학적으로 전혀 달라 보였다.

하이젠베르크를 그려보자. 잘 정돈된 책상 앞에 양복과 넥타이를 완벽하게 갖추고 서 있는 건실한 독일인. 얼마 후에 그는 "다만 민족주의자였다"에서 "온건한 친나치주의자였다"까지 다양하게 묘사되는 정치적 성향을 보이면서, 독일의 원자탄 개발을 지휘하게 된다. 종전 후에 비난이 쏟아지자 그는 "인정한다-하지만-나의-진심은-아니었다"를 핵심으로 하는 변명을 했다. 하이젠베르크는 실험자료에 많이 의존해서, 또한 동료 물리학자 보른 및 훗날의 나치 돌격대원 요르단[1]과 협력하여 이론을 구성했다. 이들은 물리학자들이 20여 년에 걸쳐서 발견해온 파편적인 규칙들과 법칙들을 포괄하는 이론을 만들어냈다. 그 과정을 물리학자 겔만은 이렇게 묘사한다.[2] "그들은 조각들을 [실험자료들로부터] 모아 붙였다. 그들은 모든 법칙들을 보유했다. 어느 날 보른이 휴가를 떠난 사이에, 그들은 법칙들로부터 행렬 곱셈을 재발견했다. 그들은 그것이 무엇인지 몰랐다. 돌아온 보른은 아마도 이렇게 말했을 것이다. '이럴 수가! 친구들, 이것은 행렬 이론이야.'" 그들의 물리학이 그들을 이끌어 타당한 수학적 구조로 안내했던 것이다.

이번에는 슈뢰딩거를 그리자. 슈뢰딩거 — 물리학계의 돈 후안! 그는 이렇게 밝힌 바 있다.[3] "나와 하룻밤을 같이 한 후에, 평생을 나와 함께 살기를 원하지 않은 여자는 단 한 명도 없었다." 이 말을 음미하노라면, 왜 불확정성 원리(uncertainty principle)의 발견자가 슈뢰딩거가 아닌 하이젠베르크인지 쉽게 납득하게 될 것이다.

슈뢰딩거는 하이젠베르크에 비해서 더 적은 실험자료에 의지해서, 더 많은 수학적 추론을 동원하여 양자 이론에 접근했다. 아인슈타인을 떠올리게 하는 엉클어진 머리에 약간의 미소가 섞인 진지한 표정을 한 슈뢰딩거를 상상해보자. 그는 초등학생용과 그다지 다를 바 없는 공책에 무엇인가 열심히 쓰고 있다. 소음이 들리자, 그는 아무런 예절도 개의치 않고 귓구멍을 구슬로 틀어막아 정신이 분산되는 것을 막는다. 그런데 창조력을 극대화하기 위해서 그에게 필요한 것은 고요뿐만이 아니었다. 그의 파동역학은 그가 한적하고 단조로운 외딴 곳에서 장기간 머무는 동안 만들어진 것이 아니라, 프린스턴 대학교의 수학자 바일의 표현에 따르면, "만년에 있었던 폭발적 성애(性愛)" 속에서 만들어졌다.[4]

슈뢰딩거는 그의 아내가 취리히에 있는 동안, 어느 스키 휴양지에서 한 여인과 밀회를 즐기던 중에 처음으로 그의 파동방정식을 기록했다. 그 미지의 여인과 함께 있었던 덕분에 슈뢰딩거는 1년 동안이나 흥분상태와 극도의 생산력을 유지할 수 있었다고 전해진다. 이 여인과의 협동작업은 흔히 예상되는 방식이 아니었다. 파동역학에 관한 그의 논문들에는 공저자가 기록되어 있지 않다. 이 특별한 협력자의 이름은 영원히 밝혀지지 않을 것으로 보인다.

이렇게 슈뢰딩거는 더 좋은 여건에서 연구했지만, 그의 파동역학과 하이젠베르크의 행렬역학이 동등하다는 사실이 얼마 후에 영국의 물리학자 디랙에 의해서 밝혀졌다. 그들의 이론에는 곧 **양자역학**(quantum mechanics)이라는 새로운 이름이 부여되었다. 디랙은 또한 특수 상대성 이론의 원리들을 포함하도록 양자역학을 확장시켰다(이 세 사람은 양자역학에 대한 공헌을 평가해서 주어진 1932년과 1933년의 노벨상을 수상했다). 디랙은 양자역학을 일반 상대성 이론에까지 확장시키지는 않았다. 그럴 만한 이유가 있었는데, 그것은 불가능하기 때문이었다.

두 이론 모두의 탄생에 기여한 아인슈타인은 두 이론 사이의 대립을 매우 명확히 간파하고 있었다. 일반 상대성 이론은 비록 뉴턴의 우주관을 많이 수정했지만, 뉴턴의 "고전적인" 신념인 결정론(determinacy)

만큼은 그대로 유지했다. 어떤 체계에 관한 적절한 정보가 주어지면 —그 체계가 당신의 몸이든 우주 전체이든 — 뉴턴의 기본적인 믿음에 따르면, 원리적으로 당신은 미래의 사건들을 계산할 수 있다. 양자역학에 따르면, 이 믿음은 옳지 않다.

이것이 바로 아인슈타인이 양자역학에서 싫어했던 한 가지 점이다. 그는 이 점을 너무도 싫어해서 이론 전체를 저주했다. 그는 생애의 마지막 30년을, 자연의 모든 힘에 적용되도록 자신의 일반 상대성 이론을 보편화할 방법을 추구하며 보냈다. 그 과정에서 상대성 이론과 양자 이론의 충돌도 설명되리라고 그는 희망했다. 아인슈타인은 성공하지 못했다. 그런데 아인슈타인이 죽고 30여 년이 지난 어느 날 슈워츠는 해답을 찾았다고 느꼈다.

31. 존재의 필연적인 불확정성

양자역학에 있는 미결정성(indeterminacy)의 근원은 불확정성 원리이다. 이 원리에 따르면, 뉴턴의 운동 이론에 따라 정량적으로 기술된 체계의 어떤 특성들은 한계 없이 정확하게 기술될 수 없다.

알렉세이는 최근에 다음과 같은 이야기를 듣고 한껏 웃었다. 수녀와 목사와 랍비가 골프를 치고 있었다. 중요한 순간에 실수를 할 때마다 랍비는 버릇처럼 소리쳤다. "이런 젠장, 빗나갔네." 7번 홀에서 목사가 화를 냈다. 랍비는 자제하겠다고 약속했지만, 다음 퍼팅을 놓치자 또 소리쳤다. "이런 젠장, 빗나갔네." 그러자 목사가 경고했다. "당신이 또 욕을 하면, 분명 하느님이 당신을 쳐서, 죽게 하실 것이오." 18번 홀에서 랍비는 또 실수를 하고, 욕을 했다. 그때였다. 하늘이 어두워지고 바람이 불기 시작하더니, 하늘에서 번개가 내리쳐서 아무것도 볼 수 없게 되었다. 연기가 걷히고 나자 드러난 풍경에는, 공포에 질린 랍비와 목사가 잿더미로 변한 수녀를 바라보고 있었다. 이때 하늘로부터 천둥처럼 소리가 들려왔다. "이런 젠장, 빗나갔네."

알렉세이는 신을 약올리기 때문에 이 이야기가 재미있다고 말한다 — 인간의 오류를 범하는 불완전한 신성을 묘사했기 때문에 재미있다는 말을 나름대로 그렇게 표현한 것이다. 많은 물리학자들이 양자역학에서 탐탁지 않게 생각했던 점이 바로 불완전한 신 혹은 자연의 개념이었다. 신이 정확한 위치를 맞출 수 없다고?

자연의 결정론에 확고히 서서 아인슈타인은 다음과 같은 유명한 말을 남겼다. "그 이론[양자역학]은 많은 것을 말하지만, 신의 비밀로 우리를 안내하지는 못한다. 내가 확신하는 것은, 신은 주사위 놀이를 하지 않는다는 것이다."[1] 만약에 위의 이야기가 아인슈타인의 시대에도 유행했다면 — 사실 그 이야기는 아주 오래되었다 — 아인슈타인은 이렇게 퉁명스럽게 말했을지도 모른다. "신은 언제든 어디로든 원하는 대로 번개를 내리칠 수 있다."

슈뢰딩거의 이성관계에서처럼 예외가 있을 수는 있지만, 우리가 삶에서 만나는 모든 것에는 불확정성이 있다. 그러므로 당신은, 그 당연한 사실을 말하는 원리가 왜 그토록 거창한 이름으로 불리는지 의아하게 여길지도 모른다. 하이젠베르크의 원리가 말하는 불확정성은 특별한 종류의 불확정성이다. 그 불확정성을 이해하려면, 고전역학과 양자역학의 차이를 이해해야 하고, 인간의 한계와 (말하자면) 신의 한계의 차이를 이해해야 한다.

아이에게 수수께끼를 내보자. 맥도날드 "쿼터파운드 버거"의 무게는 정확히 1/4파운드일까요? 세상의 때가 묻은 아이라면, 아니라고 대답하면서 대략 이런 논증을 내놓을지도 모른다. 맥도날드는 하루에 400만 개의 햄버거를 팔고 있다. 각각의 햄버거에서 1/100파운드씩만 빼먹어도 이익이 상당할 것이다. 그러나 지금 이야기하려는 오차는 그런 체계적인 오차가 아니다. 모든 "쿼터파운드 버거"의 무게가 정확히 0.24파운드라는 것도 마찬가지로 불가능하다. 핵심은 모든 맥도날드 햄버거의 무게가 조금씩 차이가 난다는 것이다.

그 이유가 케첩에 있는 것만은 아니다. 충분히 정밀하게 측정하면, 각각의 햄버거가 두께도, 모양도 달라서 — 현미경을 통한 관찰의 차원에서 — 각자 개별성을 가짐을 알 수 있을 것이다. 사람과 마찬가지로 햄버거도 각자 다 다르다. 햄버거를 무게에 따라서 전부 구별하려면 소수점 몇째 자리까지 측정해야 할까? 햄버거가 매년 10억 개, 즉 10^9개 이상 판매되므로, 최소한 소수점 아홉째 자리까지 측정해야 한다. 그렇다고 햄버거 이름이 "0.250000000파운드 버거"로 바뀔 일은 없을 것이다.

모든 햄버거가 서로 다른 것처럼, 모든 측정도 서로 다르다. 측정을 수행하는 당신의 동작, 저울의 기계적 물리적 상태, 주변 공기의 흐름, 국지적인 지진 활동, 온도, 습도, 기압 등의 많은 미세한 항목들이, 당신이 측정을 할 때마다 다 조금씩 다르다. 아무리 정확하게 눈금을 읽어도, 이 항목들 때문에 측정값은 분명 매번 다를 것이다.

그러나 이것은 불확정성 원리가 아니다.

불확정성 원리가 일상적인 불확정성을 벗어나는 이유는 다음과 같다. 그 원리는 어떤 특성들이 **상보적인 쌍**(complementary pair)을 이룬다고 선언한다. 그 쌍이 특정한 제약을 받는다. 당신이 한 특성을 보다 정확하게 측정할수록, 당신은 나머지 한 특성을 보다 덜 정확하게 측정할 수밖에 없다. 양자 이론에 따르면, 이런 상보적인 양들의 정확도 한계 이상에서의 값은 **미결정**이다. 단지 우리의 현재 도구의 측정범위를 벗어나 있다는 말이 아니다.

수년간 물리학자들은 이것이 우리의 이론의 한계이지, 자연의 한계가 아님을 논증하려고 했다. 그들은 어디엔가 "숨은 변수들"이 결정된 값으로 잠복해 있지만, 우리가 측정방법을 모르고 있을 뿐이라는 주장을 내놓았다. 그러나 우리가 특정한 종류의 실험을 통하여, 그 숨은 변수들의 가능성을 **배제할 수 있다**는 것이 곧 밝혀졌다. 1964년 미국의 물리학자 벨이 어떻게 그 실험이 이루어질 수 있는지 설명했다.[2] 1982년에 실험이 이루어졌다. 실험은 숨은 변수 가설이 옳지 않음을 보여주었다.

한계는 정말로 물리학의 법칙에 의해서 부과된 한계이다.

　불확정성 원리의 수학적인 표현은 다음과 같다. 쌍을 이루는 두 상보적인 특성의 불확정성의 곱은 **플랑크 상수**(Planck's constant)라고 부르는 값과 같아야 한다.

　불확정성 원리가 적용되는 어떤 상보적인 쌍들 속에는 위치도 들어간다. 위치와 짝을 이루는 것은 운동량인데, 운동량은, 질량을 제외하고 생각한다면, 물체의 속도이다. 이 쌍의 혼인 서약서에는 짝을 이룬 둘이 지켜야 하는 한계가 자세히 기록되어 있다. 하나의 오차범위가 작아질수록, 이에 반비례하여 다른 하나의 오차범위는 커져야 한다. 이것은 예외가 없는 한계이므로, 이 혼인은 가장 가톨릭적이다. 외도도 이혼도 없다. 위치의 오차범위와 운동량의 오차범위를 곱하면, 그 결과는 플랑크 상수보다 작을 수 없다.

　플랑크 상수는 작고, 작고, 작은 수이다. 그렇지 않았다면, 우리는 양자 효과를 훨씬 더 일찍 감지했을지도 모른다(그런 세계에서도 우리가 존재할 수 있다는 가정하에서). 여기에서 말하는 형용사 "작다"의 정확한 의미는 "10억 분의 1 규모"이다. 플랑크 상수는 대략적으로, 에르그-그램(erg-gram)이라는 단위로 나타냈을 때, 10억 분의 10억 분의 10억 분의 1, 즉 10^{-27}이다. 물론 플랑크 상수 값은 단위에 따라서 달라진다. 1에르그-그램은 우리가 일상생활에서 경험할 수 있는 크기이다. 1그램 무게의 탁구공이 탁구대 위에 가만히 놓여 있다고 해보자. 우리는 대개 가만히 놓여 있다면 속도가 0이라고 생각한다. 그러나 실험물리학자는 오차범위가 없는 측정값은 거의 무의미하다는 것을 잘 알고 있다. 실험물리학자는 논문에서, "공이 가만히 놓여 있다"라는 말 대신에, "공이 초속 1센티미터 이하의 속도로 움직이고 있다"와 같은 유형의 표현을 사용할 것이다. 고전 물리학에서는 그것으로 충분하다. 반면에 양자역학에서는, 이렇게 폭넓게 오차범위를 인정하면서 속도를 확정하려고 해도 대가를 치러야 한다. 속도를 확정하면, 탁구공의 위치의 확정성에 한계가 설정된다.

초속 1센티미터의 오차범위에 의해서 설정되는 위치의 정확도 한계는 플랑크 상수와 마찬가지로 작고, 작고, 작다. 계산을 해보면, 오차 10^{-27}센티미터 이내의 정확도로 탁구공의 위치를 찍어내는 것이 불가능함을 알 수 있다. 그런데 이 정도의 한계는 한계라고 하기에도 민망할 정도로 작으므로, 당신은 다음과 같은 익숙한 질문을 던지게 될지도 모른다. 그래서 무엇이 문제란 말인가? 19세기 말까지 아무도 문제를 걱정하지 않았고, 보다 정확히 말한다면, 문제를 감지하지도 못했다. 그러나 이제 탁구공 같은 물체를 전자(electron) 같은 것으로 바꾸어놓고 생각해보자. 물리학자들은 19세기 말을 전후하여 이와 같은 바꿔치기를 실행했다.

우리가 운동량을 설명하면서 매우 대범하게 했던 말, "질량을 제외하고 생각한다면"을 기억하는가? 당시에는 이 말이 대단해 보이지 않았지만, 바로 이와 관련된 사정 때문에, 양자 효과를 원자에서는 감지할 수 있는 반면에 탁구공에서는 감지할 수 없는 것이다.

탁구공의 질량은 1그램이었다. 전자의 질량은 10^{-27}그램이다. 탁구공과는 달리, 초속 1센티미터의 오차범위로 전자의 속도를 확정하면, 운동량의 오차범위는 초당 10^{-27}그램–센티미터가 된다 — 전자의 질량 때문에, 느슨해 보였던 속도 측정값이 매우 정밀한 운동량 측정값으로 변환된다. 이렇게 되면 전자의 위치를 측정하는 데에 지장이 생기지 않을 수 없다.

만일 당신이 탁구공과 마찬가지로 전자의 속도를 초속 1센티미터의 오차범위로 확정하면, 당신이 전자의 위치를 1센티미터의 오차범위 이내로 정확히 찍어내는 것은 불가능하다. 이 정확도 한계가 작고, 작고, 작지는 않다 — 충분히 감지할 수 있는 한계이다. 이 때문에 만약 전자로 탁구를 친다면 게임이 우스꽝스러워지겠지만, 이 상황은 실제로 원자 규모의 세계의 정확한 모습이다. 원자 속에 있는 전자와 관련해서는, 우리가 원자의 경계라고 보는 10^{-8}센티미터 이내의 어딘가에 전자가 있다고 확정하는 것만으로도, 전자의 속도에 대해서는 초속 10^{+8}센티미터의 오차범위를 인정할 수밖에 없다 — 이 오차는 거의 전자의 속도 자체에 맞먹는다.

하이젠베르크와 슈뢰딩거가 구성한 양자역학은 원자물리학의 현상들과, 당시에 알려져 있던 많은 핵물리학의 현상들을 매우 성공적으로 설명했다. 그러나 불확정성 원리를 아인슈타인의 이론으로 설명된 중력에 적용시키면, 공간의 기하학에 관한 기괴한 결론들을 향해서 나아갈 수밖에 없게 된다.

32. 거장들의 충돌

아인슈타인의 통일장 이론 연구가 호응을 얻지 못한 이유 중의 하나는, 매우 작은 공간 영역에서만, 그러니까 오늘날의 수준에서도 직접적으로 관찰할 가능성이 없을 만큼 작은 영역에서만, 일반 상대성 이론과 양자역학의 충돌이 생기는 것으로 보이기 때문이다. 그러나 유클리드는, 공간은 점들로 이루어졌고, 기하학은 상상할 수 있는 모든 작은 공간에서도 성립되어야 한다고 말했다. 만일 그렇게 작은 영역에서 이론들이 충돌한다면, 어느 한쪽이나 양쪽 모두에 문제가 있는 것이 분명하다 — 또는 유클리드의 말에 문제가 있는 것이 분명하다.

문제가 일어나는 영역을 흔히 극미시적(ultramicroscopic) 영역이라고 표현한다. 수량을 좋아하는 독자를 위해서 적는다면, 극미시적이라 함은 10^{-33}센티미터를 뜻한다. 이 길이는 **플랑크 길이**(Planck length)라고 부른다. 눈으로 보기를 좋아하는 독자들을 위해서 말한다면, 만일 당신이 플랑크 길이를 인간의 수정란의 지름만큼 확대할 경우, 우리가 흔히 보는 크기의 구슬은 관측할 수 있는 우주 전체의 크기로 확대된다. 플랑크 길이는 **정말** 작다. 그러나 점과 비교하면 측정이 불가능하도록 거대하다.

이 장을 쓰다가 잠이 든 나는 꿈 속에서 아인슈타인과 하이젠베르크가 논쟁하는 것을 보았다. 아인슈타인의 역할로 출연한 니콜라이가 방으로 들어와서, 유아용 낙서장에 그려놓은 이론을 내게 보여준 것이 첫 장면이었다.

아인슈타인 역의 니콜라이: 아빠, 내가 일반 상대성 이론을 발견했어! 물질이 주위에 있으면, 공간이 휘어지지만, 빈 공간에서는 중력장이 0이고 공간은 평평해. 또 어떤 영역이든지 충분히 작으면 공간은 근사적으로 평평해("정말 아름다운 이론이구나. 액자에 넣어 벽에 걸어놓자"라고 내가 말하려는 순간, 알렉세이가 들어온다).

하이젠베르크 역의 알렉세이: 미안해서 어쩌나. 다른 장들(fields)과 마찬가지로 중력장도 불확정성 원리의 지배를 받아.

아인슈타인 역의 니콜라이: 그래서?

하이젠베르크 역의 알렉세이: 그래서 빈 공간에서는, 평균적으로는 장이 0일지라도, 사실은 장이 공간과 시간 안에서 요동치고 있지. 그리고 **정말로 작은 영역에서는 요동이 엄청나다구.**

아인슈타인 역의 니콜라이 (기가 죽어서): 하지만 중력장이 요동하면, 공간의 곡률도 요동해야 해. 내 방정식에 따르면 곡률이 장의 값에 따라 결정……

하이젠베르크 역의 알렉세이 (비웃듯이 웃으며): 하하! 그러니까 작은 영역은 평평하다고 간주될 수 없다는 얘기지……사실상 플랑크 길이보다 더 작은 영역을 들여다보면, 가상적인 소형 블랙홀들이 생겨나지……문제가 심각해……

아인슈타인 역의 니콜라이: 작은 공간 영역들은 평평해!

하이젠베르크 역의 알렉세이: 그렇지 않아!

아인슈타인 역의 니콜라이: 그래!

하이젠베르크 역의 알렉세이: 그렇지 않아!

아인슈타인 역의 니콜라이: 그래!

……꿈 속에서는 내가 두근거리는 가슴으로 잠을 깰 때까지, "그래 — 그렇지 않아"가 계속되었다(나는 이 꿈을, 이 장을 완성하고 난 후에야 잠을 자라는 계시로 받아들였다).

불확정성 원리와 일반 상대성 이론을 공간의 작은 영역에 함께 적용하면, 상대성 이론 자체와 조화되지 않는 근본적인 대립들이 일어난다. 누가 옳은 것인가? 하이젠베르크? 혹은 아인슈타인? 그런데 양자 이론이 틀린 것 같지는 않다. 양자 이론과 실험결과는 100만 분의 1의 오차 이내로 일치한다. 양자 전기동역학(quantum electrodynamics)의 대표 주자 중 한 사람인 코넬 대학교의 물리학자 기노시타는 양자역학을 이렇게 평한다. "그것은 지구에서 가장 잘 검증된 이론이고, 외계인이 얼마나 있느냐에 따라 다르겠지만, 우주 전체에서도 가장 잘 검증된 이론일 것이다."[1]

만일 양자 이론이 옳다면, 상대성 이론이 틀릴 수밖에 없다. 상대성 이론도 역시 성공적으로 검증되었다. 그러나 한 가지 차이가 있다. 일반 상대성 이론의 검증은 거시적 현상의 관찰로 이루어졌다. 태양 근처를 지나는 빛이나 지구 둘레를 날아다니는 시계가 그것이다. 작은 규모의 기본 입자에 관해서는, 일반 상대성 이론은 검증되지 않았다. 기본 입자들의 질량은 너무 작아서 중력의 영향을 측정할 수가 없다. 이런 이유 때문에, 물리학자들은 상대성 이론의 타당성을, 특히 작은 공간 영역이 근사적으로 평평하다는 아인슈타인의 가정을 의문시하는 것을 선택한다. 아인슈타인의 이론은 극미시적 영역에 관해서는 수정이 불가피한지도 모른다.

플랑크-아인슈타인 논쟁의 진정한 승자가 플랑크이고, 따라서 극미시적 영역의 메트릭이 마구 요동한다면, 다음과 같은 보다 심오한 질문이 제기된다. 극미시적 규모의 공간의 구조는 무엇인가? 이 질문에 대한 대답으로 가는 열쇠는, 파인먼을 비롯한 여러 학자들이 수긍하지 않으려고 했던 생각인 것으로 보인다. 그 생각으로 인해서 슈워츠는 놀림을 받았지만, 그는 그것이 자신이 사랑하는 이론의 약점이라고 보지 않고, 그저 특징이라고만 생각했다. 극미시적인 영역에서는, 자기 안으로 감겨 있는 다른 차원들이 있는 것으로 간주된다. 그 차원들은, 1899년까지 양자가 그랬던 것처럼, 너무 작아서 지금까지 발견되지 않은 것이다. 그 차원들은 일반 상대성 이론의 수정보완에 필요한 핵심적인 요소이다. 또한 그 차원들은, 상대성 이론의 창안자 자신이 수십 년 전에 검토했고 결국 포기한 생각이기도 하다.

33. 칼루차-클라인 병에 담긴 편지

죽기 하루 전날에도 아인슈타인은 통일장 이론에 관한 그의 마지막 계산을 적은 노트를 가져다달라고 부탁했다. 그는 일반 상대성 이론을 변형하여 전자기력의 기술을 포함할 수 있게 하려고 30년 동안 노력했고 결국 실패했다. 가장 가능성이 있었던 접근방법은, 아인슈타인이 통일장 연구를 시작한 즈음인 1919년 어느 날 그의 우체통에 들어 있었다. 착상은 아인슈타인의 머리에서 나온 것이 아니라, 칼루차라는 가난한 수학자에게서 나왔다.

편지에는 전기력과 중력을 어떻게 통합할 수 있는지에 관한 제안이 있었다. 제안된 이론에는 한 가지 괴상한 발상이 있었다. 아인슈타인은 이렇게 답장했다. "5차원 원통(cylinder) 세계를 이용해서 통합 이론을 만든다는 발상은 전혀 해보지 않았습니다……."[1] 5차원 실린더? 누가, 왜 그런 발상을 하지? 칼루차가 왜 그런 발상을 하게 되었는지는 아무도 모른다. 어쨌든 아인슈타인은, "당신의 발상이 대단히 흥미로웠습니다"라고 평했다. 돌이켜보면, 칼루차는 시대를 앞서 있었으며, 차원의 수에 대해서는 약간 인색했다.

앞에서 보았듯이, 일반 상대성 이론은 물질이 메트릭을 통해서 공간에 어떻게 영향을 미치는지 설명했다. 메트릭 성분들 — g항들 — 은 주위에 있는 점들 사이의 거리를 그들의 좌표 차이로부터 어떻게 결정할 것인지를 말해준다. g항의 개수는 공간의 차원의 수에 의해서 결정된다. 예를 들면 3차원에서는 여섯 개의 g항이 있다. 평평한 공간에서의 거리는, (x좌표 차이)^2 + (y좌표 차이)^2 + (z좌표 차이)^{2}에 의해서 결정된다. 즉 g_{xx}, g_{yy}, g_{zz}가 모두 1이고, 교차항에 들어가는 g_{xy}, g_{xz}, g_{yz}는 0이다 — 즉 교차항들은 없다. 일반 상대성 이론에 쓰이는 4차원 비유클리드 공간에는 열 개의 독립적인 g항들이 있다($g_{xy} = g_{yx}$와 같은 동일성을 감안한 개수이다). 이 열 개의 g항들은 모두 아인슈타인의 방정식에 의해서 결정된다. 칼루차는, 만일 5차원을 도입하면, 부가된 차원에 대응해서 다른 g항들이 생겨남을 의식하기 시작했다.

이제 칼루차는 이렇게 묻는다. 만일 아인슈타인의 장 방정식을 형식상으로 5차원으로 확장하면, 부가된 g항들과 관련해서는 어떤 방정식들이 얻어질까? 대답은 놀라운 것이었다. 전자기장에 관한 맥스웰 방정식이 얻어진다! 다섯 번째 차원을 집어넣자 중력 이론 속에서 전자기 이론이 튀어나온 것이다. "당신의 이론이 가진 형식상의 통일성은 괄목할 만합니다"라고 아인슈타인은 썼다.[2]

물론 부가된 차원의 메트릭을 물리적으로 전자기장으로 해석하려면, 이론적인 작업이 필요하다. 또한 그 괴상한 발상, 그 부가된 차원은 도대체 무엇인가? 칼루차는 그 차원의 길이가 유한하다고, 정확히 말하면, 매우 작아서 우리가 그 차원에서 움직인다고 하더라도 그 사실을 감지하지 못할 정도라고 주장했다. 그뿐만이 아니라, 칼루차에 따르면 그 새로운 차원은 새로운 위상(topology)을 가진다고 한다. 즉 직선이 아닌 원의 위상을 가진다. 다시 말해서 자기 자신에게 되돌아가서 닫히는, 혹은 "감긴" 모양을 가진다는 것이다(그래서 유한한 선분과는 달리 끝이 없다). 폭이 없는 5번 대로, 즉 단순한 직선을 상상해보라. 칼루차의 새로운 차원으로 놓인 교차로들은 5번 대로에서 돌아난 원들과 같다. 교차로들은 한 블록마다 있지만, 부가된 차원은 대로 위의 모든 점에서 있다. 그러므로 직선에 이 새로운 차원을 부가하면, 원들이 돌아난 직선이 생기는 것이 아니라, 원통이 생긴다. 정원에 있는 수도 호스처럼 둥근 관이 생기는 것이다. 물론 매우 가는 호스이다.

칼루차가 말하고자 하는 핵심은, 중력과 전자기력이 사실은 어떤 동일한 것의 성분들인데, 우리가 사물들을, 공간의 네 번째 차원에서의 측정 불가능한 운동들을 평균한 상태에서 관찰하기 때문에, 달라 보일 뿐이라는 것이다. 아인슈타인은 칼루차의 이론을 재고해보았으나 이내 마음을 돌렸고, 다만 1921년 칼루차가 자신의 생각을 출간하는 것을 도왔다.

1926년 미시간 대학교의 조교수 클라인은 독자적으로 더 개량된 형태의 동일한 이론을 개발했다. 첫 번째 개량은 그가 다음과 같은 점을 깨달았다는 것이다. 즉 그 이론은 입자의 운동에 관해서, 오직 입자가 그 신비로운 제5차원에서 가지는 운동량이 어떤 특정한 값들일 때에만, 올바른 방정식을 산출한다. 이 "허용된" 운동량 값들은 모두 특정한 최소값의 배수들이다. 칼루차와 마찬가지로 당신도 그 제5차원이 닫혀 있다고 가정한다면, 당신은 최소 운동량 값으로부터 양자 이론을 이용하여 그 감겨 있는 차원의 "길이"를 계산할 수 있다. 만약 그 길이가 관찰 가능한 거시적인 크기로 나온다면, 이론은 난관에 봉착할 것이다. 왜냐하면 우리는 그 새로운 차원을 관찰한 적이 없기 때문이다. 그러나 계산 결과는 10^{-30}센티미터였다. 문제는 발생하지 않았다. 그 정도 크기라면 안심하고 숨어 있을 수 있었다.

칼루차–클라인 이론은 두 이론을 형식적으로 연결한 것이어서, 무엇인가를 암시하는 조짐일 뿐, 즉시 새로운 것을 산출할 수 있는 구조는 아니었다. 이후 수년간 물리학자들은 그 이론에서 나올지도 모르는 새로운 예측들을 발견하려고 노력했다. 많은 물리학자들은 클라인과 비숫한 방식으로 새로운 차원의 크기에 관해서 연구했다. 그들은 새로운 논증을 개발했고, 그 논증을 통해서 전자의 질량 대 전하량 비율을 예측할 수 있다고 믿었다. 그러나 예측은 실패했다. 이 문제 앞에서, 그리고 제5차원이 야기하는 많은 기괴한 예측 앞에서 물리학자들은 이론에 대한 흥미를 잃었다. 아인슈타인이 마지막으로 그 이론을 검토한 것은 1938년이었다.

칼루차도 큰 발전을 이루지 못한 채, 아인슈타인보다 1년 앞서서 사망했다. 그러나 그는 자신의 기괴한 이론 덕분에 훌륭한 방식으로 이득을 얻었다. 아인슈타인에게 편지를 쓸 당시 그는 서른네 살로 이미 10년째 쾨니히스베르크 대학교의 사강사(조교수 비슷한 직책이다)로 가족을 부양하고 있었다. 그가 받은 급료를 그가 사랑하는 수학을 이용해서 말끔하게 이야기해보자. 매학기 그는 $5 \times x \times y$마르크(DM)를 받았다. 이때 x는 수강하는 학생의 수이고, y는 주당 강의시간이다. 열 명의 학생을 상대로 1주일에 다섯 시간을 강의하면, 그의 연봉은 500마르크가 된다. 1926년 아인슈타인은 칼루차의 형편이 "슈비리히(schwierig, 어렵다)" 하다고 표현했다.[3] "개나 그렇게 살 수 있을 정도이다"라는 말을 아인슈타인 나름대로 그렇게 표현한 것으로 보인다. 아인슈타인의 도움으로 칼루차는 결국 1929년에 킬 대학교의 교수가 되었다. 이어서 그는 1935년 괴팅겐 대학교의 정교수가 되었다. 19년 후에 사망할 때까지 칼루차는 괴팅겐에 머물렀다. 이후 1970년대에 이르기까지, 새로운 차원들의 가능성을 눈여겨보는 사람은 아무도 없었다.

34. 끈의 탄생

언제 영감이 떠오를지 누가 알겠는가? 더군다나 그 영감이 우리를 어디로 이끌지 누가 알겠는가? 끈 이론의 일대기는 지중해 위로 230미터 솟은 산 위에서 시작된다. 그 도시는 시칠리아의 에리체였다 — 고대의 벽돌들과 좁은 도로가 있는 한산하고 더운 도시 에리체는 탈레스가 세상을 방랑하던 시절에도 에리체였다. 오늘날 그 도시를 대표하는 것은, "센트로 에토레 마요라나(Centro Ettore Majorana)"라는 이름의 문화 및 학술 센터이다. 그곳에서 지난 수십 년간 매년 약 1주일 동안 "여름 학교"가 개최되었다. "여름 학교"에는 각 분야의 대학원생과 젊은 학자들이 모여, 그 분야의 전문가들로부터 최첨단의 화제들에 관해서 강연을 듣는다.

1967년 여름의 최첨단 화제들 가운데 하나는 S-행렬(S-matrix) 기법이라고 부르는 기본 입자 연구방식이었다. 이탈리아인이며 이스라엘 바이츠만 연구소에 있는 대학원생 베네치아노[1]는 객석에 앉아 당대 물리학의 영웅 겔만의 강연을 듣고 있었다. 겔만은 얼마 후에 쿼크(quark)를 발견한 공로로 노벨상을 받게 된다 — 당대에는 쿼크가 하드론(hadron)이라고 부르는 유형의 입자들(양성자와 중성자도 하드론에 속한다)을 이루는 내적인 성분이라고 여겨졌다. 겔만의 강연을 들으면서 베네치아노가 얻은 영감은 몇 년 후에 끈 이론으로 가는 첫 번째 싹을 틔우게 된다. 강연 주제는 다음과 같았다. 소위 S-행렬이라는 수학적 구성물의 규칙성들.

하이젠베르크가 발명한 S-행렬 기법은, 1937년 휠러에 의해서 입자

물리학에 도입되었고, 1960년대에 이르러 버클리 대학교의 물리학자 제프리 추에 의해서 최고의 방법으로 옹호되었다. "S"는 "산란(scattering)"을 의미한다. 물리학자들이 기본 입자들을 연구하는 주요 방법이 바로 산란이기 때문이다. 학자들은 기본 입자가 엄청난 에너지를 가지도록 가속시킨 다음, 서로 충돌하게 만들어, 충돌에서 튀어나오는 잔재들을 관찰한다. 자동차를 연구하기 위해서 자동차들을 일부러 충돌시키는 것에 비유할 수 있다.

작은 충돌에서는 말하자면 범퍼같이 별로 흥미없는 것들만 날아다닐지도 모르지만, 경주용 자동차처럼 빠른 속도로 충돌시키면, 뒷좌석 깊숙이 박혀 있던 나사들이 튀어나올 수가 있다. 그런데 자동차 충돌과 기본 입자 충돌 사이에는 커다란 차이점이 하나 있다. 실험물리학의 입자 충돌에서는, 쉐보레와 포드를 충돌시킨 결과 재규어 부속품들이 쏟아져 나오는 수가 있다. 자동차들과는 달리 기본 입자들은 변신이 가능하다.

휠러가 S-행렬을 개발할 당시에는, 실험자료들은 점점 불어나는 한편, 입자의 생성과 소멸에 대한 성공적인 양자 이론도, 심지어 양자 전기동역학 이론도 없는 상태였다. S-행렬은 입력 — 충돌하는 입자들의 종류, 운동량 등 — 을 받아들이고, 충돌에서 발생하는 입자들에 관한 같은 종류의 자료를 출력으로 산출하는 블랙 박스(black box)였다.

S-행렬을 **구성하려면** — 블랙 박스의 내부를 구성하려면 — 원칙적으로 입자의 상호작용 이론이 필요하다. 그러나 상호작용 이론이 없다고 할지라도, 다만 자연의 대칭성들과 일반적인 원리들 — 예를 들면, 상대성 이론과의 일관성 요구조건 — 만을 근거로 하여, S-행렬에 관해서 몇 가지 이야기를 할 수 있다. S-행렬 기법의 사활은 이런 방법만으로

어느 정도까지 나아갈 수 있느냐에 달려 있다.

1950년대와 1960년대에 이 S-행렬 기법이 크게 유행했다. 에리체의 강연에서 겔만은 하드론들의 충돌에서 관찰된 놀라운 규칙성들에 대해서 말했다. 그 규칙성들은 **이중성**(duality)이라고 부른다. 베네치아노는 그 규칙성이 어쩌면 보다 일반적으로 나타날지도 모른다고 생각했다. 1년 반 동안의 연구 끝에 그는 마침내 다음과 같은 사실을 깨달았다. 그가 추구한 S-행렬의 모든 수학적 속성들이 **오일러 베타-함수**(Euler beta-function)라고 부르는 단순한 수학적 함수 속에 모두 들어 있다는 것을 말이다.

이중 공명 모형(dual resonance model)이라고 명명된 베네치아노의 이론은 충격적인 발견이었다. 얼마든지 복잡할 수도 있는 S-행렬이 왜 그렇게 단순하고 아름다운 형태를 가져야 하는가? 그것은 훗날 끈 이론으로 귀결된 수학적 기적들 중에서 첫 번째 기적이었으며, 슈워츠가 자신의 노력이 헛되지 않음을 다짐할 때에 의지했던 그런 종류의 아름다운 결론이었다.

너무도 아름다운 베네치아노의 연구결과에 고무된 물리학자들은 전혀 S-행렬 기법답지 않은 물음을 던지기 시작했다. 이 S-행렬을 산출하는 충돌과정은 세부적으로 어떠한가? 블랙 박스 속에 무엇이 있나? 만약 이 문제에 답을 할 수 있다면, 충돌하는 하드론들의 내부구조를 밝혀내고, 이들을 지배하는 힘인 소위 "**강한 힘**"(강한 핵력)을 이해할 수 있을 것이다.

1970년 시카고 대학교의 난부 요이치로, 닐스 보어 연구소의 닐센, 그리고 예시바 대학교의 서스킨드가 그 문제에 답했다. 기본 입자들을 점으로 보지 말고, 진동하는 작은 끈이라고 생각하시오.

이론은 발견되는가, 아니면 발명되는가? 물리학자들은 해질녘에 손전등을 비추며 공원을 돌아다니면서 진실의 흔적을 찾는 아이들인가, 아니면 장난감 벽돌을 높이 쌓다가 쓰러뜨리고 마는 아이들인가? 혹은 둘 다 진실인가? — 겔만이 말한 이중성처럼? 혹은 입자와 빛의 이중성처럼?

발명 및 발견과 유사한 단어들은 많지 않다. "꾸며내다(concoct)"와 "우연히 만나다(stumble upon)" 정도를 생각할 수 있을 것이다. 원래의 끈 이론 — 보손 끈 이론(bosonic string theory)이라고 부른다 — 은 분명 꾸며낸 것이 확실하다. 그 이론은 인위적이었고, 많은 비실재적 측면을 가지고 있었고, 그저 베네치아노의 통찰을 재생산하기 위해서 조립되었음이 분명했다. 그러나 난부를 비롯한 학자들은 무엇인가를 우연히 만났다. 그들은 플랑크가 양자 이론을 발견한 것과 거의 같은 의미에서 끈 이론을 발견했다. 그들과 플랑크는 모두 어떤 생각 — 에너지 준위가 양자화될 수 있다는 것, 또는 입자가 끈으로 모형화될 수 있다는 것 — 을 발견했는데, 그 발상의 의미와 파급효과는 이해하지 못했고 그 발상이 의미 있는 이론이 되기까지는 여러 해가 더 필요했다. 그들은 자연의 새로운 원리일지도 모르고, 어쩌면 다만 수학적인 조작일지도 모르는 어떤 것을 우연히 발견했다. 어느 쪽이 옳은지는 오랜 세월을 통한 연구만이 답해줄 수 있었다. 양자 이론의 경우에는 플랑크로부터 하이젠베르크와 슈뢰딩거에 이르기까지 25년이 필요했다. 끈 이론은 이미 그 세월을 훌쩍 넘겨버렸다.

35. 입자들, 흔해빠진 입자들!

끈 이론이 탄생하기 10년 전에 1950년대 후반에서 1960년대에 걸쳐서 가장 촉망받은 물리학자들 가운데 한 명이던 제프리 추는 한 학회에서 벌떡 일어나서 장 이론(field theory)은 옳지 못하다고 선언했다. 기본 입자들이 없어져버렸다고 추는 말했다. 입자들이 상호적으로 구성성분을 이룬다고 생각해야 하는 상황에 이르렀다. 추는 물리학자들이 일종의 "한-입자가-모든 것을-만든다" 이론을 추구해야 한다고 제안했다. 어쩌면 냉전시대의, 핵무기 민주주의의 영향인지도 모른다. 더 나아가 추는, 다양한 힘들의 속성에 기반해서 다양한 이론들을 만들어나가는 연구방식도 불신했다. 만일 물리학자들이 모든 가능한 S-행렬을 충분히 세밀하게 연구했다면, 그중 오직 한 S-행렬만이 일반적인 물리학적 수학적 원리와 일치한다는 사실을 알게 되었을 것이라고 추는 주장했다. 다시 말해서 그가 믿는 바는 다음과 같다.[1] 우주가 현재의 모습으로 있는 이유는, 그 모습이 가능한 유일한 모습이기 때문이다.

오늘날 우리는 추가 부가한 제약들이 물리학의 작업을 완벽하게 규정하기에는 충분하지 못하다는 사실을 안다. 위튼은 S-행렬 이론이 "이론이 아닌 기법"이라고 말한다.[2] 겔만은 S-행렬 기법이, 그가 1956년 뉴욕 로체스터 회의에서 처음 내놓은 기법이, 너무 과장된 허풍스런 이름으로 불리는 것에 불과하다고 말한다.[3] 그러나 겔만은 이렇게 덧붙인다. S-행렬 기법은 올바른 방법이다. 그 기법은 오늘날 끈 이론에서도 사용된다." 추가 불만을 터뜨린 이유는 충분히 납득할 수 있다. 많은 성취를 이루었음에도 불구하고 오늘날의 표준 모형 역시 전혀 아름답지 못하다. 문제는 1932년에 새롭고 이색적인 두 종류의 입자가 발견되면서 시작되었다. 하나는 전자의 반입자(anti-particle)인 양전자 (positron)였고, 다른 하나는 핵의 새로운 구성요소로 추가된 것으로 거의 양성자와 같으면서 전하량은 없는 중성자(neutron)였다. 물리학자들은 새로운 입자들의 가능성을 받아들이기를 꺼렸다. 물리학자들은 다른 설명들을 꾸며냈다. 자신의 이론에서 양전자를 예측한 디랙은 처음에는 발견된 입자가 일종의 경량-양성자(proton-lite)(양전자는 양성자와 같은 전하량을 가지면서 질량은 $1/1000$ 정도 작다)일 것이라고 말할 정도로 위축되었다. 중성자를 양성자와 전자가 매우 강하게 결합되어 있는 것으로 설명하려는 시도가 이루어졌다. 그러나 10대 아이를 기르는 부모와 마찬가지로, 물리학자들도 정해진 원리만을 고수하기는 어려웠다. 얼마 지나지 않아 물리학자들은 두 입자뿐만이 아니라 반-물질(anti-matter) 개념과, 원자의 핵 속에서 중요한 역할을 하는 두 가지 새로운 종류의 힘인 강한 힘(strong force)과 약한 힘(weak force)도 인정하게 되었다.

1950년대에 이르면 입자 가속기의 도움으로 연구 대상이 된 새로운 입자들 — 중성미자(neutrino), 뮤온(muon), 파이온(pion)…… — 이 수십 개로 늘어난다. 오펜하이머는 새로운 "기본" 입자를 발견하지 않은 사람에게 노벨상이 수여되어야 한다고 제안했다.[4] 페르미도 이렇게 말했다.[5] "내가 입자들의 이름을 다 외울 수 있다면, 나는 식물학자가 되었을 것이다."

물리학자들은 입자들의 생성과 소멸을 기술하는 소위 양자장 이론 (quantum field theory)을 개발하여 이 모든 새로운 여건을 헤쳐나가려고 했다. 양자역학은 입자들이 상호작용을 하는 상황을 기술하기 위해서 만들어졌지, 입자들이 생겨나고 파괴되고 다른 입자로 변신하는 상황을 위해서 만들어지지 않았다. 양자장 이론에서는 무엇이든 상호작용하는 길은 단 하나밖에 없다. 전령 입자(messenger particle)라고 부르는 입자들을 교환하는 방법뿐이다. 양자장 이론에 따르면, 물리학이 수백 년 동안 "힘"이라고 불러온 것은, 상이한 입자들 사이에서의 입자 교환을 세련되게 표현한 것에 불과하다.

경기장을 뛰어가며 패스를 주고받는 두 명의 농구선수를 생각해보자. 그 선수들이 우리가 논의하려고 하는 입자들이다. 그들의 상호작용은, 그 상호작용을 통해서 그들이 가까워지든 멀어지든, 공에 의해서, 즉 전령 입자에 의해서 이루어진다. 전자기력의 전령 입자는 광자(photon)이다. 양자 전기동역학에서, 전자나 양성자처럼 전하를 띤 입자들은 광자의 교환을 통해서 전자기적인 힘을 느낀다. 중성미자 같은 전하를 띠지 않는 입자는 광자를 교환하지 않는다.

최초의 성공적인 양자장 이론은 1940년대에 파인먼, 슈윙거, 도모나가가 개발한 것으로 전자기장을 다룬 이론이다. 1970년대에 전자기장과 약한 힘 중 하나를 통합한 새로운 양자장 이론이 개발되었다. 곧이어 양자 전기동역학과 비슷한 방식으로, 강한 힘에 관한 양자장 이론도 개발되었다. 강한 힘의 전령 입자는 **글루온**(gluon)이다. 요약하자면, 이 세 힘에 관한 장 이론이 오늘날 표준 모형을 이룬다.

물리학자들은 존경스러운 업적을 이루었다 — 그들이 식물학자라면 참으로 존경스럽다. 표준 모형이 제시하는 기본 입자들의 분류체계는 — 예측력의 발달에도 불구하고 — 아름답지 않다. 예를 들면, 기본적인 물질 입자들 — 물질 입자는 전령 입자와 대조된다 — 은 여러 족(family)으로 분류된다. 각각의 족에는 네 가지 유형의 입자들이 들어간다 — 전자 유형의 입자, 뉴트리노 유형의 입자, 그리고 두 개의 쿼크가 그것이다. 한 족에는 보통의 전자와 뉴트리노, 그리고 보통의 중성자와 양성자를 구성하는 두 개의 쿼크가 들어 있다. 나머지 두 족에 있는 입자들은 질량에서만 보통의 입자들과 다르다 — 두 "특이(exotic)" 족에 속한 입자들은 질량이 더 크다. 표준 모형은 이와 같은 구조를 제시하지만, 이 구조에 대한 설명은 없다. 왜 세 개의 족이 있으며, 왜 각각에는 네 개의 입자가 있는가? 그들은 질량이 왜 그렇게 큰가? 표준 모형은 이런 질문들에 대해서 아무것도 말해주지 않는다.

각각의 힘의 크기도 설명이 없이 주어지는 입력의 상태에 머물러 있다. 힘의 크기는 소위 **결합 상수**(coupling constant)라고 부르는 수들로 코드화되어 있다. 힘에 대한 물질의 반응은 **차지**(charge)라고 부르는 양에 의해서 규정된다 — 차지는 전하(electric charge)의 개념을 확장한 것이다. 일반적으로 주어진 한 개의 입자는 한 가지 이상의 차지를 가진다 — 다시 말해서, 그 입자는 한 가지 이상의 힘을 느낀다. 이 차지 역시 설명되지 않은 채로 이론에 들어 있는 입력이다.

페르미는 입자들의 이름을 암기하는 데에 애를 먹었다고 했는데, 표준 모형에 의해서 사정이 좋아진 것은 전혀 없었다. 표준 모형의 방정식들을 암기하기 위해서는, 도출되지 않은 19개의 상수값을 기억해야 한다. 그 값들은 피타고라스가 자랑스럽게 내놓을 만한 멋진 수가 아니라, "카빕보 앵글(Cabbibo angle)" 같은 이름이 붙어 있는 지저분한 수, 예를 들면 1.166391×10^{-5}이다(GeV^{-2}을 단위로 해서 나타낸 페르미 결합 상수[6]이다). 창세기에 쓰여 있기로는, "빛이 있으라 하시니 빛이 있었다." 그러나 현대 물리학에 따르면, 신도 미세 구조 상수를 조심스럽게 조절하여 정확히 $1/137.035997650$로 맞추어야 한다(신이 고민한다. 10억 분의 1의 단위에서 약간 크게 할까 말까?).

　굳이 과학철학을 동원하지 않고, "근본 이론"이라는 이름만 생각한다고 하더라도, 이 분야에서 수십 명의 연구자들이 소수점 이하 일곱째 자리까지의 정밀도로 19개의 "근본" 상수값을 측정하는 것으로 생계를 유지하고 있다면, 어쩐지 어울리지 않는 상황이라고 충분히 생각할 수 있을 것이다. 당신은 이론물리학자의 어깨를 툭 치면서 묻고 싶을지도 모른다. "혹시 자네 프톨레마이오스라는 친구 알아?" 원 위에 원을 덕지덕지 그려넣어서 실험자료와 일치하도록 만들었던 그 영리한 과학자 프톨레마이오스를 아시는가?

　끈 이론가들은 이 모형이 근본이라는 생각에 반기를 든다. 그들은 끈 이론으로부터 언젠가 이 표준 모형을 도출할 수 있기를 희망한다. 장 이론가들과는 다르게, 그리고 S-행렬 이론가들과 유사하게, 끈 이론가들의 목표는 입력 상수를 확정하는 것이 아니다 — 심지어 공간의 차원 수와 같은 구조적으로 중요한 상수조차 확정해야 할 목표가 아니다. 제프리 추와 마찬가지로 그들의 목표도 일반적인 원리들에 의해서 완벽하게 정의된 이론을 찾는 것이다. 그들은 그런 이론으로부터, 모든 힘들의 기원과 크기, 모든 입자들의 유형과 속성, 그리고 공간 자체의 구조를 이해하기를 희망한다. 그리고 그들의 이론에서도, 추가 꿈꾸었던 것과 마찬가지로, 한 개의 입자면 충분하다. 다만 차이는, 끈 이론가들의 이론에서는 그 입자가 끈이라는 점이다.

　끈은 무엇으로도 이루어지지 않았다. 끈의 물질적 구성에 대해서 말하는 것은, 끈이 가지고 있지 않은 미세 구조를 언급하는 것이므로, 끈이 무엇으로 이루어졌는지에 대해서는 말할 수 없는 것이다. 반면에 모든 것이 끈으로 이루어져 있다. 끈들은 10^{-33}센티미터의 길이 영역에, 우리의 직접적 관찰에서 10^{16}규모로 멀리 떨어진 그곳에 숨어 있다. 시력검사표에 있는 도형들처럼 끈들도 수직으로, 수평으로, 혹은 대각선으로 놓여 있을 수 있다. 그러나 우리가 가진 최고의 현미경을 동원하여 들여다본다고 할지라도, 오늘날의 기술은 시력검사를 통과하지 못한다. "위? 아래? 옆?……죄송합니다, 의사선생님. 그냥 뿌옇게밖에 안 보이는데요."

그 끈들이 크기가 작아서 숨어 있다는 사실은 놀라운 일이 아니다 — 사실상 끈들은 이론적으로 구성된 산물이지, 관찰된 산물이 아니다. 하지만 그들이 얼마나 완벽하게 숨어 있는지는 정말로 놀라울 정도이다. 다양한 방식으로 계산된 결과에 의하면, 끈을 실험적으로 직접 감지하기 위해서 필요한 입자 가속기는, 크기가 우리 은하계의 크기에서 우주 전체의 크기 사이의 어딘가에 이르러야 한다. 닳고 닳은 이 책을 발견한 기원후 3000년의 한 역사학자는 이 장면에서 웃음을 터뜨릴지도 모른다. 그때가 되면 위스키와 보드카를 섞어 마신 후에 (물론 매우 정확한 비율로 섞어서) 끈을 관찰하는 방법이 개발될지도 모르니 말이다. 어쨌든 그렇게 되기까지는, 끈을 직접적으로 관찰하는 것은 불가능하다.

양자역학에서 파동과 입자는 같은 현상의 이중적인 측면이다. 양자장 이론에서는, 물질이나 에너지 입자나 모두 다양한 양자장들의 여기(勵起, excitation)로 고찰된다. 끈 이론에서도 마찬가지로 고찰하는데, 한 가지 다른 점은, 끈 이론에는 오직 한 개의 장만 있다는 것이다. 모든 입자들은 단 한 가지 유형의 기본 대상, 즉 끈의 진동적 여기로 인해서 생겨난다.

적당한 장력으로 잡아당겨 조율한 기타 줄을 생각해보자. 기타 줄이음을 낼 때, 우리는 멈추어 있는 기타 줄과 구분하기 위해서, 기타 줄이 여기 상태(excitation mode)에 있다고 말한다. 음향학적으로는, 그 여기 상태들에서 나오는 음들을 배음(higher harmonics)이라고 부른다. 끈 이론에서는 그 여기 상태들이 입자들을 나타낸다.

음악적 소리들의 수학적, 미적 성질들을 처음으로 연구한 것은 피타고라스주의자들이었다. 현을 뜯으면, 현이 진동하면서, 현의 길이에 반비례하는 음높이 혹은 진동수를 가지는 소리가 발생한다는 것을 그들은 발견했다. 이 기본 진동수[7]는, 현의 평형 상태로부터의 변위가 현의 중심에서 가장 큰 진동 상태에서 나온다. 그러나 현은 또한 중심이 전혀 움직이지 않으면서, 최대 변이점이 중심점과 양 끝점 사이에 생겨나는 형태의 진동을 할 수도 있다. 당신이 현의 중심을 붙들고 있는 상태에서 현을 진동시키면 이것이 기본 진동 상태가 될 것이다. 이 진동 상태에서는, 현 위에 동일한 두 개의 파동이 있으며, 그 파동은 기본 진동수보다 진동수가 두 배 크다. 이 진동을 제2배음이라고 부르며, 음악에서는 한 옥타브 더 높다고 부른다.

마찬가지로 현을 뜯어 세 개, 네 개 등의 파동이 현 위에 생기도록 할 수 있다(그러나 현의 끝점이 고정되어 있다는 조건 때문에, 분수 개수의 파동들이 생기도록 할 수는 없다). 이들이 바로 배음들이다. 예를 들면 피아노나 바이올린 소리는, 다른 악기들에 비해서 처음 여섯 개의 배음들이 강하고 나머지 배음들이 약하다. 한편 파이프 오르간 소리에는 비교적 배음들이 약하다. 이 배음들의 작용에 의해서 음악에는 여러 종류의 악기가 있고, 끈 이론에는 여러 족의 기본 입자들이 있다.

끈 이론의 끈들은 기타 줄처럼 묶여 있지 않다. 끈들은 묶여 있을 수도 자유로울 수도 있다. 끈들은 갈라지거나, 다시 합치거나, 양 끝이 붙어서 고리를 형성하거나, 양 끝이 붙은 후에 갈라져 연결된 두 개의 고리를 형성할 수도 있다. 갈라지거나 합쳐지면, 끈의 속성이 변한다 — 이를 멀리서 바라보면 새로운 종류의 입자들처럼 보인다. 전령 입자의 교환은 사실상 공간−시간 속을 떠다니는 끈들이 갈라지고 모이는 것이다.

우리가 관찰하는 다양한 입자들을 뮤직 박스에 비유할 수 있다. 우리는 그 뮤직 박스에서 나오는 음악을 듣는다. 아주 많은 종류의 뮤직 박스가 있고, 이들을 여러 유형으로 분류할 수 있다고 우리는 생각할지도 모른다. 그러나 끈 이론에 의하면, 뮤직 박스들은 모두 물리적으로 동일하며, 다만 안에 있는 끈이 어떻게 진동하는가에 따라서 다르다.

예를 들면, 진동 에너지는 파장과 진폭에 의해서 결정된다. 진동하는 현 안에 더 많은 마루와 골이 있을수록, 그리고 그들의 변위가 클수록, 진동 에너지는 크다. 우리는 이미 상대성 이론에서 질량과 에너지의 등가성을 배웠으므로, 블랙 박스 밖에서 우리가 관찰할 경우, 보다 큰 에너지로 진동하는 현이 보다 큰 질량으로 보인다는 것을, 아마도 쉽게 납득할 수 있을 것이다.

질량뿐만 아니라 여러 종류의 차지(charge)와 같은 다른 속성들도 마찬가지이다. 생각해보면 쉽게 알 수 있다. 장 이론에서 보면, 입자의 질량도 일종의 차지이다 — 중력과 상관된 차지이다. 끈 이론에 따르면, 전령 입자를 포함한 자연의 모든 입자들은 현이 진동하는 다양한 유형들일 뿐이다.

우주에는 엄청나게 다양하고 복잡한 입자들이 있다. 진동하는 현이 이 모든 입자들을 표현할 수 있을 만큼 풍요로운 변양태를 가질 수 있을까? 유클리드의 세계에서는 불가능하다.

끈의 진동 상태들은, 따라서 어떤 입자들이 존재하고 성질은 어떠할지에 대한 예측들은, 진동하는 현이 들어 있는 공간의 차원의 수와 그 차원들의 위상에 의해서 주로 결정된다. 이렇게 해서 공간의 성질과 공간 안에 있는 물질의 성질이 심층적으로 연결되는 것이다. 끈 이론에 따르면, 공간의 구조가 자연에 있는 기본 입자들과 힘들의 물리적 성질들을 결정한다. 끈 이론에서는 단지 세 개의 공간 차원만으로는 부족할 것이다. 끈 이론이 예측하는 기본 입자들과 힘들을 결정하는 것은 부가되는 차원들의 정확한 기하학과 위상학이다.

1차원에 있는 끈은 오직 한 방향으로만 진동할 수 있다 — 끈이 늘어나고 줄어들면서 진동할 수 있다. 이런 종류의 진동은 종진동(longitudinal vibration)이라고 부른다. 2차원에서는, 끈이 이런 방법 이외에도 완전히 새로운 방법으로 진동할 수 있다 — 즉 횡진동(transverse vibration)을 할 수 있다. 끈의 길이와 수직인 방향으로 움직이면서 진동하는 것이다. 우리가 앞에서 논의한 진동들은 대개 이 횡진동이었다. 3차원에서는 횡진동의 방향이 회전할 수 있다. 즉 나사형의 진동이 가능하다 — 원형계단을 생각해보라. 더 높은 차원에서는 좀더 복잡한 진동들이 가능하다.

위상학도 진동에 영향을 미친다. 위상학은 정의하기가 까다로운 분야이지만, 대략적으로 말한다면, 위상학은 표면이나 공간의 성질을 다루되, 모양에 관련된 성질만을 다루고 메트릭이나 (거리 관계) 곡률에 관련된 성질은 다루지 않는다. 선분은 위상학적으로 원과 다르다. 왜냐하면 선분은 두 개의 끝을 가지는 반면에 원은 끝을 가지지 않기 때문이다. 그러나 원과 타원의 차이는 위상학자들에게는 관심의 대상이 아니다 — 그 차이는 다만 곡률의 차이일 뿐이다. 다음과 같은 방식으로 이 구별을 생각해볼 수 있을 것이다. 어떤 도형을 찢지 않고 잡아늘여서 다른 도형으로 변환할 수 있으면, 두 도형은 위상학자들이 보기에 같은 성질을 가진 도형이다.

공간의 위상학이 어떻게 끈에 영향을 미치는가? 끈 이론이 부가되는 차원을 두 개만 더 도입했다고 가정해보자. 끈 이론이 요구하는 추가 차원은 작아야 하므로, "작은" 2차원 공간인 정사각형이나 직사각형을 상상해보자 — 즉 유한한 평면을 생각해보자. 이 공간은 특정한 유형의 위상을 가지고 있다. 이제 이 평면을 말아서 원통을 만들자. 직관적으로는 이 원통이 휘어져 있다고 생각되지만, 기하학적으로 볼 때에는 원통은 평면과 마찬가지로 평평하다. 다시 말해서 곡률이 0이다. 평면에 그린 모든 도형을, 임의의 두 점 사이의 거리에 변화를 주지 않고 말아서 원통 위로 옮길 수 있다. 그러나 원통은 평면과 연결상태에서, 혹은 위상에서 다르다. 예를 들면 평면에서는, 원을 비롯한 단순한 폐곡선을, 공간을 떠나지 않으면서 줄여서 점으로 축소시킬 수 있다. 그런데 원통에는 이렇게 할 수 없는 폐곡선들이 있다 — 예를 들면, 원통의 축을 한바퀴 감는 폐곡선들은 모두 그렇다. 이런 유형의 끈이 원통 공간에서 가질 수 있는 진동 상태는, 평면 상태에서 가질 수 있는 진동 상태와 다르다. 그러므로 끈 이론에서는, 우주가 원통 공간일 경우에 다른 유형의 입자와 힘들이 나오게 될 것이다. 원통은 또다른 종류의 공간인 토러스(torus) 공간, 즉 도넛 모양의 공간과 밀접하게 관련되어 있다. 원통 공간을 토러스로 만들려면, 간단히 원통의 양 끝을 붙이면 된다. 이밖에 훨씬 더 복잡한 위상을 가진 공간도 가능하다. 예를 들면, 구멍이 하나인 도넛이 아닌, 구멍이 여러 개인 도넛을 만들 수 있다. 이 각각의 위상에 따라서 서로 다른 여러 진동 상태가 가능하다.

차원을 더 추가할수록, 가능한 공간들은 더욱 복잡해지며, 특히 비유클리드 공간을 허용하면 공간들은 매우 복잡해진다. 이렇게 해서 확보한 풍부한 진동 상태들을 통해서 끈 이론은 다양한 기본 입자들과 힘들을 설명할 수 있는 것이다 — 적어도 이론상으로는 그러하다.

끈 이론에 대한 설명이 어느 정도 무르익었으므로, 이쯤에서 다음과 같이 말할 수 있다면 좋을 것이다. 다양한 일관성 요구조건에 의거해서 끈 이론이 추가하는 차원들은 오직 한 유형의 공간만을 이루며, 그 공간 안에서의 끈의 진동에 대응하는 기본 입자들은 정확히 우리가 자연에서 관찰하는 입자들과 같다. 아름다운 꿈이다. 하지만 일단은 눈을 비비고 좋은 소식을 들어보자. 우선, 아무렇게나 차원들을 추가할 수는 없다고 한다. 아마도 여섯 개의 추가 차원들이 필요한 것으로 보인다(여섯 개라는 것에 대해서는 나중에 다시 논의하게 될 것이다). 뿐만 아니라 그 차원들이 칼루차 이론에서의 추가 차원들처럼 감겨 있는 것 등의 성질을 지녀야 할 것으로 보인다. 1985년 물리학자들은 적합한 성질을 갖춘 공간들의 집합을 발견했다. 그 공간들은 칼라비-야우 공간(Calabi-Yau space)이라고 부른다[8](혹은 칼라비-야우 모양들이라고 부른다. 모두가 유한한 공간이므로 그렇게 부르는 것이 적당하다). 6차원 칼라비-야우 공간이 이를테면 초콜릿 도넛보다 복잡하리라는 것은 쉽게 생각할 수 있을 것이다. 그러나 도넛과 칼라비-야우 공간에는 공통점 — 구멍 — 이 있다. 물론 칼라비-야우 공간의 구멍은 여러 개일 수도 있고, 좀더 복잡한 다차원적 대상일 수도 있으나, 그런 문제는 전문적인 세부 사항[9]에 불과하다. 핵심은 이것이다. 각각의 구멍에 대응해서 한 족(family)의 끈 진동들이 있다. 그러므로 끈 이론은 기본 입자들이 족을 이룬다는 사실을 예측한다. 이것은 표준 모형이 실험적으로 관찰하여 이론적 설명 없이 "수작업으로" 끌어모아 구성한 것을 "도출한" 충격적인 사례들 가운데 하나이다. 좋은 소식이 아닐 수 없다.

 나쁜 소식은 칼라비–야우 공간에 수만 개의 유형이 있다는 것이다. 그중 대부분은 세 개 이상의 구멍을 가지고 있는데, 기본 입자들은 세 족밖에 없다. 또한 표준 모형이 그저 선언한 성질들, 예를 들면, 질량이나 차지를 도출하려면, 물리학자들은 어떤 칼라비–야우 공간을 적용해야 하는지를 알아야 한다. 오늘날의 상황에서는, 어떤 칼라비–야우 공간이 우리가 알고 있는 물리적 세계를 정확하게 기술하는지, 즉 표준 모형을 도출하는지 발견하지 못했다. 다시 말해서, 특정한 공간의 선택을 정당화해줄 근본적인 물리적 원리를 발견한 사람이 아무도 없다. 어떤 물리학자들은 끈 이론 연구가 언젠가 결실을 맺으리라는 것을 의심한다. 그러나 비판의 소리는 초기보다, 즉 끈 이론을 연구한다는 것이 물리학자의 죽음을 의미하던 처음 몇 년 동안에 비해서, 훨씬 줄어들고 조용해졌다.

36. 끈 이론의 문제점

난부를 비롯한 학자들이 끈 이론을 제안했을 때, 그 이론에는 몇 가지 특이한 점이 있었다. 예를 들면, 그 이론이 상대론과 충돌하지 않기 위해서는 다음과 같은 항이 0이 되어야만 했다 : [1− (D−2) / 24]. 고등학생이라면 누구나 답이 D = 26이라는 것을 대답할 수 있을 것이다. 하지만 이것은 문제의 출발에 불과하다. 왜냐하면 위의 식에서 D는 공간의 차원의 수를 나타내기 때문이다. 곧이어 칼루차의 이론에 대한 관심이 부활했다. 그러나 이제 그의 5차원은 너무 많거나 너무 복잡하게 여겨지는 것이 아니라, 너무 단순하다고 여겨지기 시작한다.

난부의 이론에는 다른 문제점들도 있었다. 앞에서 언급했듯이, 양자역학의 법칙에 따라서 어떤 과정이 일어날 확률을 계산해보니 확률이 음수로 나왔다. 또한 그 이론은 소위 **타키온**(tachyon)이라는 입자를 예측했는데, 이 입자는 질량이 실수가 아니고, 빛보다 빠르게 움직인다(엄밀히 말해서 아인슈타인의 이론은 빛보다 빠른 움직임을 배제하지 않는다. 그의 이론이 배제하는 것은 입자가 빛의 속도로 움직이는 것뿐이다). 또한 그 이론은 전혀 관찰되지 않은 다른 입자들도 예측했다.

만일 당신이 사는 지역의 기상대가, 천둥번개와 함께 비가 내리고 하늘에서 개구리가 떨어질 확률이 −50퍼센트라고 예측한다면, 당신은 그 기상대가 사용하는 컴퓨터 프로그램을 전혀 신뢰하지 않을 것이다. 물리학자들도 마찬가지로 회의적이었다. 그러나 그 기상대가 기온도 예측했고, 그 예측이 정확히 맞아떨어졌다고 가정해보자. 끈 이론이 밝힌 보손 끈과 하드론의 대응은 너무도 정확해서 무시할 수가 없었다.

이 문제들도 논란이 되었지만, 물리학자들은 곧 또다른 문제를 발견했다. 그 문제는 이론을 **정말로** 난처하게 만들었다. 양자역학에서는 모든 입자들이 두 개의 유형에 속한다. 입자들은 보손(boson)이거나 페르미온(fermion)이다. 학문적으로 말한다면, 보손과 페르미온의 차이는 스핀(spin)이라고 부르는 내적인 대칭성(symmetry)이다. 그러나 실질적으로 말한다면, 둘의 차이는 다음과 같다. 페르미온은 동일한 양자 상태에 두 개가 같이 있을 수 없다. 만일 당신이 물질의 원자를 짓고자 한다면, 이와 같은 페르미온의 성질이 도움이 될 수 있다. 언급한 페르미온의 성질 때문에, 원자 속에 있는 전자들은 최저 에너지 상태로 모조리 집결하지 않는다. 대신에 전자들은 하나씩 하나씩 외곽의 전자 상태를 취함으로써, 원소 주기율표에 나오는 원자들에게 물리적, 화학적 차이를 부여하면서 원자들을 차례로 형성한다. 보손에는 이러한 제약이 없다. 그러므로 물질은 페르미온으로 이루어진다. 힘의 전달과 관련이 있는 전령 입자들은 보손이다. 그런데 보손 끈 이론에서는, 모든 입자들이 — **무엇인지 알아맞춰보시오!** — 보손이다.

 이것이 바로 슈워츠가 첫 번째 과제로 삼은 끈 이론의 문제점이었다. 이 연구를 계기로 슈워츠는 스승을 얻었고, 최고의 대학교에서의 직장 생활을 좀더 연장할 수 있다는 소식도 — 비록 믿지는 않았지만 — 들었다.

 1971년 플로리다 대학교의 라몽이 소위 초대칭성(supersymmetry)이라고 부르는 새로운 대칭성 — 그 대칭성이 보손과 페르미온을 연결한다 — 의 초기 형태를 발견함으로써 페르미온에 대한 끈 이론을 도출했다. 그후 슈워츠가 느뵈와 공동으로 소위 회전 끈 이론(spinning string theory)을 개발하여, 페르미온과 보손을 동시에 설명하고, 타키온을 제거하고, 차원의 수를 26에서 10으로 줄였다. 그들의 연구는 끈 이론의 역사에서 중요한 전환점이 되었으며, 슈워츠의 경력에서도 하나의 전환점이 되었다.

당시 제네바에 있는 CERN(유럽 입자물리학 연구소)에서 일하고 있던 겔만은 "슈워츠의 논문을 보자마자 그 친구를 고용했지"라고 말한다.[1] 겔만과 슈워츠는 한번도 만난 적이 없었다. 이듬해 가을 슈워츠는 프린스턴을 떠나 캘리포니아 공대로 옮겼다. 캘리포니아 공대는 얼마 전 슈워츠의 재직 연장 신청을 거절했던 곳이다. 파인먼은 끈 이론을 날이면 날마다 오는 만병통치약처럼 대했지만, 겔만은 슈워츠의 믿음을 공유했다. "무엇엔가 도움이 될 것 같았어", 겔만은 말한다. "뭔지는 몰랐지만, 분명 무엇엔가." 1974년 겔만은 또 한 명의 끈 이론가를 캘리포니아 공대에 초빙했다. 그는 셰르크였다. 슈워츠와 셰르크는 곧 놀라운 발견을 한다.

끈 이론은 강한 힘의 전령 입자인 글루온의 성질을 가지는 하나의 입자를 예측한다. 그런데 끈 이론이 지닌 난처함 가운데 하나는, 또다른 전령-유형(messenger-type)의 입자로서 현실과 아무 상관이 없이 추가되어 있는 것으로 보이는 입자였다. 슈워츠와 셰르크의 연구가 있기 전까지는, 끈의 길이가 대략 10^{-13}센티미터, 즉 하드론의 지름 정도일 것이라고 추정되었다. 그런데 이 두 연구자는, 만일 끈이 훨씬 더 짧아서 10^{-33}센티미터, 즉 플랑크 길이라면, 추가되어 있는 난처한 전령 입자가 가설적으로 제안된 중력의 전령 입자인 그라비톤(graviton)의 성질에 정확히 맞아들어간다는 것을 밝혔다. 끈 이론은 하드론만을 위한 이론이 아니었다 — 끈 이론에는 중력도, 그리고 어쩌면 전기적 약한 힘(electroweak force)도 들어 있다!

그러나 잠깐 되돌아보자. 앞서서 우리는 중력과 양자역학을 섞으면 대혼란과 모순이 일어난다고 말하지 않았던가? 슈워츠와 셰르크의 이론에서는 끈들이 차원이 없는 점들이 아니라 유한한 길이를 가지는 대상이기 때문에 극미시적 영역에서의 충돌이 일어나지 않았다. 그들은 그들이 생각해낸 것이 아인슈타인의 방정식을 도출할 수 있는 일관적인 양자장 이론이라는 것을 발견했으며, 그들이 도출하는 아인슈타인 방정식은 극미시적 영역에서 원래의 이론과는 다르게 행동하여 일반 상대성 이론과 양자역학의 충돌을 피하게 되어 있다는 것을 발견했다. 일반 상대성 이론을 발표할 당시 아인슈타인은 공격에 대비했다. 반면에 슈워츠와 셰르크는 연구를 발표하면서, 흥분의 도가니를 예측했다.

슈워츠와 셰르크는 세계를 돌며 강연을 했다. 사람들은 예절 바르게 박수를 치고 나서 그들의 연구를 무시했다. 억지로 추궁해서 물으면, 그들은 그 연구를 믿지 않는다고 말했다. 이 "사람들"을 변호하기 위해서 한마디 한다면, 슈워츠와 셰르크가 사용한 수학은 엄청나게 까다롭고 복잡했다(또한 여전히 그렇다). 슈워츠는 말한다. "사람들은 그 이론을 이해하기 위한 투자를 하지 않으려고 했다. 행정가들이 지원하지 않는 한, 그들은 노력을 기울이지 않을 것이다."[2]

겔만이 바로 슈워츠가 바라는 행정가의 역할을 하기에 적합한 인물이었다. 하지만 겔만 자신은 끈 이론을 거의 연구하지 않았다. 그가 슈워츠와 함께 발표한 몇 편의 논문들[3]에 대해서 슈워츠는 웃으며 말한다. "가장 형편없는 논문들에 속하지요." 캘리포니아 공대에는 슈워츠에게 줄 교수 자리가 없었다. 다만 몇 번 더 연장할 수 있는 연구원 자리가 있었다. "나는 슈워츠에게 정교수 자리를 마련해줄 수 없었습니다."[4] 겔만은 말한다. "사람들은 회의적인 태도를 취했습니다." 1976년 셰르크를 비롯한 학자들이 끈 이론과 초대칭성을 통합하는 작업을 이룸으로써 마침내 소위 초끈 이론(superstring theory)을 탄생시켰다. 이 업적 역시 획기적인 발전인 듯이 보였지만, 아무도 관심을 두지 않았다. 사람들은 경쟁 이론인 초중력(supergravity) 이론과 중력을 배제한 보다 전통적인 양자장 이론에, 즉 표준 모형에 더 관심을 기울였다. 표준 모형은 전자기력과 약한 핵력 및 강한 핵력을 통합하면서, 1983년에 이룬 W 보손 및 Z 보손의 실험적 발견을 비롯한 많은 성과를 올리고 있었다 — W 보손과 Z 보손은 약한 힘의 전령 입자이다.

끈 이론에는 기나긴 가뭄이 찾아왔다. 끈 이론을 써서 실질적인 계산을 할 줄 아는 사람이 아무도 없었다. 추가 차원들의 문제를 비롯한 여러 문제들이 미해결로 남아 있었다. 그러는 한편 셰르크는 정신분열을 일으켰다. 그는 파리 시내를 배회하다가 발견되곤 했다. 그는 파인먼을 비롯한 물리학자들에게 해독 불가능한 이상한 전보를 보냈다. 그럼에도 불구하고 그는 최소한 부분적으로 연구를 계속하여 의사들을 놀라게 했다 — 그의 동료들도 놀랐다. 그후 그는 이혼을 했고, 아내는 아이들을 데리고 영국으로 떠났다. 1979년에 셰르크는 자살했다. 소수에 불과한 끈 이론가들에게는 커다란 손실이 아닐 수 없었다. 1980년대 초반에 끈 이론의 새로운 문제점들이 발견되었다. 슈워츠는 최대의 위기를 만난 듯이 보였다. 앞에는 막다른 끝밖에 아무것도 보이지 않았다.

어떤 사람들은 슈워츠가, 그의 박사논문을 지도한 추의 "쓰레기가 된" 작업을 흉내내고 있다고 논평했다. 추는 슈워츠와 같은 목표를 두고 25년을 S-행렬 이론 연구에 바친 상태였다. 처음 몇 년간 추에게는 동료가 있었다. 그러나 나중의 15년 동안 추는 실질적으로 혼자서, 슈워츠처럼 때로 비웃음을 사면서 연구했다. 결국 추는 꿈을 포기했다. 그러나 돌이켜보면, 추의 노력은 무의미하지 않았다. 슈워츠는 말한다. "추가 없었다면 끈 이론이 있을 수 있었을지 불분명하다. 끈 이론은 S-행렬 기법에서 나왔다."[5]

이 모든 난관에도 불구하고 캘리포니아 공대에는 겔만이라는 강력한 후원자가 있었다. "그들[슈워츠와 셰르크]이 캘리포니아 공대에 있다는 사실이 나를 행복하게 하고 자랑스럽게 했다"[6]라고 겔만은 말한다. "참으로 훈훈한 일이었지요. 기분이 좋았어요. 그렇게 나는 캘리포니아 공대가 멸종 위기에 처한 종들을 위한 자연 보호구역으로 남도록 했지요. 나는 제3세계에서 많은 보존작업을 했어요. 이제는 캘리포니아 공대에서 그 일을 하게 되었던 것이지요." 1984년 슈워츠는 또 하나의 업적을 이루었다. 이번에는 그린과의 공동작업이었다(당시 그린은 런던의 퀸 메리 대학교에 있었다). 그들은 끈 이론에서 문제를 일으키는 몇몇 필요없는 항들이 기적처럼 서로 상쇄될 수 있음을 발견했다. 그 결과는 그해 여름 아스펜에서 발표되었다. 제롬 호텔이 사건의 무대가 되었다. 슈워츠는 강연을 마친 후, 자신이 모든 것을 설명하는 이론을 발견했다고 마구 고함을 질렀고, 흰 옷을 입은 사람들이 들어와서 그를 강단에서 끌어내리는 것으로 사건은 마무리되었다. 이 쓸쓸한 코미디에는, 이번에도 자신의 연구가 무시되고 불신당할 것이라는 슈워츠의 예견이 반영되어 있었다.

그런데 이번에는, 슈워츠와 그린이 출간할 원고를 마무리하기도 전에, 위튼이라는 친구가 연락을 해왔다. 위튼은 다른 사람으로부터 그들의 강연을 전해들었다. 슈워츠는 새로운 사람을 얻게 되어 기뻤다. 그 사람이 누구인지는 상관할 일이 아니었다. 그러나 위튼은 끈 이론의 편으로 돌아선 단순한 연구자가 아니었다. 그는 전 세계에서 가장 큰 영향력을 가진 물리학자 겸 수학자 중의 한 명이었다. 수 개월 이내에 위튼(당시에 그는 프린스턴에 있었고, 지금은 슈워츠와 함께 캘리포니아 공대에 있다)과 협력자들은, 감긴 차원들에 맞는 후보자인 칼라비-야우 공간을 찾아낸 것을 비롯한 몇 가지 중대한 업적을 이루었다. 그 업적에 고무되어 수백 명의 물리학자들이 끈 이론을 연구하기 시작했다. 슈워츠는 드디어 그가 원했던 지원을 얻은 것이다.

갑자기 슈워츠는 새로운 위대한 과학자를 영입하기에 혈안이 된 여러 일류 대학교들로부터 임용 제안을 받게 되었다. 겔만은 결국 슈워츠를 붙들어두기로 결심했다. 그것조차도 쉽지 않았다. 어떤 행정가는 이렇게 말했다.[7] "그 사람이 식빵을 발명했는지, 아니면 무엇을 발명했는지는 모르지만, 만약 그가 무엇을 발명했다고 하더라도, 사람들은 그가 캘리포니아 공대에서 그것을 발명했다고 말할 테니, 여기에 더 이상 잡아둘 필요가 없지요." 어쨌든 12년 반 만에 슈워츠는 정교수직을 얻었다. 그것은 칼루차보다 겨우 몇 년 빨리 교수직에 오른 것이다.

오늘날 슈워츠와 그린의 공동 논문은 "최초의 초끈 이론 혁명"이라고 불린다. 위튼은 이렇게 말한다. "슈워츠가 없었다면 끈 이론은 멸종되었거나, 아니면 21세기 언젠가 재발견되었을 것이다."[8] 그러나 이제 바통은 넘어갔고, 새로운 주자가 달린다. 10년이 지나자 위튼이 끈 이론의 주역이 되었고, 결국에는 자기 자신이 이루어나가는 끈 이론 혁명을 지휘하게 되었다.

37. 과거에 끈 이론이라고 부르던 이론

1990년대 초기에 끈 이론의 대중적 인기는 수그러들었다. 그에 몇 년 앞서서 「로스앤젤레스 타임스(*Los Angeles Times*)」는 한 비평가의 말을 인용하여, "대학들이 끈 이론에 돈을 지불하면서 젊은 학생들을 타락시키는 것"을 그냥 두어도 좋은지 걱정하기까지 했다[1](훨씬 나아진 모습을 보이는 오늘날의 「LA 타임스」는 지역 전문가들에게 보다 가까운 주제들을 다룬다. 예를 들면, 워런 비티와 아네트 베닝의 관계에 관한 기사를 주로 다룬다). 대중적인 흥분이 가라앉은 데에는 그럴 만한 이유가 있었다. 끈 이론가인 스트로밍거는 "몇 가지 커다란 문제들이 있다"고 탄식했다.[2] 문제들 중 하나는, 이론에서 도출된 보다 확실한 새로운 예측이 없다는 사실이다. 그러나 새로운 종류의 난처함도 있었다 — 이 난처함은 과거에 경험한 난처함들에 조금도 뒤지지 않을 만큼 심각하다. 다섯 가지의 서로 다른 끈 이론들이 있는 것으로 보인다. 칼라비-야우 후보자가 다섯 개 있다는 말이 아니라 — 다섯 개만 있다면, 그것은 좋은 소식이 아닐 수 없다 — 다섯 개의 근본적으로 다른 이론 구조가 있다는 것이다. 스트로밍거의 말을 인용하자면,[3] 자연을 기술하는 유일한 이론이 다섯 개나 있다는 것은 추한 상황이다. 다시 맞은 건기는 10년 동안 계속되었다. 그것은 슈워츠가 건너야 할 또 하나의 사막이었다. 그러나 이제는 약속된 땅을 찾아가는 그의 곁에 수많은 동료들과 길을 안내할 선지자도 있었다.

모든 세대의 물리학은 주도적인 인물을 가지고 있다. 끈 이론이 나오기 전의 10년 동안은 겔만과 파인먼이 주도적인 인물이었다. 최근의 수십 년 동안 물리학을 주도한 인물은 에드워드 위튼이다. 컬럼비아 대학교의 그린은 이렇게 말한다.[4] "내가 연구한 모든 것의 지적인 뿌리를 거슬러 올라가면, 모든 뿌리들이 위튼의 발 아래에서 끝난다." 내가 처음 위튼이라는 이름을 들은 것은 1970년대 초반 브랜다이스 대학교의 물리학 전공 학생일 때였다. 위튼은 나보다 몇 년 앞서서 그 대학교를 다녔다. 나는 몇 명의 교수들이 내게 이런 식으로 말하는 것을 들었다. "자네는 똑똑하기는 한데, 에드 위튼은 아니야." 그 교수들이 집에 가서 아내에게도, "당신은 참 좋은데, 내 옛날 여자친구는 정말, 정말 좋았어"라고 말할지 궁금했다. 오랫동안 그렇게 갸우뚱거리다가, 아내에게도 그렇게 말하리라고 생각하기로 결심했다. 그러나 나는 여전히 궁금했다. 그 위튼이라는 천재는 도대체 누구일까?

분하게도 위튼은 역사학 전공 학생이었다. 물리학 전공 학생들이, 고등학교 수준의 사고력에 읽기 숙제만 조금 더 많을 뿐이라고 얕잡아 보는 그런 비과학 과목 중 하나인 역사학 전공이었다. 더 심각한 것은, 위튼은 물리학 과목을 단 한 과목도 듣지 않았다. 그가 물리학에서 나의 기를 그토록 처참하게 꺾어놓았음에도 불구하고, 물리학은 이 아인슈타인에게 그냥 취미였던 것이 분명했다.

나는 위튼이 1972년 선거에서 맥거번 진영에서 일했다는 사실을 발견하고 기뻐했다. 왜냐하면, 그가 훌륭하게도 닉슨 반대자였지만, "시간을 잘 쓰는 분야"에서는 형편없이 뒤떨어졌음이 분명했기 때문이다. 만일 그가 그토록 천재라면, 왜 맥거번이 선거에서 패배했겠는가? 그러나 맥거번은 매사추세츠 주에서는 승리했다 — 그 주는 맥거번이 이긴 유일한 주였다. 그것 역시 위튼의 천재성 때문이었을까? 몇 년 전에 나는 그렇지 않다는 것을 알게 되었다. 은퇴하는 자리에서 기자로부터 "세상에서 가장 머리가 좋은 사람"에 관해서 어떻게 생각하느냐는 질문을 받은 맥거번은 위튼을 기억하지 못한다고 대답했다. 그러고 나서 어쨌든 위튼에 대한 기자의 평에는 동의했다. "글쎄요, 위튼은 1972년에 맥거번을 지지할 정도로 충분히 똑똑했지요. 나는 모든 사람을 그때의 판단을 기준으로 평가합니다."[5]

브랜다이스 대학교를 졸업한 후, 위튼은 프린스턴 대학교 물리학과 대학원에 진학했다. 물리학을 전혀 수강하지 않았으므로 입학 자격이 없음에도 불구하고, 프린스턴 대학교는 세상에서 가장 똑똑한 사람이 될 운명을 지닌 이 학생을 특별입학시켰다. 마침내 내가 위튼을 만났을 때, 나도 버클리 대학교의 대학원생이었다. 버클리 대학교는 당연히 나를 입학시키기에 앞서서, 내가 **실제로** 물리학을 수강하면서 얻은 학점들과 학위증을 돋보기를 대고 세심히 검토했다.

위튼은 키가 크고 호리호리하며 머리가 검고 검은색 뿔테 안경을 쓴 사내였다. 그는 열정적이지만, 충분히 다정다감하고, 목소리가 아주 작아서 그의 말을 듣기 위해서는 귀를 쫑긋 세워야만 했다(대개의 경우 그렇게 할 필요가 있었다는 것을 깨닫게 되었다). 그날 위튼은 중간에 말을 멈추고 깊은 생각을 하는 듯이 보였다. 그런데 그가 너무 오래 말을 잇지 않았기 때문에, 청중들은 박수를 치기 시작했다. 마치 베토벤 연주회에서 곡이 끝나기 전에 박수를 치는 사람들처럼 말이다. 위튼은 놀란 듯한 목소리로 우리를 향해서 교향곡이 아직 끝나지 않았다고 말했다.

오늘날 위튼은 흔히 아인슈타인에 비교된다. 여러 이유가 있을 수 있겠지만, 가장 큰 이유는 아마도 둘을 비교하는 사람들이 아인슈타인 외의 다른 물리학자들을 거의 모르기 때문일 것이다. 이는 진정 아인슈타인이라는 전설적인 지위가 가지는 슬픈 운명이다 — 아인슈타인은 클리셰가 되었다. 많은 사람들이 이 분야의 아인슈타인, 저 분야의 아인슈타인이라고 일컬어진다. 물리학의 거장이기에 치러야 하는 대가인지도 모른다. 아인슈타인과 위튼 사이에는 여러 피상적인 유사성이 있기는 하다. 둘 다 유대인이고, 프린스턴 고등연구소에서 오랫동안 일했고, 이스라엘 문제에 깊은 관심을 가졌으며, 훌륭한 평화운동가이다. 열네 살에 위튼이 베트남 전쟁에 반대해서 쓴 편지[6]는 지역 신문인 「볼티모어 선(Baltimore Sun)」에 실렸다. 위튼은 또한 이스라엘에 있는 평화 단체에 소속되어 있기도 하다.[7]

그러나 당신이 진정 비교를 하고 싶다면, 과학적 업적에서 위튼은 아인슈타인보다 훨씬 더 가우스에 가깝다. 위튼은 아인슈타인처럼 옛 친구에게 의존하여 새로운 기하학을 배우는 것이 아니라, 가우스처럼 스스로 수학을 개발하고 있다. 또한 가우스와 마찬가지로 그의 연구는 현대 수학 분야에서 커다란 반향을 불러일으키고 있다 — 이는 아인슈타인이 전혀 이루지 못한 업적이다. 또 하나의 측면도 있다 — 위튼의 (그리고 다른 이론가들의) 끈 이론 연구, 그리고 현재의 M-이론 연구는 아인슈타인의 연구처럼 물리적 원리들에 의해서 추진되는 것이 아니라 수학적 통찰에 의해서 추진된다. 이것은 선택에 의한 상황이 아니지만, 역사적인 사건에 의한 상황이라고 할 수 있다. 끈 이론은 우연히 발견한 이론이었던 것이다. 끈 이론의 핵심에 놓여 있는 새로운 물리학 원리, 그러니까 위튼을 위한 모종의 "가장 행복한 생각"은, 그것이 도대체 존재한다고 하더라도, 아직은 발견되지 않았다.

1995년 3월 위튼은 서던캘리포니아 대학교에서 열린 끈 이론 학회에서 연설했다. 슈워츠의 초끈 이론 혁명이 있은 지 11년이 흘렀고, 사람들이 생각하기에 끈 이론이 천천히 모습을 드러내고 있다고 내다보던 때였다. 위튼의 연설이 모든 것을 바꾸어놓았다. 그가 설명한 것은 또 하나의 수학적 기적이었다. 모든 다섯 개의 상이한 끈 이론들이, 이제 소위 M-이론(M-theory)이라고 명명될 거대한 단일한 이론의 서로 다른 근사 형태라고 위튼은 선언했다. 객석에 모인 물리학자들이 웅성거리기 시작했다. 럿거스 대학교에서 온 자이베르그[8]는 다음 차례로 예정된 연설에 앞서서, 위튼의 강연에 큰 경외를 표하면서 이렇게 말했다. "저는 내일부터 트럭이나 몰아야겠습니다."

위튼의 거대한 진보는 오늘날 두 번째 초끈 이론 혁명이라고 불린다. M-이론에 따르면 끈은 사실상 기본 입자가 아니며,[9] 브레인(brane)이라고 부르는 보다 보편적인 대상의 한 경우일 뿐이다. 브레인은 막(膜)을 뜻하는 단어 멤브레인(membrane)의 축약이다. 브레인은 고차원적인 끈이며 끈은 1차원적인 브레인이라고 할 수 있다. 예를 들면 비누거품은 2차원 브레인이라고 할 수 있다. M-이론에 의하면 물리학의 법칙들은 이러한 보다 복잡한 대상의 보다 복잡한 진동에 의해서 결정된다. 또한 M-이론에는 말려 있는 차원 하나가 더 추가되어, 전체 차원의 수는 10이 아닌 11이 된다. 하지만 M-이론이 가진 가장 기이한 측면은 이것이다. 어떤 근본적인 의미에서 볼 때, M-이론에서는 시간과 공간이 존재하지 않는다.

우리가 위치와 시간이라고 지각하는 것, 즉 끈이나 브레인의 좌표들은 사실상 행렬이라고 부르는 수학적 배열이라고 M-이론은 우리에게 말해주는 듯이 보인다. 오직 끈들이 서로 멀리 떨어져 있을 때에만 (그래도 여전히 일상적인 규모에서 볼 때에는 가까이 있지만), 근사적으로 행렬이 좌표와 유사해진다 — 왜냐하면 행렬의 모든 대각 원소들

(diagonal elements)이 동일해지고, 비대각 원소들은 0에 가까워지기 때문이다. 이것은 유클리드 이래로 가장 획기적인 공간 개념의 변화이다.

위튼은 M-이론의 M이 "내가 가장 좋아하는 세 단어인 신비(mystery) 또는 마술(magic) 또는 행렬(matrix)"을 나타낸다고 말하곤 했다.[10] 최근 들어 그는 "음울한(murky)"이라는 단어도 추가했다.[11] 물론 이 단어는 위튼이 좋아하는 단어가 아닐 테지만 말이다. M-이론은 끈 이론보다 더 이해하기 어렵다. 아무도 그 이론에서 어떤 방정식들이 나올지 모르며, 그 방정식들의 해를 어떻게 근사적으로 찾을지는 더더욱 모른다. 사실상 M-이론에 대해서는, 그런 이론이 — 다섯 가지 유형의 끈 이론들을 상이한 형태의 근사적 이론으로 포함하는 보다 포괄적인 이론이 — 아마도 존재한다는 것 외에는 거의 알려진 바가 없다. 그러나 M-이론의 발상은 어떤 충격적인 성과를 예견하게 하는 예측을 내놓았는데, 그것은 블랙홀(black hole)의 물리학[12]과 관련된 예측이었다.

블랙홀은 일반 상대성 이론에 의해서 예측된 현상들 중의 하나이다. 블랙홀의 가장 핵심적인 특징은 검다는 것이다(물리학자들에게 검다는 것은 빛이나 방사선이 빠져나오지 못한다는 것을 뜻한다). 1974년 호킹은 이렇게 말했다. 으으으으으 — 틀렸습니다. 양자역학의 법칙들을 검토해보면, 블랙홀들이 실제로는 검지 않다는 결론에 도달할 수밖에 없다. 왜냐하면 불확정성 원리에 의해서, 빈 공간이 실제로는 비어 있지 않기 때문이다. 빈 공간은 서로 상쇄되어 검게 사라지기 전에 아주 짧은 순간 동안 존재하는 입자들과 반입자들의 쌍으로 가득 차 있다. 호킹의 매우 복잡한 계산에 의하면, 이 현상이 블랙홀에 인접한 외부공간에서 일어날 경우, 블랙홀이 쌍을 이루는 입자들 중의 하나를 삼키고 다른 하나를 공간 속으로 뱉어내, 방사선의 방출이 일어날 수 있다. 그러므로 블랙홀이 빛을 내게 된다. 이것은 또한 블랙홀이 0이 아닌 절대온도를 가짐을 뜻한다. 이는 마치 불빛을 내는 석탄에 일정한 양의 열기가 있는 것과 같다. 불행히도 대부분의 블랙홀의 온도는 100만 분의 1도 이하여서 천문학자들이 관찰하기에는 너무 낮다. 그러나 물리학자에게는 블랙홀이 열기를 가지고 있다는 것 자체만으로도 놀라운 결론이 아닐 수 없다. 만일 블랙홀이 열기를 가지고 있다면, 블랙홀은 또한 소위 엔트로피(entropy)를 가진다. 실제로 블랙홀이 가지는 엔트로피의 양은 엄청나다 — 그 양을 수로 표기하면 이 책의 한 줄을 가득 채우고도 남을 것이다.

엔트로피는 계(system)의 무질서의 정도를 나타내는 양이다. 만일 당신이 계의 내적인 구조를 안다면, 당신은 그 계가 가질 수 있는 가능한 상태의 수를 세어, 계의 엔트로피를 계산할 수 있다. 가능한 상태의 수가 많을수록 엔트로피가 높다. 예를 들면 어질러져 있는 알렉세이의 방이 가질 수 있는 상태들의 수는 많다 — 햄스터가 여기에, 쌓아놓은 빨래가 저기에, 만화책들이 또 어딘가에 있을 수 있다. 혹은 이 모든 물건들이 가지런히 정리되어 있는 "상태"에 있을 수도 있다. 그의 방 안에 물건들이 많을수록 가능한 상태의 수가 많다(널리 퍼진 속설과는 달리, 높은 엔트로피 상태가 되기 위해서 배열이 잘 정돈되거나 마구 어질러질 필요가 있는 것은 아니다. 높은 엔트로피가 되기 위해서는 계가 가질 수 있는 가능한 상태의 수가 많은 것으로 족하다). 그러나 만일 알렉세이의 방이 비어 있다면, 방이 가질 수 있는 상태는 오직 하나뿐이고 — 배열할 것이 없으므로 — 따라서 방의 엔트로피는 0이 된다. 호킹 이전의 학자들은 블랙홀이 내부구조를 가지고 있지 않다고, 이를테면 빈 방과 같다고 생각했다. 그러나 오늘날 블랙홀은 알렉세이의 방과 같다고 여겨진다. 만약 호킹이 도움을 청한다면, 내가 나서서 그의 주장을 증명해줄 수 있다. 나는 항상 알렉세이에게 네 방이 블랙홀 같다고 말해왔다.

물리학자들은 20년 동안 호킹의 계산결과를 놓고 씨름했다. 서로 분리된 이론인 상대성 이론과 양자 이론을 결합하는 것은 재치가 필요한 작업이다. 그 엔트로피가 말해주는 블랙홀의 상태들은 어디에 있는가? 아무도 몰랐다. 그후 1996년에 스트로밍거와 바파가 놀라운 연구결과를 발표했다. 그들은 M-이론을 이용하여 브레인으로부터 특정한 종류의 (이론적인) 블랙홀을 만들 수 있다는 것을 보여주었다. 이 블랙홀들에서는 상태의 수가 브레인의 상태의 수이므로, 상태의 수를 셀 수 있다. 이 방법을 써서 그들이 계산한 엔트로피 값은 호킹이 전혀 다른 방법으로 예측한 값과 일치했다.

이것은 M-이론이 무엇인가 제대로 하고 있다는 것을 보여주는 충격적인 증거였다. 그러나 이것 역시 사실상 후측(postdiction)에 불과하다. 까다로운 실험물리학자들은 쉬지 않고 우리를 일깨워, 이론에는 실재 세계로부터의 검증이 있어야 한다고 말한다. M-이론이 실험적으로 검증될 희망은 현재의 상황에서 두 영역에 있다. 하나의 검증은 초대칭을 이루는 입자들이 열 개 정도 더 발견되면 가능하다. 이 일은 제네바의 CERN에 있는 새로운 대형 강입자 충돌기(Large Hadron Collider; LHC)[13]에서 이루어질 수 있다. 다른 하나의 검증은 중력법칙의 편차를 발견함으로써 이루어질 수 있다.[14] 뉴턴에 따르면, 그리고 같은 규모의 대상들에 대해서는 아인슈타인의 이론에서도 마찬가지로, 두 개의 실험실용 크기의 대상은 둘 사이의 거리의 제곱에 반비례하는 세기의 힘으로 서로를 끌어당겨야 한다 — 거리가 절반이 되면 인력은 네 배로 커

저야 한다. 그런데 M-이론에 따르면, 두 대상이 극도로 가까워질 경우, 추가 차원들의 성질 때문에, 인력이 훨씬 빠르게 증가할 수가 있다. 물리학자들은 다른 힘들의 행태에 대해서는 거의 10^{-17}센티미터 정도까지 실험을 했지만, 중력의 행태에 대해서는 이제껏 1센티미터 이상의 거리까지만 연구했다.[15] 스탠퍼드 대학교와 불더에 있는 콜로라도 대학교의 연구진은 현재 작은 거리에서의 중력을 검사하기 위해서 컴퓨터 기술을 이용한 실험을 진행시키고 있다.

슈워츠는 걱정하지 않는다. 그는 말한다. "우리가 양자역학과 일반 상대성 이론을 일관되게 결합하는 독창적인 구조를 발견했다고 믿는다. 그 구조가 올바르다는 것은 거의 확실하다. 물론 나는 초대칭성이 발견되리라고 기대하지만, 설령 초대칭성이 없다는 것이 증명된다고 할지라도, 나는 이 이론을 버리지 않을 것이다."[16]

자연은 감추어진 질서를 따라서 움직인다. 수학은 그 질서를 드러낸다. M-이론이 아름다운 교과서가 되어 미래의 물리학 교과과정에 들어가게 될까? 아니면 "실패한 시도들"이라는 제목으로 이루어지는 과학사 강의의 각주에서 등장하게 될까? 슈워츠가 오렘이고 위튼이 데카르트일까, 아니면 이 둘이 존재하지 않는 에테르를 기반으로 헛되이 역학 이론을 구상하던 로런츠의 역할을 하고 있는 것일까? 이 질문에 대한 대답은 아직 이루어질 수 없다. 젊은 과학자 슈워츠가 알고 있었던 것은 다만, 그 이론이 아무 소용이 없기에는 너무도 아름답다는 사실뿐이었다. 오늘날에는 한 세대의 물리학자들 전체가 자연 속에서 그의 끈들을 본다. 세상을 다시 과거의 시각으로 보게 되는 일은 좀처럼 일어나지 않을 것이다.

에필로그

어린 시절 우리는 퍼즐을 가지고 놀았다. 뿐만 아니라 우리는 인간으로서 항상 퍼즐 속에서 산다. 조각들을 어떻게 맞출 것인가? 그 퍼즐은 개인을 위한 것이 아니라, 인간이라고 부르는 종 전체를 위한 것이다. 정말로 자연의 법칙들이 있을까? 어떻게 우리가 그 법칙들을 알 수 있을까? 자연법칙은 국지적인 법조항들을 모아놓은 것에 불과한가, 아니면 우주 전체에 통일성이 있는가? 사랑이나 평화나 맛있는 음식을 요리하는 것 등의 "간단한" 과제 앞에서도 여전히 너무 빈번하게 허둥대는 보잘것없는 회색 덩어리인 인간의 두뇌로 감당하기에는, 우주의 거대함과 복잡함은 상상을 초월할 정도로, 파악이 불가능할 정도로 불가사의할 수밖에 없다. 그러나 100세대가 넘는 세월 동안 우리는 조각 그림을 맞추어왔다.

　인간이므로 우리는 본성에 따라서 우리 주변 세계의 운행 속에서 질서와 이성을 추구한다. 우리는 고대 그리스의 기하학자들로부터 우리의 도구를 물려받았다. 그들은 우리에게 수학의 엄밀한 추론을 전해주었을 뿐만 아니라, 자연에서 아름다움을 찾아내는 것도 가르쳐주었다. 그들은 태양과 지구와 행성들의 궤도가 둥글다는 것을 흡족해했다. 왜냐하면 그들에게 원과 구는 가장 완벽한 모양이었기 때문이다. 암흑시대가 지나고, 유클리드의 『기하학 원본』의 부활과 실험적 방법의 탄생과 더불어, 탐구는 자연이 무엇인가에 대해서 대답하는 것을 넘어서,

왜 자연법칙들이 있는가에 대답하는 것에까지 확장되었다. 17세기에 이루어진 실험들은 물체들이, 크기나 무게나 성분에 관계없이, 또한 갈릴레오가 떨어뜨리든 동료 실험가인 후크가 떨어뜨리든 상관없이, 동일하게 낙하한다는 것을 보여주었다. 이후의 실험에서는, 지구가 뉴턴의 사과에 미치는 인력을 지배하는 법칙이 달에도 적용되고, 먼 곳의 항성 주위를 도는 행성들에게도 적용된다는 것이 입증되었다. 그리고 이 법칙들은 시간이 발생한 이래로 변화 없이 유지되어온 것으로 보인다. 어떤 힘이 있어서 우주 속의 이 모든 것들이 특정한 법칙들을 따르게 하는 것일까? 왜 법칙들은 수십억 년의 세월에도, 수조 킬로미터의 거리에도 불구하고, 시간 속에서도 장소의 변화 속에서도 바뀌지 않을까? 몇몇 사람들이 해답을 신에게서 찾는 이유를 어렵지 않게 납득할 수 있다. 하지만 과학은 그리스의 기하학자들이 열어놓은 길이며, 수학은 과학의 도구이다. 그리스인들 이래로 수학은 과학의 심장이며, 기하학은 수학의 심장이다.

유클리드의 창을 통해서 우리는 많은 선물들을 발견했다. 그러나 유클리드는 그 선물들이 우리를 어디로 이끌지 상상할 수 없었다. 별들을 이해하는 것, 원자를 상상하는 것, 그리고 이 조각 그림들이 어떻게 전 우주적 계획에 맞아들어가는지 깨닫기 시작하는 것은 인간이라는 생물에게 특별한 즐거움이며, 어쩌면 가장 큰 즐거움인지도 모른다. 오늘날 우주에 관한 우리의 지식은, 우리가 영원히 갈 수 없을 만큼 먼 거리에서부터 우리가 영원히 볼 수 없을 만큼 작은 거리에까지 확장되었다. 우리는 어떤 시계도 측정할 수 없는 시간과, 어떤 장치도 감지하지 못하는 차원들과, 누구도 느끼지 못하는 힘을 생각한다. 우리는 다양성과 심지어 외관상의 대혼란 속에도 단순성과 질서가 있다는 것을 발견했다. 자연의 아름다움은 사슴의 우아함과 장미의 고결함을 넘어, 가장 먼 은하계로부터 존재의 가장 작은 틈에까지 가득 차 있다. 만일 현재의 이론들이 타당하다면, 우리는 지금 공간에 대한 위대한 깨달음에 다가가는 중이다. 물질과 에너지의 상호작용, 시간과 공간의 상호작용, 무한소와 무한대의 상호작용에 관한 앎에 다가가는 중이다.

우리가 알고 있는 물리학의 법칙들은 진실인가, 아니면 단지 가능한 여러 기술 체계들(descriptive systems) 중 하나인가? 그 법칙들은 우주의 반영인가, 아니면 종으로서 인간이 타고난 시각의 반영인가? 물리적 법칙 속에 규칙성들이 존재한다는 사실은 하나의 기적이다. 그리고 우리가 그 규칙성들을 식별할 수 있다는 것은 또 하나의 기적이다. 하지만 만일 우리의 이론들이 형식에서도 내용에서도 절대적인 진실을 표현한다면, 그것은 가장 큰 기적일 것이다. 어쨌든 기하학과 역사는 우리를 특정한 방향으로 이끌어왔다. 평행선 공리는 유클리드의 체계 속에서 증명될 수 없었고, 그리하여 2,000년을 기다린 끝에 휘어진 공간이 불가피하게 등장했다. 상대성 이론과 양자역학은 완전히 독자적이고 철학적으로 대립하는 두 이론이지만, 이 두 이론을 끌어낼 수 있는 전혀 다른 제3의 통합 이론이 있다고 끈 이론가들은 믿는다. 호킹이 양자 이론과 상대성 이론을 결합하여 제안한 예측과 스트로밍거가 끈 이론을 써서 독자적으로 이룬 계산 결과가 일치한다면, 이는 어떤 보다 심오한 진실을 말해주는 일치가 아닐까?

보다 심오한 진실을 향한 우리의 탐구는 지금도 계속되고 있다. 유클리드와 그의 뒤를 이은 천재들에게, 즉 데카르트와 가우스와 아인슈타인과, 또한 — 시간이 말해주겠지만, 아마도 — 위튼에게, 그리고 이들의 발판이 되어준 모든 사람들에게 우리는 감사해야 한다. 그들은 발견의 즐거움을 경험했다. 그리고 그들은 우리 나머지 사람들에게 동등한 즐거움을, 이해의 즐거움을 선사했다.

주

2. 세금의 기하학

1) 예이츠는 그의 시 "새벽(The Dawn)"에서 학문에 대한 바빌로니아인들의 무관심을 언급한다. 그 시는 이렇게 시작된다.

　　　　　나는 새벽처럼 무관심하겠네,
　　　　　브로치의 핀으로
　　　　　도시를 측정하던 그 늙은 여왕을,
　　　　　또는 세속적인 바빌론으로부터
　　　　　근심 없이 제 길을 가는 행성들과
　　　　　달이 뜨는 곳에 사라지는 별들을 바라보며
　　　　　서판을 꺼내 계산을 하던 창백한 사내들을
　　　　　내려다 보는 새벽처럼……

2) Michael R. Williams, *A History of Computing Technology*(Englewood Ciiffs, NJ : Prentice-Hall, 1985), pp.39-40.
3) 세기와 계산하기의 기원에 관한 자세한 논의를 위해서는 Williams 제1장 참조.
4) 같은 책, p.3.
5) R. G. W. Anderson, *The British Museum*(London : British Museum Press, 1997), p.16.
6) Pierre Montet, *Eternal Egypt*, Doreen Weightman 번역(New York : New American Library, 1964), pp.1-8.
7) Hooper, *Makers of Mathematics*(New York : Random House, 1948), p.32.
8) Georges Jean, *Writing:The Story of Alphabets and Scripts*, Jenny Oates 번역(New York : Harry N. Abrams, 1992), p.27.
9) 헤로도토스는 과세 문제가 이집트의 기하학 발달을 자극했다고 썼다; W. K. C. Guthrie, *A History of Greek Philosophy*(Cambridge, UK : University Press, 1971), pp.34-35와 Herbert Turnbull, *The Great Mathematicians*(New York : New York University Press, 1961), p.1 참조.

10) Rosalie David, *Handbook to Life in Ancient Egypt*(New York : Facts on File, 1998), p. 96.
11) 이를 비롯한 여러 놀라운 사실들은 알렉세이의 도움으로 이 주석에 실리게 되었다 : James Putnam과 Jeremy Pemberton, *Amazing Facts About Ancient Egypt* (London and New York:Thames & Hudson, 1995), p.46.
12) 바빌로니아와 수메르의 수학에 관한 자세한 논의는 Edna E. Kramer, *The Nature and Growth of Modern Mathematics*(Princeton, NJ : Princeton University Press, 1981), pp.2-12 참조.
13) 이집트와 바빌로니아의 수학을 비교하려면 Morris Kline, *Mathematical Thought from Ancient to Modern Times*(New York:Oxford University Press, 1972), pp.11-12와 H. L. Resnikoff and R. O. Wells, Jr., *Mathematics in Civilization*(New York : Dover Publications, 1973), pp.69-89 참조.
14) Resnikoff와 Wells, p.69.
15) Kline, p.11.
16) *The First Mathematicians*(March 2000), http://www.members.aol.com/bbyars1/first.html에서 인용. 이와 유사하면서 더욱 복잡한 수사학적 문서는 kline, p.9 참조.
17) Kline, p.259.

3. 7인의 현자들 중 한 사람으로서

1) 탈레스의 삶과 업적에 관한 논의들; Sir Thomas Heath, *A History of Greek Mathematics*(New York : Dover Publications, 1981), pp.118-149; Jonathan Barnes, *The Presocratic Philosophers*(London : Routledge & Kegan Paul, 1982), pp.1-16; George Johnston Allman, *Greek Geometry from Thales to Euclid*(Dublin, 1889), pp.7-17; G. S. Kirk와 J. E. Raven, *The Presocratic Philosophers*(Cambridge, UK : University Press, 1957), pp.74-98; Hooper, pp.27-38; Guthrie, pp.39-71.
2) Reay Tannahill, *Sex in History*(Scarborough House, 1992), pp.98-99.
3) Richard Hibler, *Life and Learning in Ancient Athens*(Lanham, MD : University Press of America, 1988), p.21.
4) Hooper, p.37.
5) Erwin Schroedinger, *Nature and the Greeks*(Cambridge : Cambridge University Press, 1996), p.81.
6) Hooper, p.33.

7) 밀레투스에서의 삶에 관해서는 Adelaide Dunham, *The History of Miletus* (London : University of London press), 1915 참조.
8) Guthrie, pp.55–80, Peter Gorman, *Pythagoras, A Life*(London : Routledge & Kegan Paul, 1979), p.32 참조.
9) Gorman, p.40.

4. 비밀집단

1) 피타고라스에 관한 사료를 갖춘 가장 심층적인 전기는 Gorman과 또한 Leslie Ralph, *Pythagoras*(London : Krikos, 1961) 참조.
2) Donald Johanson과 Blake Edgar, *From Lucy to Language*(New York : Simon & Schuster, 1996), pp.106–107.
3) Jane Muir, *Of Men and Numbers*(New York : Dodd, Mead & Co., 1961), p.6.
4) Gorman, p.108.
5) 같은 책, p.19.
6) 같은 책, p.110.
7) 같은 책, p.111.
8) 같은 책.
9) 같은 책, p.123.
10) 수학적인 취향이 있는 독자를 위해서 증명을 제시하겠다. 대각선의 길이를 c라 하고, 일단 c가 약분되지 않는 분수 m/n으로 표현된다고(즉 m과 n의 공약수가 없다고, 특히 둘 다 짝수는 아니라고) 가정하자. 증명은 세 단계로 이루어진다. 첫째, $c^2=2$이므로 $m^2=2n^2$이다. 말로 표현하자면, m^2이 짝수라는 것이다. 그런데 홀수의 제곱은 홀수이므로, m도 짝수이어야 한다. 둘째, m과 n이 모두 짝수일 수는 없으므로, n은 홀수이어야 한다. 셋째, m이 짝수이므로 우리는 m을 2q로 나타낼 수 있다. 이때 q는 특정한 정수이다. m 대신 2q를 넣어 $m^2=2n^2$을 다시 쓰면, $4q^2=2n^2$이 되며, 이는 $2q^2=n^2$과 같다. 이것은 n^2이 짝수라는 것을, 따라서 n이 짝수라는 것을 의미한다.

이렇게 해서 우리는 c가 c=(m/n)으로 표기될 수 있다면, n이 홀수이면서 동시에 짝수임을 보였다. 이 결론은 모순이므로, 원래의 가정인 c=(m/n)이 거짓이어야 한다. 이렇게 우리가 증명하고자 하는 것의 부정을 가정한 다음, 그 가정이 모순을

야기시킴을 보이는 증명법을 간접증명법이라고 부른다. 이 증명법은 피타고라스의 업적 중 하나로 오늘날의 수학에서도 매우 유용하다.

11) Muir, pp.12-13.
12) Kramer, p.577.
13) Gorman, pp.192-193.

5. 유클리드의 선언

1) 17세기의 중요한 철학자인 스피노자는 그의 대표작인 『윤리학(*Ethics*)』을 유클리드의 『기하학 원본』과 같은 형식으로, 정의와 공리에서 시작하여 이로부터 정리들을 ─ 그의 주장에 따르면 ─ 엄밀하게 증명하는 방식으로 썼다. 『윤리학』은 중부 테네시 주립 대학교 웹사이트에서 얻을 수 있다. Baruch Spinoza, *Ethics*, R. H. M. Elwes 번역(1883), *MTSU Philosophy WebWorks Hypertext Edition*(1997), http://www.frank.mtsu.edu/~rbombard/RB/spinoza/ethica-front.html. 또한 Bertrand Russell, *A History of Western Philosophy*(New York : Simon & Schuster, 1945), p.572 참조. 링컨은 무명의 법률가 시절에 논리적 능력을 키우기 위해서 『기하학 원본』을 공부했다 ─ Hooper, p.44; 칸트는 유클리드 기하학이 인간의 뇌에 새겨져 있다고 믿었다 ─ Russell, p.714.

2) Heath, p.354-355.

3) Kline, pp.89-99, 157-158.

4) Heath, pp.356-370; Hooper, pp.44-48. 1926년 Heath는 스스로 편집한 『기하학 원본』을 내놓음으로써 『기하학 원본』의 역사에 한 페이지를 더했다. 그의 편집본은 도버 출판사에서 재출간되었다. Sir Thomas Heath, *The Thirteen Books of Euclid's Elements*(New York : Dover Publications, 1956).

5) Kline, p.1205.

6) "거래합시다"에서 나오는 문제 상황은 흔히 그 쇼의 사회자였던 몬티 홀의 이름을 따서 몬티 홀 문제라고 부른다. 해답을 이해하는 최선의 방법은 순차적으로 가능한 선택을 나타내는 수형도를 그려보는 것이다. Freund의 책에서도 베이스의 정리를 수형도를 통해서 설명한다. John Freund, *Mathematical Statistics*(Englewood, Cliffs, NJ : Prentice-Hall, 1971), pp.57-63.

7) Martin Gardner, *Entertaining Mathematical Puzzles*(New York : Dover Publications,

1961), p.43.

8) 근일점 문제의 역사에 관해서는 John Earman, Michael Janssen, John D. Norton 공동편집, *The Attraction of Gravitation: New Studies in the History of General Relativity* (Boston : The Center for Einstein Studies, 1993), pp.129-149. 훌륭하고 간략한 논의는 Abraham Pais, *Subtle Is the Lord*(Oxford : Oxford Universiry Press, 1982), pp.22, 253-255; 르베리에 인용문은 이 책 p.254에서 따왔다. "생애의 절정"은 p.22 참조. 이와 관련된 기하학적 논의는 Resnikoff와 Wells, pp.334-336 참조.

9) 주석이 붙은 『기하학 원본』은 Heath, pp.354-421. 훌륭하고 보다 현대적인 논의는 Kline, *Mathematical Thought*, pp.56-88; Jeremy Gray, *Ideas of Space*(Oxford : Clarendon Press, 1989), pp.26-41; and Marvin Greenberg, *Euclidean and Non-Euclidean Geometries*(San Francisco : W. H. Freeman & Co., 1974), pp.1-113 참조.

10) Kline, p.59.

6. 아름다운 여인, 도서관, 문명의 종말

1) H. G. Wells, *The Outline of History*(New York : Garden City Books, 1949), pp.345-375. 연대를 알기 위해서는 Jerome Burne 편집, *Chronicle of the World*(London : Longman Chronicle, 1989), pp.144-147 참조.

2) Russell, p.220.

3) 아테네인들은 프톨레마이오스 3세에게 에우리피데스, 아이스킬로스, 소포클레스 등의 소중한 원고를 대여해주었다. 프톨레마이오스 3세는 원본을 소장하고, 그가 만든 복사본을 돌려주었다. 그리스인들은 그다지 놀라지 않았던 것으로 보인다. 그들은 복사본을 요구했고, 소장했다; Will Durant, *The Life of Greece*(New York : Simon & Schuster, 1966), p.601.

4) 그의 계산에 이용된 기하학은 Morris Kline, *Mathematics and the Physical World* (New York : Dover Publications, 1981), pp.6-7 참조.

5) 여러 가지 이야기가 전해온다. 어떤 이야기에 따르면, 에라토스테네스가 우물을 들여다보고 그림자가 없음을 알았으며, 시에네까지의 거리를 여행자들의 보고를 통해서 알아냈다고 한다. 이 책에 있는 이야기의 출처는 Carl Sagan, *Cosmos* (New York : Ballantine Books, 1981), pp.6-7이다.

6) Kline, *Mathematical Thought*, p.106.

7) Morris Kline, *Mathematics in Western Culture*(London : Oxford University Press, 1953), p.66.
8) Kline, *Mathematical Thought*, pp.158-159.
9) 프톨레마이오스의 업적에 대한 요약을 위해서는 John Noble Wilford, *The Mapmakers*(New York : Vintage Books, 1981), pp.25-33 참조.
10) Kline, *Mathematics in Western Culture*, p.86.
11) Kline, *Mathematical Thought*, p.201.
12) Kline, *Mathematics in Western Culture*, p.89.
13) 히파티아에 관한 이야기는 Maria Dzielska, *Hypatia of Alexandria*, F. Lyra 번역 (Cambridge, MA : Harvard University Press, 1995) 참조. 또한 Kramer, pp.61-65와 Russell, pp.367-369 참조.
14) Edward Gibbon, *The Decline and Fall of the Roman Empire*(London : 1898), pp.109-110.
15) Dzielska, p.84.
16) 같은 책, p.90.
17) 같은 책, pp.93-94.
18) Resnikoff와 Wells, pp.4-13.
19) David Lindberg 편집, *Science in the Middle Ages*(Chicago : University of Chicago Press, 1978), p.149.

7. 위치의 혁명

1) William Gondin, *Advanced Algebra and Calculus Made Simple*(New York : Doubleday & Co., 1959), p.11.

8. 위도와 경도의 기원

1) 지도 제작에 관한 탁월한 설명은 Wilford와 Norman Thrower, *Maps and Civilization* (Chicago : University of Chicago Press, 1996) 참조.
2) Resnikoff와 Wells, pp.86-89.
3) Dava Sobel, *Longitude*(New York : Penguin Books, 1995), p.59.
4) Wilford, pp.220-221.

9. 폐허가 된 로마의 유산

1) Morris Bishop, *The Middle Ages*(Boston : Houghton Mifflin, 1987), pp.22-30.
2) Jean, pp.86-87.
3) Jean Gimpel, *The Medieval Machine*(New York : Penguin Books, 1976), p.182.
4) Bishop, pp.194-195.
5) Robert S. Gottfried, *The Black Death*(New York : The Free Press, 1983), pp.24-29.
6) 중세의 대학과 대학생활에 관한 묘사는 Bishop, pp.240-244와 Mildred Prica Bjerken, *Medieval Paris*(Metuchen, NJ : Scarecrow Press, 1973), pp.59-73 참조.
7) Bishop, pp.145-146.
8) 같은 책, pp.70-71.
9) Gimpel, pp.147-170; Bishop, pp.133-134.
10) Wilford, pp.41-48; Thrower, pp.40-45.
11) Russell, pp.463-475. 아벨라르에 대해서는 Jacques LeGoff, *Intellectuals in the Middle Ages*, Teresa Lavender Fagan 번역(Oxford : Blackwell, 1993), pp.35-41 참조.
12) Jeannine Quillet, *Autour de Nicole Oresme*(Paris : Librairie Philosophique J. Vrin, 1990), pp.10-15.

10. 그래프의 은은한 매력

1) Reay Tannahill, *Food in History*(New York : Stein & Day 1973), p.281.
2) 분포 이론(theory of distribution)이 탄생했다. 수학에 관심이 있는 대학생 독자가 볼 만한 이 분야의 고전적 참고문헌은 M. J. Lighthill, *Introduction to Fourier Analysis and Generalised Functions*(Cambridge, UK : University Press, 1958)이다.
3) 그래프에 대한 오렘의 업적에 관해서는 Lindberg, pp.237-241; Marshall Clagett, *Studies in Medieval Physics and Mathematics*(London : Variorum Reprints, 1979), pp.286-295; Stephano Caroti 편집, *Studies in Medieval Philosophy*(Leo S. Olschki, 1989), pp.230-234 참조.
4) David C. Lindberg, *The Beginnings of Western Science*(Chicago : University of Chicago Press, 1992), pp.290-301.
5) Clagett, pp.291-293.
6) Lindberg, *The Beginnings*, pp.258-261.

7) 같은 책, pp.260-261.
8) Charles Gillespie 편집, *The Dictionary of Scientific Biography*(New York : Charles Scribner's Sons, 1970-1990).

11. 어느 군인의 이야기

1) 가장 좋은 데카르트 전기는 Jack Vrooman, *René Descartes*(New York : G. P. Putnam's Sons, 1970). 데카르트의 수학과 삶의 연관성에 관해서는 Muir, pp.47-76; Stuart Hollingdale, *Makers of Mathematics*(New York : Penguin Books, 1989), pp.124-136; Kramer, pp.134-166; Bryan Morgan, *Men and Discoveries in Mathematics*(London : John Murray, 1972), pp.91-104 참조.
2) 이에 관해서는 참고문헌들이 일치하지 않는다.
3) Muir, p.50.
4) George Molland, *Mathematics and the Medieval Ancestry of Physics*(Aldershot, Hampshire, U.K., and Bookfield, VT : 1995), p.40.
5) Kline, *Mathematical Thought*, p.308.
6) Molland, p.40.
7) 프톨레마이오스의 연구에 관해서는 Wilford, pp.25-34 참조. 데카르트가 태어나기 수십 년 전인 1569년 메르카토르라는 라틴어 이름으로 더 잘 알려진 크레머가 새로운 종류의 세계지도를 발표함으로써 지도 제작술에도 혁명이 이루어졌다. 이 지도에서 메르카토르는 구면인 지구를 평면에 투사하는 문제를 항해에 특히 유용한 방식으로 해결했다. 메르카토르의 지도는 비록 거리를 확대하거나 축소하지만, 선들의 각도를 실제와 같이 유지한다. 각도들은 휘어진 지구에서나 그의 평평한 지도에서나 동일하다. 항해하는 사람이 항로를 택하는 가장 쉬운 방법은 나침반의 바늘이 가리키는 북쪽을 기준으로 일정한 각을 유지하는 것이므로, 메르카토르의 방법은 큰 의미를 지닌다. 수학적으로 볼 때 그의 지도는, 좌표의 변환을 포함하기 때문에 중요하다. 메르카토르 자신은 수학을 이용하지 않았다 — 그는 자신의 지도를 경험적으로 만들어냈다. 데카르트의 기하학은 수학적으로 이루어져야 할 분석을 가능케 하여, 지도 제작에 관한 더 큰 이해를 산출했다. 데카르트는 메르카토르의 지도를 알고 있었지만, 그가 저작의 어디에서도 그 지도를 언급하지 않았기 때문에, 우리는 그가 지도 제작술의 발전에서 얼마나 많은 영향을 받았는지

알 수 없다. 메르카토르 지도의 수학에 관해서는 Resnikoff와 Wells, pp.155-168 참조.

8) 데카르트는 자신의 연구에 필요한 대수학을 전통으로부터 받아들였을 뿐만 아니라, 많은 부분을 스스로 발명했다. 첫째, 그는 알파벳의 마지막 철자들로 미지항들을, 처음 철자들로 상수항들을 나타내는 현대적 표기법을 발명했다. 데카르트 이전의 대수학 기호들은 기이했다고 할 수 있다. 예를 들면 데카르트가 $2x^2+x^3$이라고 표기한 것은, 과거에 "2Q 더하기 C"라는 말로 표현되었다. 이때 Q는 제곱을, C는 세제곱을 뜻한다. 데카르트의 표기법은, 제곱되고 세제곱되는 미지의 양(x)을 명시적으로 표기했다는 점에서, 그리고 x의 지수의 본성을 보였다는 점에서 더 우월하다. 이 개량된 표기법을 써서 데카르트는 방정식들을 서로 더하고 빼는 등의 여러 연산을 할 수 있었다. 그는 또한 방정식들이 나타내는 곡선에 따라서 방정식들을 분류할 수 있었다. 예를 들면 그는 방정식 $3x+6y-4=0$과 $4x+7y+1=0$이 모두 직선을 나타낸다는 것을 간파하고, 보다 일반적인 경우인 $ax+by+c=0$을 대상으로 직선을 연구했다. 이렇게 하여 그는 개별적인 방정식들에 대한 연구들의 꾸러미였던 대수학을, 방정식의 집합들 전체에 대한 연구로 바꾸어 놓았다 — Vrooman, pp.117-118 참조. 대수학적 기호에 대한 보다 일반적인 역사는 Kline, *Mathematical Thought*, pp.259-263, Resnikoff와 Wells, pp.203-206 참조.

9) 1981년 1월 11일자 「뉴욕 타임스」에서 인용되었으며, Tufte의 책에도 실려 있다.

10) 오늘날 우리는 데카르트의 원의 정의를 보다 잘 이해할 수 있다. 만일 원의 중심이 좌표의 원점과 같다면, 원의 둘레를 이루는 좌표들은 x와 y이다. 이때 x와 y는 방정식 $x^2+y^2=r^2$을 만족시켜야 한다. 이것은 다름이 아니라, 모든 점들이 중심으로부터 거리 r만큼 떨어져 있어야 한다는 것이다. 이는 학생시절 우리가 배운 직관적인 정의이다.

11) 우리는 평면, 즉 2차원 공간을 논했지만, 데카르트의 좌표는 쉽게 3차원 이상으로 확장된다. 예를 들면 구의 방정식은 $x^2+y^2+z^2=r^2$이다. 바뀐 것은 다만 새로운 좌표 z가 더해졌다는 것뿐이다. 같은 방식으로 물리학 이론들이 임의의 수의 공간 차원으로 확장될 수 있다. 실제로 통상적인 양자역학은 공간의 차원의 수를 무한대로 했을 때 특히 단순해지는데, 이 성질을 이용하여 풀기 어려운 방정식들의 근사적 해를 구하기도 한다. 수학에 관심이 있는 독자는 이 해법을 찾아보라. L. D. Mlodinow와 N. Papanicolaou, "SO(2,1) Algebra and Large N Expansions in Quantum Mechanics," *Annals of Physics*, vol. 128, no. 2(September, 1980), pp.314-334.

12) Vrooman, p.120.
13) 같은 책, p.115.
14) 같은 책, pp.84-85.
15) 같은 책, p.89.
16) 같은 책, pp.152-155; 157-162.
17) 같은 책, pp.136-149.

12. 눈의 여왕에 의해서 얼음 속에 갇히다
1) 크리스티나와 데카르트에 관한 언급은 Vrooman, pp.212-255 참조.
2) 데카르트 사후 그의 신체의 부분들이 겪은 여행에 관해서는 같은 책 pp.252-254 참조.

13. 휘어진 공간의 혁명
1) Heath, pp.364-365.

14. 프톨레마이오스의 실수
1) 프톨레마이오스와 프로클로스의 논증에 관해서는 Kline, *Mathematical Thought*, pp.863-865 참조.
2) 중세 이슬람 문명은 수학의 발전에 커다란 기여를 했다. 그들은 그리스의 저작들을 보존했을 뿐만 아니라, 대수학을 발전시켰다. 이에 관한 훌륭한 설명은 J. L. Berggren, *Episodes in the Mathematics of Medieval Islam*(New York : Springer-Verlag, 1986); 타비트의 삶에 관한 간단한 언급은 pp.2-4에 있다. 타비트의 평행선 공리 증명 시도에 관해서는 Gray, pp.43-44. 후대의 이슬람 학자들의 시도들도 Gray의 책에 들어 있다.
3) 자세한 내용은 Gray, pp.57-58 참조.

15. 나폴레옹의 영웅
1) 가우스의 삶에 관한 자세한 기록은 G. Waldo Dunnington, *Carl Friedrich Gauss: Titan of Science*(New York : Hafner Publishing Co., 1955) 참조.
2) Muir, p.179.
3) 같은 책, p.181.

4) 같은 책, p.182.
5) 같은 책, p.179.
6) 같은 책, p.161.
7) Hollingdale, p.317.
8) 같은 책, p.65.
9) Muir, p.179.

16. 제5공리의 몰락

1) Dunnington, p.24.
2) 같은 책, p.181.
3) Russell, p.548; 상세한 내용은 http://www.turnbull.dcs.st-and.ac.uk/history/Mathematicians/Wallis.html(form the St. Andrews College website, April 99) 참조.
4) Kline, *Mathematical Thought*, p.871.
5) Russell, *Introduction to Mathematical Philosophy*(New York : Dover Publications 1993), pp.144-145.
6) Dunnington, p.215.
7) Greenberg, p.146; 칸트의 시간 및 공간관에 대한 훌륭한 분석으로는 Russell, *Introduction to Mathematical Philosophy*, pp.712-718과 Max Jammer, *Concepts of Space*(New York : Dover Publications, 1993), pp.131-139 참조.
8) 전형적인 그리스식 샐러드.
9) *Critique of Pure Reason*, Vol. IV.
10) 나는 패서디나에 있는 캘리포니아 공대에서 1980-1982년에 파인먼과 이 문제에 관해서 많은 개인적인 토론을 했다.
11) Dunnington, p.183. 보여이의 삶과 업적에 관한 보다 상세한 논의는 Gillespie, *Dictionary of Scientific Biography*, pp.268-271. 로바체프스키에 관해서는 Muir, pp.184-201; E. T. Bell, *Men of Mathematics*(New York : Simon & Schuster, 1965), pp.294-306; Heinz Junge 편집, *Biographien bedeutender Mathematiker*(Berlin : Volk und Wissen Volkseigener Verlag, 1975), pp.353-366 참조.
12) Tom Lehrer가 쓴 노래 "니콜라이 이바노비치 로바체프스키". 가사 출처는 웹사이트 http://www.keaveny.demon.co.uk/lehrer/lyrics/maths.htm

13) 이상하게도 보여이가 죽은 후 발견된 논문들을 보면 보여이는 고집스런 유클리드주의자로 돌아갔다. 비유클리드 공간의 발견 이후에도 그는 계속해서 평행선 공리의 증명을 시도했다.
14) Dunnington, p.228.

17. 쌍곡선 공간에 빠져서

1) "푸앵카레 인용자료", 웹사이트 http:/www-groups.dcs.st-and.ac.uk/history/Mathematicians/Quotations/Poincare.html(the St. Andrews College website, June, 1999).
2) 수학적으로 엄밀하게 말하려면, 푸앵카레의 모형에는 다른 종류의 직선이 하나 더 있다고 해야 한다. 그것은 지름, 즉 팬케이크의 중심을 통과하며 양 끝점이 원의 둘레에 있는 모든 선분이다. 지름은 다른 푸앵카레 직선들과 사실 다르지 않다. 지름은 팬케이크의 경계와 수직으로 만나며, 무한히 큰 원의 원호로 간주될 수 있다.
3) 18세기 초에 예수회 사제이며 파비아 대학교의 교수인 사케리가 타비트의 제자인 나시르-에딘과 월리스의 연구를 공부했다. 이들의 연구에 고무되어 그는 모든 오류를 유클리드에게 돌리기 시작했다. 우리는 이 사실을 그가 사망한 해인 1733년에 발표된 저술『모든 오류를 짊어진 유클리드(*Euclid Vindicated from All Faults*)』를 통해서 알 수 있다. 앞선 학자들과 마찬가지로 사케리의 생각도 오류이다. 그러나 그는 한 가지만은 정확히 증명했다 : 타원 공간으로 귀결되는 평행선 공리의 변형을 넣을 경우, 유클리드의 다른 공리들과 모순이 생긴다.

18. 인류라고 부르는 어떤 곤충들

1) 가우스의 측지 탐사에 관해서는 Dunnington, pp.118-138 참조.
2) 스티븐 믈로디노프와의 대담, 1999년 10월 9일.

19. 두 외계인의 전설

1) 리만의 연구와 업적을 약간의 전기적 내용과 함께 소개한 책으로 Michael Monastyrsky, Riemann, *Topology, and Physics*, Roger Cooke, James King과 Victoria King 번역(Boston : Birkhauser, 1999). 리만의 생애에 관한 요약은 Bell, pp.484-509.
2) 전2권 1830(Paris : A. Blanchard, 1955). 리만이 그 책을 순식간에 읽었다는 이야기는 Bell, p.487 참조.

3) Bell, p.495.
4) Kline, Mathematical Thought, p.1006.

20. 2,000년 후의 재건축

1) David Hilbert, *Grundlagen der Geometrie*(Berlin : B. G. Teubner, 1930). 이 인용문은 Kline, *Mathematical Thought*, pp.1010-1015와 Greenberg, pp.58-59에서도 논의된다. Greenberg는 정의되지 않은 용어에 관해서도 pp.9-12에서 훌륭하게 논한다.
2) Gray, p.155.
3) Kline, *Mathematical Thought*, p.1010.
4) 힐베르트의 공리들을 보다 깊게 설명한 글은 Geeenberg, pp.58-84.
5) Kline, *Mathematical Thought*, pp.1010-1015.
6) 괴델의 정리에 대한 뛰어난 설명은 Ernest Nagel과 James R. Newman, *Gödel's Proof*(New York : New York University Press, 1958); 괴델의 정리에서 영감을 얻은 보다 포괄적인 고전적 작품으로는 Douglas Hofstadter, *Gödel, Escher, Bach: An Eternal Golden Braid*(New York : Vintage Books, 1979) 참조.

21. 광속의 혁명

1) Monastyrsky, p.34.
2) 같은 책, p.36.
3) 예를 들면 J. J. O'Connor와 E. F. Robertson, *William Kingdon Clifford*, http://www-groups.dcs.st-and.ac.uk/history/Mathematicians/Clifford.html(From the St. Andrews College website, June 1999).

22. 상대성 이론과 또 한 명의 알베르트

1) 마이컬슨의 생애에 관해서는 Dorothy Michelson Livingston, *The Master of Light: A Biography of Albert A. Michelson*(New York : Scribner, 1973) 참조.
2) Harvey B. Lemon, "Albert Abraham Michelson: The Man and the Man of Science," *American Physics Teacher*(now *American Journal of Physics*), vol. 4, no. 2(February 1936).
3) Brooks D. Simpson, *Ulysses S. Grant: Triumph Over Adversity 1822-1865* (New York : Houghton Mifflin, 2000), p.9

4) 「뉴욕 타임스」 1931년 5월 10일자; Daniel Kevles, *The Physicists*(Cambridge, MA : Harvard University Press, 1995), p.28에도 인용되었다.

5) Adolphe Ganot, *Eléments de Physique*, ca. 1860, quoted in Loyd S. Swenson, Jr., *The Ethereal Aether*. (Austin, TX : University of Texas Press, 1972), p.37.

6) G. L. De Haas-Lorentz 편집. *H. A. Lorentz*(Amsterdam : North-Holland Publishing Co., 1957), pp.48-49.

7) 아리스토텔레스의 에테르 개념에 관한 논의는 Henning Genz, *Nothingness: The Science of Empty Space*(Reading, MA : Perseus Books, 1999), pp.72-80 참조.

8) 문제의 단락은 다음과 같다:"우리는 이 매질이 무엇인지 모르며, 이 매질 자체는 지각할 수 없고, 다만 매질의 영향에 의해서 볼 수 있게 되는 대상들만을 지각할 수 있으므로, 영원히 이 매질이 무엇인지 모를 것으로 보인다……하지만 이것은 중요한 일이 아니다……만일 우리가 현상의 법칙들을 안다면 말이다 ; 그 법칙들은 실제로 거의 중력의 법칙만큼 완벽하게 발견되었다." — E. S. Fischer, *Elements of Natural Philosophy*(Boston, 1827), p.226. 이 책의 영어판은 프랑스어 번역판(번역자는 유명한 열역학자 M. Biot)을 중역하여 만들어졌다.

9) 사실상 그는 1808년 프랑스 물리학자 말뤼가 편광(polarized Light)을 발견한 것에 도움을 받았다. 프레스넬에 따르면, 편광이 가능한 것은, 빛이 진행방향에 수직인 두 방향 어느 쪽으로나 진동할 수 있기 때문이다. 한 방향의 진동을 걸러내면 편광이 생긴다. 진행방향으로만 진동하는 파동은 이런 성질을 가질 수 없다.

23. 공간의 재료

1) 쓰인 시기가 거의 100년이나 차이가 나는 두 개의 맥스웰 전기가 있다; Louis Campbell과 William Garnet, *The Life of James Clerk Maxwell*(London, 1882; New York : Johnson Reprint Co., 1969) 그리고 Martin Goldman, *The Demon in the Aether* (Edinburgh : Paul Harris Publishing, 1983).

2) 수학에 관심이 있는 독자를 위해서 소개한다면, 자유 공간에서의 맥스웰 방정식들은 다음과 같다.

$\nabla \cdot \mathbf{E} = 4\pi\rho; \nabla \cdot \mathbf{B} = 0; \nabla \times \mathbf{B} - \partial \mathbf{E}/\partial t = 4\pi \mathbf{j}; \nabla \times \mathbf{E} + \partial \mathbf{B}/\partial t = 0,$

이때 ρ와 $\mathbf{j}$는 원천(source)이고, $\mathbf{E}$와 $\mathbf{B}$는 장(field)이다.

3) Haas-Lorentz 편집, p.55.

4) 같은 책, p.55
5) James Clerk Maxwell, "Ether" *Encyclopaedia Britannica*, 9th edn. vol. VIII(1893), p.572. Swenson p.57에도 인용되었다.
6) Swenson, p.60.
7) 같은 책, pp.60-62.
8) 필라델피아 음악 아카데미에서 1884년 9월 24일에 한 연설에서. 연설문은 Sir William Thomson [Lord Kelvin], "The Wave Theory of Light," in Charles W. Elliot 편집, *The Harvard Classics*, Vol. 30, *Scientific Papers*, p.268. Swenson, p.77에도 인용되었다.
9) Swenson, p.88
10) 같은 책, p.73.
11) 마이컬슨은 여러 번 자신의 실험을 반복했으며, 그의 후임자가 된 밀러를 비롯한 다른 학자들도 그의 실험을 했다. 마이컬슨은 에테르가 존재하지 않음을 끝내 인정하지 않았다. 1919년 아인슈타인은 자신의 이론이 마이컬슨으로부터 지지를 받기를 원했다. 죽음을 몇 년 앞둔 1927년 출간한 책에서 마이컬슨은 에테르의 부재를 인정하는 것에 가장 가까운 애매한 언급을 했다. 참조 Denis Brian, *Einstein, A Life*(New York : John Wiley & Sons, 1996), pp.104, 126-127, 211-213과 Pais, pp.111-115.
12) G. F. FitzGerald, *Science*, vol. 13(1889), p.390, quoted in Pais, p.122.
13) Kenneth F. Schaffner, *Nineteenth-Century Aether Theories*(Oxford : Pergamon Press, 1972), pp.99-117.
14) 푸앵카레의 말은 『과학과 가설(*La Science et l'Hypothèse*)』이라는 책으로 발표되었고, 아인슈타인과 몇몇 친구들은 베른에서 그 책을 읽었다. 그 책은 재출간되어 있다. Henri Poincaré, *Science and Hypothesis*(New York : Dover Publications, 1952).

24. 임시직 3급 기술 전문가

1) 아인슈타인의 전기는 많이 있다. 내가 유용하다고 판단한 두 전기는 Brian과 Ronald Clark의 *Einstein: The Life and Times*(London : Hodder & Stoughton, 1973; New York : Avon Books, 1984)이다. 또한 Pais의 책도 사적인 교류의 도움을 얻은 훌륭한 과학자 전기이다.

2) 직역하면 "단지를 깨다", 우리 식으로 한다면, "귀에 못이 박히도록 설득하다."
3) Hollingdale, p.373.
4) "Eine neue Bestimmung der Molek윑dimensionen", *Annalen der Physik*, vol. 19(1906), p.289.
5) Pais, pp.89–90.

25. 상대적으로 유클리드적인 접근

1) *Annalen der Physik*, vol. 17(1905), p.891. 영어 번역본은 A. Somerfeld, *The Principle of Relativity*(New York : Dover Publications, 1961), p.37.
2) Hollingdale p.370.
3) Albert Einstein, *Relativity*, Robert Lawson 번역(New York : Crown Publishers, 1961).
4) 상대성 이론에서 시간은 하나의 차원으로 간주된다. 그런데 평평하거나 거의 평평한 공간−시간에서의 간격 — 간격은 상대성 이론에서 말하는 거리이다 — 은 시간 차이 빼기 공간 차이로 정의된다. 그러므로 예를 들면 시간 차이가 0인 두 사건 사이의 최단 경로(공간 속의 직선)는 간격이 가장 큰(즉 음수인 간격으로는 가장 작은) 경로이다.
5) Brian, p.69.
6) 같은 책, p.69–70.
7) Pais, p.152. 불행히도 몇 개월 후 민코프스키는 맹장염으로 갑자기 사망했다.
8) Pais, p.151.
9) Pais, pp.166–167.
10) Pais, pp.167–171.

26. 아인슈타인의 사과

1) Pais, p.179.
2) 같은 책, p.178.
3) 등가성 원리의 표현에 관해서는 Charles Misner, Kip Thorne 그리고 John Wheeler, *Gravitation*(San Francisco : W. H. Freeman & Co., 1973), p.189 참조.
4) 같은 책, p.131.
5) 이 현상은 1960년 Pound와 Rebka에 의해서 관찰되었다; R. V. Pound와 G. A.

Rebka, Jr., *Physical Review Letters*, vol. 4(1960), p.337.
6) http://stripe.colorado.edu/~judy/einstein/science.html (June, 1999).
7) Pais, p.213.

27. 영감에서 노력으로

1) Pais, p.212.
2) 같은 책, p.213.
3) 같은 책, p.216.
4) 같은 책, p.239.
5) 5일 전인 11월 20일 힐베르트는 동일한 방정식들의 도출을 괴팅겐 왕립 과학 아카데미에 제출했다. 그의 방정식 도출은 독자적으로 이루어졌으며, 어떤 측면에서는 아인슈타인의 도출보다 우수하다. 그러나 그것은, 힐베르트도 인정했듯이, 아인슈타인이 창조한 이론의 마지막 단계일 뿐이다. 아인슈타인과 힐베르트는 서로를 존중했으며 주도권을 놓고 다투지 않았다. 힐베르트는 말한다, "수학자들이 아니라 아인슈타인이 그 업적을 이루었다." 참조 *Jagdish Mehra, Einstein, Hilbert, and the Theory of Gravitation*(Boston : D. Reidel Publishing Co., 1974), p.25.
6) Pais, p.239.
7) 이 정의는 사실상, 평평한 시공간에서 직교 좌표계를 사용할 때를 제외하고는, 무한소의 영역에서만 타당하다. 이 정의에 의해서 무한소 영역에서의 거리를 얻은 후 적분을 해서 거리를 얻어야 한다. 수학적으로는 다음과 같이 표현될 수 있다.
$ds^2 = g_{11}dx_1^2 + g_{12}dx_1dx_2 + \cdots + g_{34}dx_3dx_4 + g_{44}dx_4^2$.
8) 열 개의 성분들은 g_{11}, g_{12}, g_{13}, g_{14}, g_{22}, g_{23}, g_{24}, g_{33}, g_{34} 그리고 g_{44}이다. $gij = gji$임을 감안하여 남는 성분들은 제외했다.
9) Richard Feynman, Robert Leighton, Matthew Sands, *The Feynman Lectures on Physics*, Vol. II(Reading, MA : Addison-Wesley, 1964), chap.42, pp.6-7.
10) Marcia Bartusiak, "Catch a Gravity Wave," *Astronomy*, October, 2000.

28. 파란 머리의 승리

1) 오늘날 어떤 과학자들은 에딩턴이 관찰 결과를 일부 꾸며내지 않았나 의심한다.

예를 들면 James Glanz, "New Tactic in Physics:Hiding the Answer," *New York Times*, August 8, 2000, p.F1.
2) Pais, p.304.
3) 에딩턴의 원정과 그에 대한 반응에 관해서는 Clark, pp.99-102 참조.
4) Brian, pp.102-103.
5) 같은 책, p.246.
6) "The Reaction to Relativity Theory in Germany III: 'A Hundred Authors Against Einstein,'" John Earman, Michel Janssen, John Norton 편집, *The Attraction of Gravitation*(Boston : Center for Einstein Studies, 1993), pp.248-273.
7) Brian, p.284.
8) Brian, p.233.
9) Pais, p.462.
10) 같은 책, p.426.
11) http://stripe.colorado.edu/~judy/einstein/himself.html(April, 1999).

29. 이상한 혁명
1) Ivars Peerson, "Kont Physics," *Science News*, vol. 135, no. 11, March 18, 1989, p.174.

30. 내가 당신의 이론에서 싫어하는 것 열 가지
1) Engelbert L. Schucking, "Jordan, Pauli, Politics, Brecht, and a Variable Gravitational Constant," *physics Today*(October 1999), pp.26-31.
2) 겔만과의 대담, 2000년 5월 23일.
3) Walter Moore, *A Life of Erwin Schroedinger*(Cambridge, UK : University Press, 1994), p.195.
4) Moore, p.138.

31. 존재의 필연적인 불확정성
1) 1926년 12월 4일 보른에게 보낸 편지; 아인슈타인 문서보관소 8-180; Alice Calaprice 편집, *The Quotable Einstein*(Princeton, NJ : Princeton University Press, 1996).
2) 벨은 자신의 제안을 오래 지속되지 못한 학술지 *Physics*에 발표했다. 물리학자들이

주로 인용하는 실험은 A. Aspect, p.Grangier, and G. Roger, *Physical Review Letters*, vol. 49(1982). 그후에 이루어진 보다 세련된 실험은 Gregor Weihs et al., *Physical Review Letters*, vol. 81(1998) 참조.

32. 거장들의 충돌
1) Toichiro Kinoshita, "The Fine Structure Constant," Reports on Progress in *Physics*, vol. 59(1996), p.1459.

33. 칼루차-클라인 병에 담긴 편지
1) Pais, p.330.
2) 같은 책.
3) *Dictionary of Scientific Biography*, pp.211-212.

34. 끈의 탄생
1) 베네치아노와의 대담, 2000년 4월 10일.

35. 입자들, 흔해빠진 입자들!
1) George Johnson, *Strange Beauty*(New York : Alfred A. Knopf, 1999), pp.195-196.
2) 위튼과의 대담, 2000년 5월 15일.
3) 겔만과의 대담, 2000년 5월 23일.
4) Michio Kaku, *Introduction to Superstrings and M-Theory*(New York : Springer-Verlag, 1999), p.8.
5) Nigel Calder, *The Key to the Universe*(New York : Penguin Books, 1977), p.69.
6) 근본 상수들의 출처는 P. J. Mohr and B. N. Taylor, "CODATA Recommended Values of the Fundamental Constants : 1998," *Review of Modern Physics*, vol. 72(2000) 참조.
7) 현이 내는 음에 관한 훌륭한 설명은 Kline, *Mathematics and the Physical World*, pp.308-312; 보다 깊은 논의를 위해서는 Juan Roederer, *Introduction to the Physics and Psychophysics of Music*, 2nd edn.(New York : Springer-Verlag, 1979), pp.98-119 참조.
8) P. Candelas et al., *Nuclear Physics*, B258(1985), p.46.

9) 전문적으로는, 구멍을 가진다는 것은, 각각의 칼라비-야우 공간에 대해서 계산한 오일러 수가 적절한 값을 가진다는 것이다. 오일러 수는, 2차원이나 3차원에서는 쉽게 시각화할 수 있는 위상학적 개념이며, 더 높은 차원에도 적용될 수 있다. 3차원 입체의 오일러 수는, 정육면체나 구나 밥그릇의 경우, 2이지만, 도넛이나 커피 잔이나 생맥주잔처럼 물체에 구멍이나 손잡이가 있을 경우, 오일러 수는 0이다.

36. 끈 이론의 문제점
1) 이 장에 있는 겔만 인용의 출처는 2000년 5월 23일에 이루어진 겔만과의 대담이다.
2) 슈워츠와의 대담, 2000년 3월 30일.
3) 위와 같다.
4) 겔만과의 대담, 2000년 5월 23일.
5) 슈워츠와의 대담, 2000년 7월 13일.
6) 겔만과의 대담, 2000년 5월 23일.
7) 위와 같다.
8) 위튼과의 대담, 2000년 5월 15일.

37. 과거에 끈 이론이라고 부르던 이론
1) K. C. Cole, "How Faith in the Fringe Paid Off for One Scientist," *L.A. Times*, November 17, 1999, p.A1.
2) Faye Flam, "The Quest for a Theory of Everything Hits Some Snags," *Science*, June 6, 1992, p.1518.
3) Madhursee Mukerjee, "Explaining Everything," *Scientific American*(January, 1996).
4) 브라이언 그린과의 대담, 2000년 8월 22일.
5) Alice Steinbach, "Physicist Edward Witten, on the Trail of Universal Truth," *Baltimore Sun*, February 12, 1995, p.1K.
6) Jack Klaff, "Portrait:Is This the Cleverest Man in the World?" *The Guardian* (London), March 19, 1997, p.T6.
7) Judy Siegel-Itzkovitch, "The Martian," *Jerusalem Post*, March 23, 1990.
8) Mukerjee, "Explaining Everything."
9) 그래서 이 장의 제목을 텍사스 A&M 대학교의 M-이론 개척자 Michael Duff가

했던 강연의 제목에서 따왔다.

10) Douglas M. Birch, "Universe's Blueprint Doesn't Come Easily," *Baltimore Sun*, January 9, 1998, p.2A.

11) J. Madeline Nash, "Unfinished Symphony," *Time*, December 31, 1999, p.83.

12) M-이론을 이용한 블랙홀에 관한 논의는 Brian Greene, *The Elegant Universe* (New York : W. W. Norton & Co., 1999), chap.13 참조.

13) "Discovering New Dimensions at LHC," *CERN Courier*(March 2000). http://www.cerncourier.com에서 볼 수 있다.

14) P. Weiss, "Hunting for Higher Dimensions," *Science News*, vol. 157, no. 8, February 19, 2000. http://www.sciencenews.org에서 볼 수 있다.

15) 스탠퍼드 대학교와 불더 소재 콜로라도 대학교의 연구진은 현재 컴퓨터 기술을 이용하여 근접 거리에서의 중력 실험을 하고 있다.

16) John Schwarz, "Beyond Gauge Theories," unpublished preprint(hep-th/9807195), September 1, 1998, p.2. From a talk presented on WIEN 98 in Santa Fe, New Mexico, June 1998.

감사의 말

감사합니다……이 책을 쓰는 동안 아빠와 함께 할 시간을 희생한 알렉세이와 니콜라이에게 (물론 내가 없어도 잘 놀았겠지만);내가 없는 동안 아이들과 함께 있어준 헤더에게;이 도시 최고의 출판 대리인이며, 무엇보다도 나를 믿어준 수잔 긴스버그에게;최소한의 제안만 듣고도 계획을 인정하고 초점을 맞추는 것을 도와주었으며 마침내 모험을 감행해준 편집자 모로우에게;정성스럽게 훌륭한 삽화를 그려준 스티브 아르셀라에게;많은 제안과 비판과 우정으로 도와준 힐러리, 로즈, 코스텔로에게;원고 전부 혹은 일부를 읽어준 그린, 데저, 곤틀레트, 홀리, 존슨, 로젤, 슈네처, 슈워츠, 세일러, 왈드만, 위튼에게;고어투의 프랑스어를 번역하는 데에 도움을 준 토마스에게;대담에 임해준 추, 데저, 곤틀레트, 겔만, 그린, 슈워츠, 터크, 베네치아노, 위튼에게;초대 모임과 집필 장소를 제공해준 그리니치 빌리지의 타번에게 감사합니다. 마지막으로 두 기관에 감사의 뜻을 전합니다:저예산에 시달림에도 불구하고 매우 드문 책들을 구해준 뉴욕 공공 도서관과, 오래 된 여러 물리학, 수학, 과학사 서적들을 재출간하여 이들이 사라지는 것을 막은 도버 출판사에 감사의 뜻을 전합니다.

역자 후기

도서관에 앉아서 번역을 하다가 웃음이 터져나와 주위 사람들의 눈총을 받는 일이 여러 차례 있었다. 저자 믈로디노프의 탁월한 유머 때문이다. 만일 이 책이 재미없다면, 그것은 역자가 원서의 유머를 제대로 옮기지 못했기 때문일 것이다. 혹은 우리들의 유머 감각이 믈로디노프와는 사뭇 다르기 때문일 수도 있겠다.

유클리드, 데카르트, 가우스, 아인슈타인 그리고 위튼. 어느 한 사람 할 것 없이 누구라도 책 한 권을 채우기에 부족함이 없는 인물들이다. 하지만 비교적 잘 알려져 있는 전대의 사람들에 비하여 특히 위튼과 그의 끈 이론에 대한 이 책의 서술은 각별한 의미가 있다고 여겨진다. 한 명의 독자로서 역자는 1980년대, 1990년대의 물리학계의 동향에 대한 이야기를 읽으면서, 또한 지금도 살아서 왕성하게 활동하고 있는 학자들과의 생생한 대화의 기록을 읽으면서, 각별한 즐거움을 느꼈다. 바로 그 시절에 역자 역시 믈로디노프와 마찬가지로 한 명의 꿈 많은 물리학도였기 때문이다.

어떤 부분에서는 너무 심하다고 느껴질 정도로 수학적 전문용어와 수식을 절제한 책이다. 그래서 수학적인 지식과 관심을 가진 사람에게는 어쩌면 겉만 핥는 듯한 인상을 주게 될지도 모르겠다. 물론 저자도 가끔 언급하는, 수학 공포증이 있는 사람들에게는 반가운 책이겠지만 말이다. 당연히 믈로디노프는 바로 그런 사람들을 염두에 두고 책을 썼다. 하지만 이 책이 언급하고, 부분적으로 핵심적인 사항만 설명하는 수학은 ― 특히 물리학은 ― 결코 쉬운 수준이 아니다.

　기하학, 수학, 물리학, 과학사 등에 관심이 있는 독자라면 아마도 이 책을 읽기 시작하면 쉽게 내려놓을 수 없을 것이다. 그만큼 재미있고, 그만큼 전체적인 통찰을 바라는 사람의 욕구를 채워주는 균형 있는 정보가 알차게 들어 있기 때문이다.

인명 색인

가노 Ganot, Adolphe 189
가르보 Garbo, G. 110
(게프하르트)가우스 Gauss, Gebhard 129-130, 135
(도로테아)가우스 Gauss, Dorothea 129, 135
(카를 프리드리히)가우스 Gauss, Carl Friedrich 56, 115, 128-145, 151-153, 160-164, 168-170, 174, 181, 186, 208, 215-216, 232, 238, 244-245, 305
갈릴레오 Galileo Galilei 69, 95-97, 107, 201
겔만 Gell-Mann, Murray 262, 279, 281-283, 297-298, 300-302
공자 孔子 24
괴델 Gödel, Kurt 177
괴테 Goethe, J. W. von 132
그랜트 Grant, U. S. 187-188
그렐링 Grelling, Kurt 176
그로스만 Grossmann, Marcel 212, 244-245
그린 Greene, Brian 300-301
기노시타 도이치로 木下東一郎 273
기번 Gibbon, Edward 63

나시르 Nasir Eddin al-Tusi 124
나폴레옹 Napoléon 115, 136, 208
난부 요이치로 南部陽一郎 281-282, 295
넬존 Nelson, Leonard 176
노자 老子 24
뉴턴 Newton, Isaac 58, 66, 70, 73, 125, 128-129, 138, 183-185, 210, 213, 226, 229, 231-232, 236-238, 309
느뵈 Neveu, André 298
닉슨 Nixon, R. M. 303
닐센 Nielsen, Holger 281

다마스키오스 Damaskios 63-64
데데킨트 Dedekind, Richard 89
데카르트 Descartes, René 40, 66, 98-103, 105-112, 115, 131, 147, 153, 165, 175, 237
도모나가 신이치로 朝永振一郎 285
디랙 Dirac, Paul 90, 263, 284
디리힐레트 Dirichlet, Johann 169
디오게네스 Diogenes Laërtios 26
디오판토스 Diophantos 63

라우에 Laue, Max von 227, 252
라이프니츠 Leibniz, G. W. 58, 66, 70
람세스 3세 Ramses III 17
러셀 Russell, Bertrand 45, 177
레나르트 Lenard, Philipp 251
레오나르도 Leonard of Pisa 80
라몽 Ramond, Pierre 296

레일리 경 Rayleigh, Lord 205
로런츠 Lorentz, Hendrick Antoon 195, 204-207, 209, 214, 229, 232
로바쳅스키 Lobachevsky, Nikolay Ivanovich 142-145, 170, 227
로트레크 Lautrec, Toulouse 140
뢰메르 Rømer, Olaf 189
루스벨트 Roosevelt F. D. 187
루이 9세 Louis IX 81
르베리에 Leverrier, Urbain-Jean-Joseph 48
르장드르 Legendre, Adrien-Marie 162
리만 Riemann, Georg Friedrich 161-170, 174-175, 181-182, 186, 215, 238, 244-245
린드 Rhind, A. H. 20
링컨 Lincoln, A. 43

마이어 Mayer, Walther 253
마이컬슨 Michelson, Albert 186-189, 197, 200-206, 229, 250
마흐 Mach, Ernst 237
맥거번 McGovern, George 303-304
맥스웰 Maxwell, James 193-197, 200, 208
메르센 Mersenne, Marin 108
모리스 왕자 Maurice of Nassau 99
몰리 Morley, Edward Williams 205-206
민코프스키 Minkowski, Hermann 228

바이스코프 Weisskopf, Victor 252
바일 Weyl, Hermann 263
바텔스 Bartels, Johann 133, 135, 142
바톨로메 Bartholomew 80

바파 Vafa, Cumrun 309
베네치아노 Veneziano, Gabriele 279, 281-282
베버 Weber, Heinrich 211-212
베이컨 Bacon, Roser 85-86
(알렉산더 그레이엄)벨 Bell, Alexander Graham 203
(존)벨 Bell, John 267
벨트라미 Beltrami, Eugenio 144-145, 173
보른 Born, Max 262
보에티우스 Boethius, A. M. S. 61-62, 66, 84
(볼프강)보여이 Bolyai, Wolfgang 131, 135, 137, 142-145, 168, 227
(요한)보여이 Bolyai, Johann 142
볼테르 Voltaire 63
붓다 Buddha 24, 38
뷔리당 Buridian, Jean 96
뷔트너 Buettner 131-133, 208
브라운 Brown, Robert 213
블레이크 Blake, W. 153
비크만 Beekman, Isaac 100
빌라니 Villani, Giovanni 82

샤뉘 Chanut, Pierre 111-112
샤를마뉴 Charlemagne 77-79
샤를 5세 Charles V 97
섀클턴 Shackleton, Ernest 71
세례 요한 John the Baptist 38
셰르크 Scherk, Joel 297-299
서스킨드 Susskind, Leonard 281
슈뢰딩거 Schrödinger, Erwin 261-263, 266, 270, 282

슈말푸스 Schmalfuss 162
슈워츠 Schwarz, John 90, 260-262, 264, 274, 281, 296-302, 310
슈윙거 Schwinger, Julian 285
슈타르크 Stark, Johannes 251
스테파누스 Stephanus 77
스토크스 Stokes, G. G. 197
스트로밍거 Strominger, Andrew 302, 309
스피노자 Spinoza, B. de 43
실러 Schiller, J. C. F. von 134

아낙시만드로스 Anaximandros 28, 74
애덜라드 Adelard 80
아르키메데스 Archimedes 57-58, 61, 128
아리스타르코스 Aristarchos 57
아리스토텔레스 Aristoteles 25, 50, 64, 72, 75, 189
아벨라르 Abelard, Peter 85-86
(알베르트)아인슈타인 Einstein, Albert 48, 56, 169, 178, 181-182, 206-219, 223, 226-231, 233-254, 257, 261-266, 271, 275-278, 298, 303-305
(한스 알베르트)아인슈타인 Einstein, Hans Albert 234-237, 242-243, 253-254
(헤르만)아인슈타인 Einstein, Hermann 210
아폴로니우스 Apollonius 43, 64
알렉산드로스 대왕 Alexandros 54-55, 60
에딩턴 Eddington, Arthur Stanley 249-250

에라토스테네스 Eratosthenes 56-57, 75
에렌페스트 Ehrenfest, Paul 195
에우데모스 Eudemos 118
에피쿠로스 Epicouros 27
영 Young, Thomas 191
예수 Jesus Christ 37-38, 60
예이츠 Yeats, William Butler 16
오레스테스 Orestes 63-64
오렘 Oresme, Nicole d' 87, 90-92, 94-97, 103, 216, 310
오컴 Ockham, W. 86
오티스 Otis, Elisha Graves 239
오펜하이머 Oppenheimer, J. Robert 284
옥타비아누스 Octavianus 60
와일스 Wiles, Andrew 80
요르단 Joradn, Pascual 262
요한 22세 John XXII 86
워든 Worden, John L. 188
월리스 Wallis, John 124-126, 140, 145
웰스 Wells, H. G. 249
위튼 Witten, Edward 259, 283, 300-301, 303-307, 310
유스티니아누스 황제 Justinianus 42
유클리드 Euclid 15, 27-278, 43-44, 49-54, 61, 65, 79-80, 115-120, 128, 134, 140, 147, 155, 165-166, 172-174, 177, 216, 237, 271

자이베르그 Seiberg, Nathan 306
조머펠트 Sommerfeld, Arnold 244

찰스 1세 Charles I 124
추 Chew, Geoffrey 280, 283, 287, 299-300

카우프만 Kaufman, Walter 207
카이사르 Caesar, G. J. 60
칸토어 Cantor, Georg 41, 89
칸트 Kant, Immanuel 43, 140-141, 170, 209
칼루차 Kaluza, Theodor 275-278, 301
커리 Curry, Paul 47
케스트너 Kaestner, Abraham 138
케플러 Kepler, J. 69
코페르니쿠스 Copernicus 96, 228
콜럼버스 Columbus, C. 158
크로네커 Kronecker, Leopold 41
크리스티나 여왕 Christina 110-112
(오스카)클라인 Klein, Oskar 277
(펠릭스)클라인 Klein, Felix 173
클레오파트라 Cleopatra 60
클뤼겔 Kluegel, Georg 138
클리퍼드 Clifford, William Kingdon 181-183
키릴로스 Cyrilus 63-65
키케로 Cicero, M. T. 58, 61

타비트 Thabit, ibn Qurrah 123-124, 171
타우리누스 Taurinus, F. A. 139, 145
탈레스 Thales 24-30, 74, 279
터너 Turner, Peter 124
터프트 Tufte, Edward 92
테슬라 Tesla, Nikola 250
테온 Theon 62
텔러 Teller, Edward 252
텔리스 Telys 41
토마스 아퀴나스 Thomas Aquinas 83, 85-86
톰슨 경 Thomson, Sir William 203

파스칼 Pascal, Blaise 108
파울리 Pauli, Wolfgang 253
파인먼 Feynman, Richard 142, 260, 274, 285, 297, 299, 302
파푸스 Pappus 100
페랭 Perrin, Jean-Baptiste 214
페레시데스 Pherecydes 28
페르디난트 공작 Ferdinand, duke of Brunswick 135
페르마 Fermat, P. de 66, 80, 102, 108
페르미 Fermi, Enrico 252, 284, 286
페이스 Pais, Abraham 48, 213
포에티우스 Voetius 108-109, 112
포티에 Potier, André 204
(레이몽)푸앵카레 Poincaré Raymond 146
(앙리)푸앵카레 Poincaré Henri 146-149, 165, 173, 190, 207, 229
프리드리히 2세 Frederick II 83
프레넬 Fresnel, Augustin-Jean 192, 201
프로클로스 Proclos 118-120, 122, 125
프톨레마이오스 Ptolemaeos, Claudius 58-59, 75, 79, 102-103, 110, 118, 122-123, 206, 287
프톨레마이오스 2세 Ptolemaeos II 55
프톨레마이오스 3세 Ptolemaeos III 55
프톨레마이오스 12세 Ptolemaeos XII 60
플라톤 Platon 25, 42, 59, 63, 275
플랑크 Planck, Max 214, 226-228, 245, 252, 273, 282
피조 Fizeau, Armand-Hippolyte-Louis 201, 203, 209
피츠제럴드 FitzGerald, George Francis 206

피타고라스 Pythagoras 28-33, 36-42, 60, 89, 132, 184, 286
피핀 1세 Pippin I 77
필리포스 2세 Philippos II 54

하위헌스 Huygens, Christian 189-191
하이젠베르크 Heisenberg, Werner 252, 261-262, 270-271, 279, 282
함무라비 Hammurabi 20
헤로도토스 Herodotos 26
헤어초크 Herzog, Albin 211
호킹 Hawking, Stephen 307-309
홉스 Hobbes, Thomas 140

화이트헤드 Whitehead, Alfred North 177
휠러 Wheeler, John 279
히틀러 Hitler, A. 134, 186
히파르코스 Hipparchos 58-59, 75
히파수스 Hippasus 40
히파티아 Hypatia 62-65
히포크라테스 Hippocrates 44
힌덴부르크 Hindenburg, P. von 252
힐베르트 Hilbert, David 171, 173-175, 177
힘러 Himmler, H. 134